香樟书库系列　数学卷

教育部高等学校特色专业建设教材

几　何　学

姚金江　任庆军　孙洪春　主　编

马振明　王树艳　黄宜坤　副主编

電子工業出版社

Publishing House of Electronics Industry

北京·BEIJING

内容简介

几何学包含解析几何、高等几何（即射影几何）两个部分。在教学内容上，几何学注重以现代几何观点审视传统几何学，突出几何方法，注重少而精，删除一些相对陈旧的在现代科学中没有发展前景的概念、知识和方法，并适应时代发展，更新与拓宽几何学教育内容，把经典几何的结构和内容尽可能用现代数学的观点、语言来表述，以有效知识为主体构建支持学生终生学习的知识基础，引导学生达到相关学科的前沿领域。因此，几何学的教学内容体现了本课程的基础性、时代性和前沿性。

第1~3章讨论的是解析几何内容，主要讲授解析几何的基本方法和基本知识，内容包括向量代数、空间直角坐标系、空间的平面与直线、常用曲面及二次曲面等。

第4~8章讨论的是射影几何（高等几何）。射影几何是研究几何图形的射影性质，即经过射影变换不变的性质。本部分主要讲授射影几何的基本理论与基本方法。首先在拓广欧氏平面的基础上引出射影平面的概念，这样定义射影平面不仅保持了几何的直观性，而且看到了几何发展的连续性；继而从拓广欧氏平面上点的齐次坐标出发引进射影平面上点的射影坐标，并在此基础上给出交比概念与阐述对偶原理，讨论一维基本形之间的射影变换与其特殊的变换形式——透视变换与对合变换，射影平面上的直射变换，以及二次曲线的射影性质；最后介绍 Klein 关于从变换群观点看几何学，明确射影几何与仿射几何、欧氏几何的内在联系和根本差别，使读者对几何学有一个比较全局性的认识。

图书在版编目(CIP)数据

几何学 / 姚金江，任庆军，孙洪春主编. —北京：电子工业出版社，2010.10
教育部高等学校特色专业建设教材
ISBN 978-7-121-11873-9

Ⅰ.①几… Ⅱ.①姚… ②任… ③孙… Ⅲ.①几何学－高等学校－教材 Ⅳ.①O18

中国版本图书馆 CIP 数据核字(2010)第184481号

策划编辑：张贵芹
责任编辑：徐云鹏　　文字编辑：韩奇桅
印　　刷：北京虎彩文化传播有限公司
装　　订：北京虎彩文化传播有限公司
出版发行：电子工业出版社
　　　　　北京市海淀区万寿路173信箱　邮编 100036
开　　本：787×1092　1/16　印张：11.25　字数：288千字
版　　次：2010年10月第1版
印　　次：2022年6月第8次印刷
定　　价：32.00元

凡所购买电子工业出版社图书有缺损问题，请向购买书店调换。若书店售缺，请与本社发行部联系，联系及邮购电话：(010)88254888。

质量投诉请发邮件至 zlts@phei.com.cn，盗版侵权举报请发邮件至 dbqq@phei.com.cn。

服务热线：(010)88258888。

《香樟书库》总序

临沂师范学院院长　韩延明

2006年8月，由我校教师主编的首批立项资助教材《香樟书库》系列校本教材由山东大学出版社正式出版。在此基础上，根据教学计划和课程建设的实际需要，我们又很快启动了第二批立项教材的编撰工作。在学校教材建设指导委员会的组织、指导与协调下，教材编著者们夜以继日地辛勤劳作，如今已顺利完成了第二批教材的编撰工作，即将付梓面世。这批教材的编撰出版，既是我校校本教材建设工作步入规范化、系统化、科学化轨道的一种重要标志，也是我校认真贯彻落实国家教育部、山东省教育厅高等院校质量建设工程、促进学校内涵发展的一项重大举措。

我认为，对今日之高校而言，思路决定出路，就业决定专业，能量决定质量，质量决定力量。办学质量始终是一所学校的声誉之源、立校之本、发展之基，是高等学校的一条生命线。提高教学质量，理应是高校矢志不渝所追寻的永恒主题和永远高奏的主旋律，这就是我们常讲的"教学为本，质量立校"。而众所瞩目的高校办学质量又始终贯穿于实现"人才培养、知识创新和服务社会"三大职能的各个具体环节之中，其中既有人才培养的质量问题，也有科技成果和社会服务的质量问题，但人才培养质量是核心和旨归。孔子曰："君子务本，本立而道生。"培养高质量人才是大学责无旁贷的神圣使命，而人才培养的主渠道又相对集中于课堂教学。课堂教学的基本要素是教师、学生和教材。

教材即教学材料的简称。细言之，它是指依据教学大纲和教学实际需要为教师、学生选编的教科书、讲义、讲授提纲、参考书目、网络课程、图片、教学影片、唱片、录音、录像以及计算机软件等。古人云："书山有路勤为径，学海无涯苦作舟。"在漫漫求学路途上，千辛苦、万劳累、呕心沥血、夜以继日，书总会一直忠诚地陪伴着学习者，承前启后、继往开来、输送知识、启迪智慧，成为学习者解疑释难的知心朋友和指点迷津的人生导师，而学生之"书"的主体是教材。教材是教学内容和教学方法的载体，是教师实施课堂教学的依据和工具，是学生最基本的学习参考材料，是师生互动、教学相长、顺利完成教学任务的必要基础。"教本教本，教学之本。"教材建设水平，是衡量一所高校教学质量与学术水平的重要标志之一。临沂师范学院历来重视教材建设工作，曾多次对教材建设工作进行专题研究。几年前，为了督导教师选用优质教材、提高教学质量、强化教学管理、优化教学环境，学校曾严格规定：全部本科教材均使用教育部、教育厅统编教材或获奖教材，禁止使用教师自编教材，从而保证了教材质量，为规范、完善本科教学工作奠定了良好的基础。

近年来，伴随着我国高等教育大众化的迅速推进和高校本科教学工作水平评估的深入进行，临沂师范学院实现了超常规、跨越式发展，其中之一是卓有成效地开展了"四大建设"，即"深化课程建设，优化专业建设，亮化学科建设，强化师资队伍建设"，使专业学科建设水平与教师教学水平不断提高，课程体系建设与课程开出能力不断增强，课堂教学改革与课外活动革新不断深入，相继涌现出一批质量上乘、优势明显、特色突出的优质课程和爱岗敬业、授课解惑、教书育人的优秀教师，因而启动自编教材工作的条件日臻成熟。古人云："临渊羡鱼，不如退而织网。"2006 年，学校正式启动了首批立项教材建设工作，紧紧围绕人才培养目标，密切联系教学改革及课程建设实际，配合学校课程体系构建、教学内容改革及系列选修课程建设，在确保质量的基础上，正式出版了第一批校本教材，并于当年投入使用，得到了师生的普遍认可和同行专家的高度评价。在认真总结第一批立项教材建设经验的基础上，2007 年，学校又启动了第二批立项教材的编撰与出版工作。

我校的教材建设是有计划、有组织、有步骤进行的，经过教材建设指导委员会专家们的精心论证和严格审核，确定了校本教材建设的重点和选题范围：一是解决教学急需的，填补学科、专业、课程空白的新教材；二是体现我校教师在某一学科、专业领域独具优势或特色的专业基础课和选修课教材；三是针对我校作为区域性院校特点，结合地方社会政治、经济、科技、文化需求所开设的地方课程教材。

常言道："意识决定形态，细节决定成败。"在教材编撰原则上，我们强调：一是注重知识性与思想性相辅相成；二是注重学术性与可读性融为一体；三是注重科学性与学科性彼此糅合；四是注重理论性与实践性相得益彰；五是注重统一性与多样性有机结合；六是注重现实性与前瞻性有效拓展。记得我国著名教育家张楚廷教授曾提出了教材编写的"五最"准则，即最佳容量准则、最广泛效用准则、最持久效应准则、最适于发展准则、最宜于传授准则，我深表赞同。

在教材编写内容上，我们要求：既重视对国内外该领域经典的基本理论问题进行透彻的解析，又对当前教育现实中所面临的新现象、新理论、新方法给予必要的回应；既考虑到如何有利于教师的课堂讲授与辅导，又顾及到如何有助于学生的课后复习和思考；既能反映我校教学内容和课程体系改革的基本方向，又要展示我校教材建设及学术研究的最新成果，适应我校创建精品课程、优质课程和品牌课程的实际需要。在教材教法改革上，我们倡导：秉持素质教育理念，坚持课堂讲授与课堂讨论相结合、教师讲授与学生自学相结合、理论学习与案例分析相结合、文本学习与网络学习相结合，"优化课内，强化课外"，重视教师启发式、研讨式、合作式等教学方式方法的科学运用，重视学生思维能力、创新能力、实践能力与创业能力的培养和训练，力图为学生知识、能力、素质的协调发展创设条件。可喜的是，这些方面都在教材编写中得到了充分体现。同时，所有教材均是在试用多年的成熟讲义的基础上经编著者精心修改和委员会严格审订后出版的，保证了教材的思想性、科学性、系统性、适用性、启发性和相对稳定性。作者所撰章节，都是自己多年来多次教授与潜心研究的内容，在阐述上颇有真知灼见，能够引领和推动学生对有关基本理论和基本技能问题产生独特的理解和感悟，最终进入学与习、学与辑、学与思、学与行、学与创相结合的学人境界。学校对所有立项出版教材均给予经费资助。

临沂师范学院《香樟书库》系列立项校本教材的编撰出版，饱含了编著者们的辛勤劳动和指导委员会成员的热情支持。"香樟"为常绿乔木，树冠广展、枝叶茂密、香气浓郁、长势雄伟，乃优质行道树及庭荫树。我们之所以命名为《香樟书库》，乃在于香樟树根系发达、材质上乘、耐贫瘠、能抗风、适应性广、生命力强。它茁壮、清新、芳香，代表健康、温馨、希望，寓意我们的校本教材建设一定也会像2001年首批由南方移植于我校校园，如今已是根深叶茂、枝繁冠阔的香樟树一样，生机勃勃，充满希望和力量。然而，由于此项工作尚处于尝试、探索阶段，疏漏、偏颇甚或错误之处在所难免，正所谓“始生之物，其形必丑”，敬请各位同仁和同学批评指正，以期再版时予以修订。

最后，摘录俄国著名文学家托尔斯泰的一句名言与同学们共勉：“选择你爱的，爱你选择的!”

2010年8月26日

草于羲之故里

目　　录

第1章　向量代数

自然界有一些量只要确定了测量单位就可以用一个实数表示，这种量通常称为数量．而另一类量，它们既有大小又有方向，只用一个数是不足以反映它们的本质的，这类量称为向量(或矢量)．向量是几何空间的基本几何量，通过它可以反映几何空间中点与点之间的位置关系．在对向量引进运算以后，就成为研究空间的有力工具．

解析几何的思想是用代数方法研究几何，其中最常用的代数方法是坐标法，即建立一个坐标系使得点用有序实数组(称为它的坐标)表示，图形用方程表示，并通过方程来研究几何图形的性质．有时也用向量法，即利用向量的代数运算来研究几何图形性质的方法．

本章将系统地介绍向量代数基本知识及研究解析几何的基本方法，为以后各章的学习奠定基础．

1.1　向量及其线性运算

1.1.1　向量及其相关概念

在研究力学、物理学及其它应用科学时，常会遇到这样一类量，它们既有大小，又有方向.例如,力、力矩、位移、速度、加速度等，这一类量叫做向量.

定义 1.1　既有大小又有方向的量称为**向量**.

在几何上，用一条有方向的线段(称为有向线段)来表示向量.有向线段的长度表示向量的大小，有向线段的方向表示向量的方向．

以 A 为起点，B 为终点的有向线段所表示的向量记做$\overrightarrow{AB}$.向量可用粗体字母表示，也可用上加箭头书写体字母表示，例如，$\boldsymbol{\alpha}$, $\boldsymbol{\beta}$, $\boldsymbol{r}$, $\boldsymbol{v}$, $\boldsymbol{F}$ 或$\vec{a}$, $\vec{r}$, $\vec{v}$, $\vec{F}$.(如图 1.1 所示)

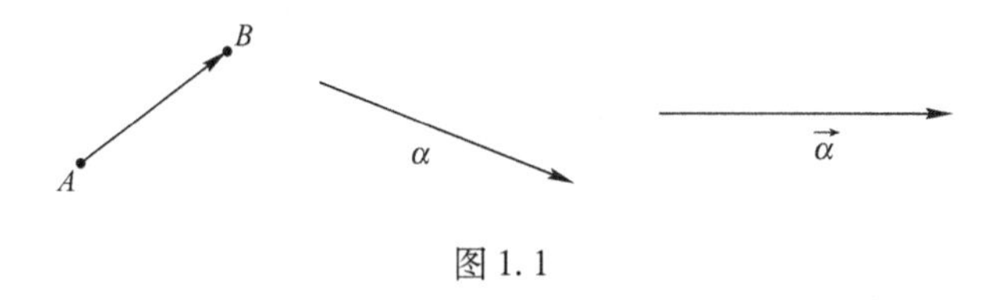

图 1.1

由于一切向量的共性是它们都有大小和方向，所以在数学上我们只研究与起点无关的向量，并称这种向量为**自由向量**，简称向量.

定义 1.2　向量的大小叫做向量的**模**.

向量 $\boldsymbol{a}$,$\vec{a}$,$\overrightarrow{AB}$的模分别记为$|\boldsymbol{a}|$，$|\vec{a}|$，$|\overrightarrow{AB}|$.

定义 1.3　模等于1 的向量叫做**单位向量**.模等于0 的向量叫做**零向量**，记做$\boldsymbol{0}$ 或$\vec{0}$.零向量的起点与终点重合，它的方向可以看作是任意的.

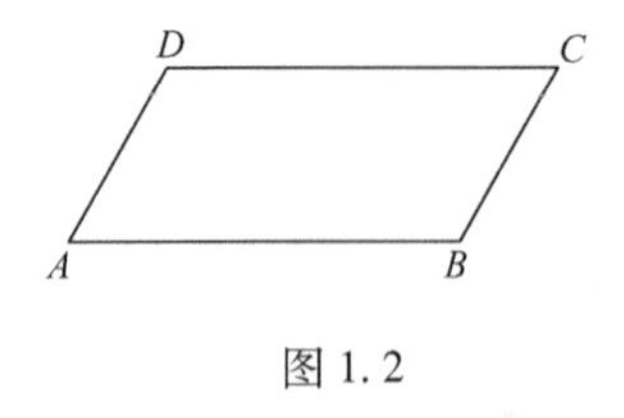

图 1.2

定义 1.4 如果两个向量$\boldsymbol{\alpha}$和$\boldsymbol{\beta}$的大小相等方向相同，则称其为相等的向量，记做$\boldsymbol{\beta}=\boldsymbol{\alpha}$.（相等的向量经过平移后可以完全重合.）如果两个向量$\boldsymbol{\alpha}$和$\boldsymbol{\beta}$的大小相等方向相反，则称$\boldsymbol{\beta}$是$\boldsymbol{\alpha}$的反向量,记做$\boldsymbol{\beta}=-\boldsymbol{\alpha}$. 也可以称$\boldsymbol{\beta}$是$\boldsymbol{\alpha}$的**负向量**.

例如，在平行四边形 $ABCD$ 中(如图 1.2 所示)：

$$\overrightarrow{AB}=\overrightarrow{DC},\ \overrightarrow{AD}=\overrightarrow{BC},\ \overrightarrow{BA}=\overrightarrow{CD}.\ \overrightarrow{AD}=-\overrightarrow{CB},\ \overrightarrow{AB}=-\overrightarrow{CD},\ \overrightarrow{AB}=-\overrightarrow{BA}$$

定义 1.5 两个非零向量如果它们的方向相同或相反，就称这**两个向量平行**. 向量$\boldsymbol{a}$与$\boldsymbol{b}$平行，记做$\boldsymbol{a}//\boldsymbol{b}$.

注：1. 零向量认为是与任何向量都平行.

2. 由于每个方向都有一个单位向量，若空间中所有单位向量都以 O 为起点，则这些向量的终点就构成一以 O 点为球心半径为 1 的球面.

1.1.2 向量的线性运算

在物理学中，作用于一点 O 的两个力的合力可以用“平行四边形法则”表示出来，设向量$\overrightarrow{OA}$，$\overrightarrow{OB}$分别表示这两个力，以 OA，OB 为边作平行四边形 $OACB$，那么平行四边形的对角线 OC 所构成的向量$\overrightarrow{OC}$就是这两个力的合力(如图 1.3 所示)

两次位移的合成一般用“**三角形法则**”，由 O 位移至 A，再由 A 位移至 B，就相当于由 O 位移至 B(如图 1.4 所示). 以 O 为起点作向量$\overrightarrow{OA}$表示 O 到 A 的位移，再以 A 为起点作向量$\overrightarrow{AB}$表示由 A 到 B 的位移，那么向量$\overrightarrow{OB}$就表示这两次位移的合成.

图 1.3　　　　图 1.4

不难看出，力的合成也可以用三角形法则，而位移的合成也可以用平行四边形法则. 向量的加法运算正是这些物理概念在数学上的抽象和概括.

定义 1.6 设有两个向量$\boldsymbol{\alpha}$与$\boldsymbol{\beta}$，平移向量使$\boldsymbol{\beta}$的起点与$\boldsymbol{\alpha}$的终点重合，此时从$\boldsymbol{\alpha}$的起点到$\boldsymbol{\beta}$的终点的向量$\boldsymbol{\gamma}$称为向量$\boldsymbol{\alpha}$与$\boldsymbol{\beta}$的和，记作$\boldsymbol{\alpha}+\boldsymbol{\beta}$，即$\boldsymbol{\gamma}=\boldsymbol{\alpha}+\boldsymbol{\beta}$. 这种由两个向量$\boldsymbol{\alpha}$和$\boldsymbol{\beta}$求它们的和$\boldsymbol{\alpha}+\boldsymbol{\beta}$的运算，称为**向量的加法**.

上述作出两向量之和的方法叫做向量加法的**三角形法则**.

当向量$\boldsymbol{\alpha}$与$\boldsymbol{\beta}$不平行时，平移向量使$\boldsymbol{\alpha}$与$\boldsymbol{\beta}$的起点重合，以$\boldsymbol{\alpha}$，$\boldsymbol{\beta}$为邻边作一平行四边形，从公共起点到对角的向量等于向量$\boldsymbol{\alpha}$与$\boldsymbol{\beta}$的和$\boldsymbol{\alpha}+\boldsymbol{\beta}$. 这种方法称为平行四边形法则.

不难验证向量的加法有如下的运算规律：

(1) 交换律　$\boldsymbol{\alpha}+\boldsymbol{\beta}=\boldsymbol{\beta}+\boldsymbol{\alpha}$;

(2) 结合律$(\boldsymbol{\alpha}+\boldsymbol{\beta})+\boldsymbol{\gamma}=\boldsymbol{\alpha}+(\boldsymbol{\beta}+\boldsymbol{\gamma})$；(如图 1.5 所示)

(3) $\boldsymbol{\alpha}+\boldsymbol{0}=\boldsymbol{0}+\boldsymbol{\alpha}=\boldsymbol{\alpha}$;

(4) $\boldsymbol{\alpha}+(-\boldsymbol{\alpha})=(-\boldsymbol{\alpha})+\boldsymbol{\alpha}=\boldsymbol{0}$.

由于向量的加法符合交换律与结合律，三个向量$\boldsymbol{\alpha}$，$\boldsymbol{\beta}$，$\boldsymbol{\gamma}$之和就可简记为$\boldsymbol{\alpha}+\boldsymbol{\beta}+\boldsymbol{\gamma}$，而

不必用括号来表示运算的顺序，n 个向量 $\boldsymbol{\alpha}_1$，$\boldsymbol{\alpha}_2$，…，$\boldsymbol{\alpha}_n$ 的和可以用三角形法则以折线一次画出，即作 $\overrightarrow{OA_1}=\boldsymbol{\alpha}_1$，再由 A_1 点作向量 $\overrightarrow{A_1A_2}=\boldsymbol{\alpha}_2$，…，最后从 $\boldsymbol{\alpha}_{n-1}$ 的终点 A_{n-1} 作向量 $\overrightarrow{A_{n-1}A_n}=\boldsymbol{\alpha}_n$，那么 $\overrightarrow{OA_n}=\boldsymbol{\alpha}_1+\boldsymbol{\alpha}_2+\cdots+\boldsymbol{\alpha}_n$.

例如图1.6中，$\overrightarrow{OA_6}=\boldsymbol{\alpha}_1+\boldsymbol{\alpha}_2+\cdots+\boldsymbol{\alpha}_6$

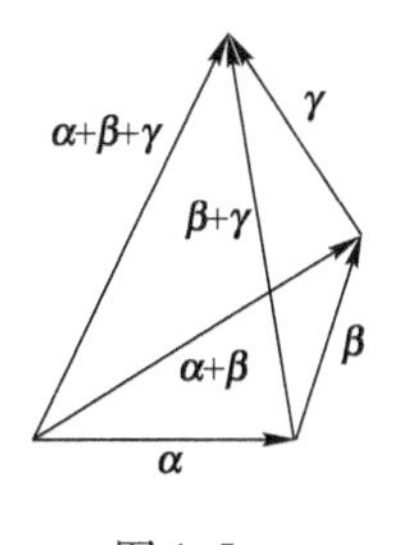

图1.5

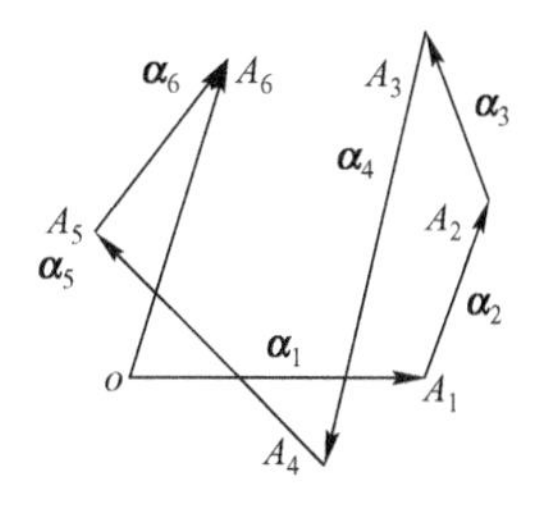

图1.6

定义1.7　对于 $\boldsymbol{\alpha}$ 和 $\boldsymbol{\beta}$ 两个向量，$\boldsymbol{\beta}$ 与 $\boldsymbol{\alpha}$ 的负向量 $-\boldsymbol{\alpha}$ 的和称为两个向量 $\boldsymbol{\beta}$ 与 $\boldsymbol{\alpha}$ 的差，记做 $\boldsymbol{\beta}-\boldsymbol{\alpha}=\boldsymbol{\beta}+(-\boldsymbol{\alpha})$，这种由两个向量 $\boldsymbol{\alpha}$，$\boldsymbol{\beta}$ 求它们差的运算，称为**向量的减法**. 即把向量 $-\boldsymbol{\alpha}$ 加到向量 $\boldsymbol{\beta}$ 上，便得 $\boldsymbol{\beta}$ 与 $\boldsymbol{\alpha}$ 的差 $\boldsymbol{\beta}-\boldsymbol{\alpha}$.（如图1.7所示）

特别地，当 $\boldsymbol{\beta}=\boldsymbol{\alpha}$ 时，有 $\boldsymbol{\alpha}-\boldsymbol{\alpha}=\overrightarrow{0}$

显然，任给向量 $\overrightarrow{AB}$ 及点 $\boldsymbol{O}$，有 $\overrightarrow{AB}=\overrightarrow{AO}+\overrightarrow{OB}=\overrightarrow{OB}-\overrightarrow{OA}$.

因此，若把向量 $\boldsymbol{\alpha}$ 与 $\boldsymbol{\beta}$ 移到同一起点 O，则从 $\boldsymbol{\alpha}$ 的终点 A 向 $\boldsymbol{\beta}$ 的终点 B 所引向量 $\overrightarrow{AB}$ 便是向量 $\boldsymbol{\beta}$ 与 $\boldsymbol{\alpha}$ 的差 $\boldsymbol{\beta}-\boldsymbol{\alpha}$.（如图1.8所示）

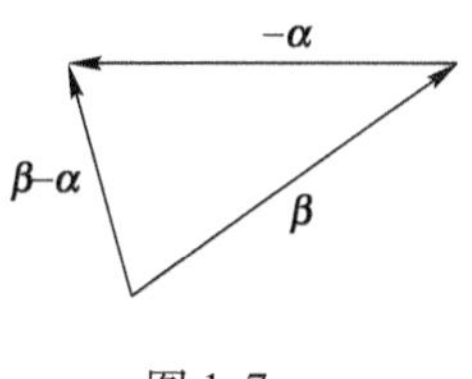

图1.7

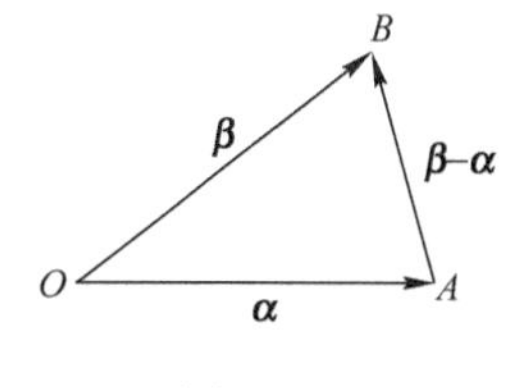

图1.8

由三角形两边之和大于第三边的原理，有如下的三角不等式

$$|\boldsymbol{\alpha}+\boldsymbol{\beta}|\leqslant|\boldsymbol{\alpha}|+|\boldsymbol{\beta}| \text{及} |\boldsymbol{\alpha}-\boldsymbol{\beta}|\leqslant|\boldsymbol{\alpha}|+|\boldsymbol{\beta}|,$$

其中，等号在 $\boldsymbol{\beta}$ 与 $\boldsymbol{\alpha}$ 同向或反向时成立.

定义1.8　向量 $\boldsymbol{\alpha}$ 与实数 k 的乘积记做 $k\boldsymbol{\alpha}$，规定 $k\boldsymbol{\alpha}$ 是一个向量，它的模 $|k\boldsymbol{\alpha}|=|k||\boldsymbol{\alpha}|$，它的方向当 $k>0$ 时与 $\boldsymbol{\alpha}$ 相同，当 $k<0$ 时与 $\boldsymbol{\alpha}$ 相反. 上述定义的这种运算称为**数乘向量**. 当 $k=0$ 时，$|k\boldsymbol{\alpha}|=0$，即 $k\boldsymbol{\alpha}$ 为零向量，这时它的方向可以是任意的.（如图1.9所示）

特别地，当 $k=\pm1$ 时，有 $1\boldsymbol{\alpha}=\boldsymbol{\alpha}$，$(-1)\boldsymbol{\alpha}=-\boldsymbol{\alpha}$. 如果 $\boldsymbol{\alpha}=0$，则对任意 k，有 $k\boldsymbol{\alpha}=0$.

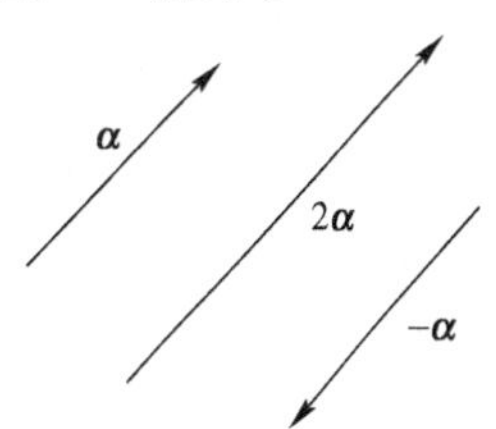

图1.9

数乘向量的性质是：

（1）$k(l\boldsymbol{\alpha})=(kl)\boldsymbol{\alpha}$，$k$，$l$ 是实数，加法与数乘向量之间有分配律；

（2）$(k+l)\boldsymbol{\alpha}=k\boldsymbol{\alpha}+l\boldsymbol{\alpha}$；

（3）$k(\boldsymbol{\alpha}+\boldsymbol{\beta})=k\boldsymbol{\alpha}+k\boldsymbol{\beta}$.

例 1.1 如图 1.10 所示在平行四边形 $ABCD$ 中，设$\overrightarrow{AB}=\boldsymbol{\alpha}$，$\overrightarrow{AD}=\boldsymbol{\beta}$. 试用 $\boldsymbol{\alpha}$ 和 $\boldsymbol{\beta}$ 表示向量 $\overrightarrow{MA}$、$\overrightarrow{MB}$、$\overrightarrow{MC}$、$\overrightarrow{MD}$，其中 M 是平行四边形对角线的交点.

解 由于平行四边形的对角线互相平分，所以

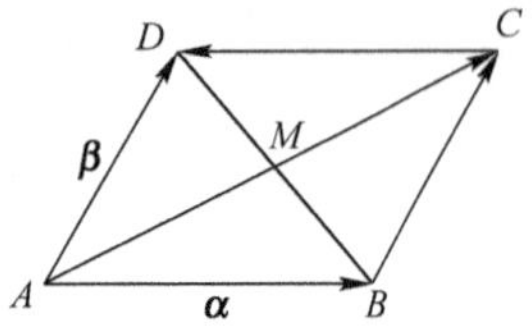

$$\boldsymbol{\alpha}+\boldsymbol{\beta}=\overrightarrow{AC}=2\overrightarrow{AM},$$

即

$$2\overrightarrow{AM}=(\boldsymbol{\alpha}+\boldsymbol{\beta}),$$

于是$\overrightarrow{MA}=-\dfrac{1}{2}(\boldsymbol{\alpha}+\boldsymbol{\beta})$. 因为$\overrightarrow{MC}=-\overrightarrow{MA}$，

所以

$$\overrightarrow{MC}=\frac{1}{2}(\boldsymbol{\alpha}+\boldsymbol{\beta}).$$

图 1.10

又因

$$\boldsymbol{\beta}-\boldsymbol{\alpha}=\overrightarrow{BD}=2\overrightarrow{MD},$$

所以$\overrightarrow{MD}=\dfrac{1}{2}(\boldsymbol{\beta}-\boldsymbol{\alpha})$. 由于$\overrightarrow{MB}=-\overrightarrow{MD}$，所以

$$\overrightarrow{MB}=-\frac{1}{2}(\boldsymbol{\beta}-\boldsymbol{\alpha}).$$

定义 1.9 设 $\boldsymbol{\alpha}\neq 0$，则向量$\dfrac{\boldsymbol{\alpha}}{|\boldsymbol{\alpha}|}$是与 $\boldsymbol{\alpha}$ 同方向的单位向量，记为 $\boldsymbol{\alpha}_0$. 于是 $\boldsymbol{\alpha}=|\boldsymbol{\alpha}|\boldsymbol{\alpha}_0$. 上述这一过程称为**向量的单位化**.

向量的加法运算和数乘向量运算统称为**向量的线性运算**.

例 1.2 设平面上的一个四边形的对角线互相平分，证明它是平行四边形.

证 设 M 是四边形 $ABCD$ 的对角线的交点，(如图 1.10 所示)因为

$$\overrightarrow{AM}=\overrightarrow{MC},\ \overrightarrow{BM}=\overrightarrow{MD},\ \overrightarrow{AD}=\overrightarrow{AM}+\overrightarrow{MD}=\overrightarrow{MC}+\overrightarrow{BM}=\overrightarrow{BC}$$

所以$\overrightarrow{AD}$与$\overrightarrow{BC}$平行且长度相等. 故四边形 $ABCD$ 是平行四边形.

例 1.3 P_1，P_2 是轴 u 上坐标分别为 u_1，u_2 的点，又$\vec{\xi}$是轴 u 上的单位向量，则 $\overrightarrow{P_1P_2}=(u_2-u_1)\vec{\xi}$.

解 因为 $OP_1=u_1$，所以$\overrightarrow{OP_1}=u_1\vec{\xi}$，同理可得$\overrightarrow{OP_2}=u_2\vec{\xi}$，所以

$$\overrightarrow{P_1P_2}=\overrightarrow{OP_2}-\overrightarrow{OP_1}=u_2\vec{\xi}-u_1\vec{\xi}=(u_2-u_1)\vec{\xi}.$$

1.1.3 共线向量、共面向量

定义 1.10 方向相同或相反的向量称为**共线向量**. 即两个平行向量的起点放在同一点时，它们的终点和公共的起点在一条直线上. 平行同一平面的向量称为**共面向量**.

如 $\boldsymbol{\alpha}$ 与 $\boldsymbol{\beta}$ 是共线的，可以记为 $\boldsymbol{\alpha}/\!/\boldsymbol{\beta}$.

特别的，设有 $k(k\geqslant 3)$ 个向量，当把它们的起点放在同一点时，如果 k 个终点和公共起点在一个平面上，就称这 k 个向量共面.

定理 1.1 两个向量 $\boldsymbol{\alpha}$，$\boldsymbol{\beta}$ 共线的充分必要条件是存在不全为零的数 u 和 v，使

$$u\boldsymbol{\alpha}+v\boldsymbol{\beta}=0$$

证 定理的充分性是显然的，下面证明定理的必要性.

设 $\boldsymbol{\alpha}$ 与 $\boldsymbol{\beta}$ 共线，如果 $\boldsymbol{\alpha}\neq\mathbf{0}$，则有 $\boldsymbol{\alpha}$ 的模不等于零，因而有非负实数 m 使得：$|\boldsymbol{\beta}|=m|\boldsymbol{\alpha}|$. 当 $\boldsymbol{\alpha}$ 与 $\boldsymbol{\beta}$ 同向时，可取 $u=m$，$v=-1$，而当 $\boldsymbol{\alpha}$ 与 $\boldsymbol{\beta}$ 反向时，令 $u=m$，$v=1$ 就都有 $u\boldsymbol{\alpha}+v\boldsymbol{\beta}=\mathbf{0}$，

其中,u, v 是不全为零的数; 当 $\boldsymbol{\alpha}=\mathbf{0}$ 时, 显然有 $1\cdot\boldsymbol{\alpha}+0\cdot\boldsymbol{\beta}=\mathbf{0}$.

定理 1.2　三个向量 $\boldsymbol{\alpha}$, $\boldsymbol{\beta}$, $\boldsymbol{\gamma}$ 共面的充分必要条件是存在不全为零的的数 k_1, k_2, k_3 使 $k_1\boldsymbol{\alpha}+k_2\boldsymbol{\beta}+k_3\boldsymbol{\gamma}=\mathbf{0}$.

证　如果三个向量 $\boldsymbol{\alpha}$, $\boldsymbol{\beta}$, $\boldsymbol{\gamma}$ 中有两个向量例如 $\boldsymbol{\alpha}$, $\boldsymbol{\beta}$ 共线, 由定理 1.1 知, 则有不全为零的数 u, v 使 $u\boldsymbol{\alpha}+v\boldsymbol{\beta}=0$ 成立, 那么 u, v, 0 仍不全为零, 有 $u\boldsymbol{\alpha}+v\boldsymbol{\beta}+0\boldsymbol{\gamma}=\mathbf{0}$

设三个向量 $\boldsymbol{\alpha}$, $\boldsymbol{\beta}$, $\boldsymbol{\gamma}$ 两两不共线, 作$\overrightarrow{OB}=\boldsymbol{\alpha}$, $\overrightarrow{OA}=\boldsymbol{\beta}$, $\overrightarrow{OC}=\boldsymbol{\gamma}$, 过点 C 作直线与 OB 平行交$\overrightarrow{OA}$所在直线于 D 点, (如图 1.11 所示) 于是根据三角形法则及数乘向量定义有

$$\overrightarrow{OC}=\overrightarrow{OD}+\overrightarrow{DC}=u\,\overrightarrow{OA}+v\,\overrightarrow{OB},$$

从而有

$$u\,\overrightarrow{OA}+v\,\overrightarrow{OB}-\overrightarrow{OC}=\mathbf{0}.$$

其中,u, v, -1 不全为零.

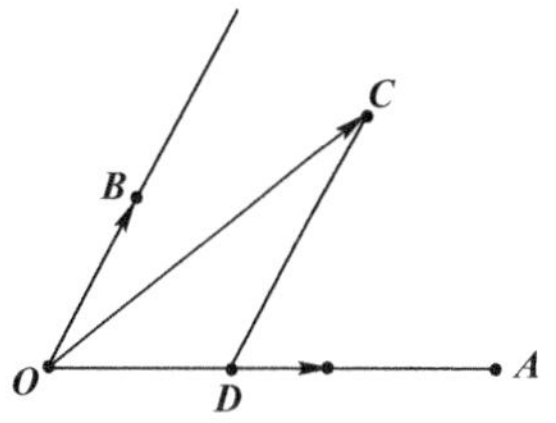

反之, 如有不全为零的的数 k_1, k_2, k_3 使 $k_1\boldsymbol{\alpha}+k_2\boldsymbol{\beta}+k_3\boldsymbol{\gamma}=\mathbf{0}$ 成立, 不妨设 $k_3\neq0$, 于是

图 1.11

$$\boldsymbol{\gamma}=-\frac{k_1}{k_3}\boldsymbol{\alpha}-\frac{k_2}{k_3}\boldsymbol{\beta}.$$

说明 $\boldsymbol{\gamma}$ 是以 $-\frac{k_1}{k_3}\boldsymbol{\alpha}$, $-\frac{k_2}{k_3}\boldsymbol{\beta}$ 为边的平行四边形的对角线, 因此 $\boldsymbol{\alpha}$, $\boldsymbol{\beta}$, $\boldsymbol{\gamma}$ 共面.

用向量作为工具, 可以证明平面几何中的命题. 下面通过例子说明平面几何的命题和向量的命题是如何相互转化的.

例 1.4　$\triangle ABC$ 中, D 是 BC 边中点. 证明: $\overrightarrow{AD}=\frac{1}{2}(\overrightarrow{AB}+\overrightarrow{AC})$.

证　如图 1.12 所示, 由三角形法则$\overrightarrow{AD}=\overrightarrow{AB}+\overrightarrow{BD}\overrightarrow{AD}=\overrightarrow{AC}+\overrightarrow{CD}$又因为 D 是 BC 的中点, $\overrightarrow{BD}=-\overrightarrow{CD}$, 两式相加, 得 $2\,\overrightarrow{AD}=\overrightarrow{AB}+\overrightarrow{AC}$, 即$\overrightarrow{AD}=\frac{1}{2}(\overrightarrow{AB}+\overrightarrow{AC})$.

例 1.5　用向量证明三角形中位线定理.

证　如图 1.13 所示, 设 D, E 分别是 AB, AC 边中点, 则

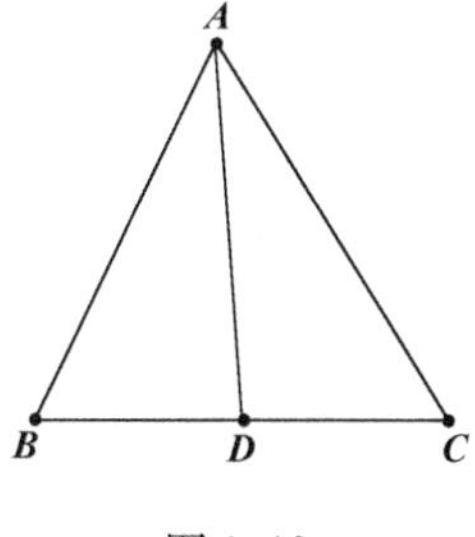

图 1.12

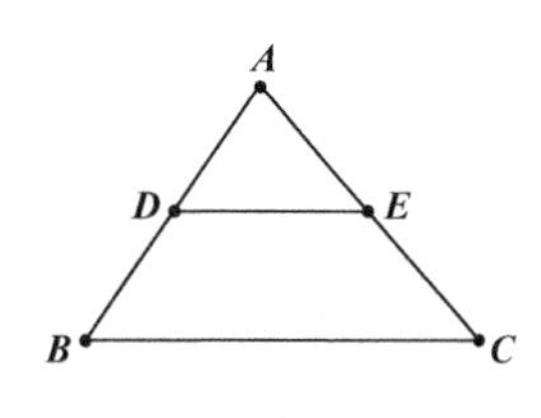

图 1.13

$$\overrightarrow{DE}=\overrightarrow{DA}+\overrightarrow{AE}=\frac{1}{2}(\overrightarrow{BA}+\overrightarrow{AC})=\frac{1}{2}\overrightarrow{BC}.$$

由数乘向量定义知, $DE//BC$ 且 $DE=\frac{1}{2}BC$, 即三角形两边中点连线平行于底边且等于底边的一半.

例 1.6　用向量法证明：如点 M 是$\triangle ABC$ 的重心，AD 是 BC 边上的中线，(如图 1.14 所示)则

$$AM=\frac{2}{3}AD$$

证　因为$\overrightarrow{AM}$，$\overrightarrow{AD}$共线，故可设$\overrightarrow{AM}=x\overrightarrow{AD}$又因为 D 是 BC 边上的中点，由例 1.4 知，

$$\overrightarrow{AD}=\frac{1}{2}(\overrightarrow{AB}+\overrightarrow{AC}).$$

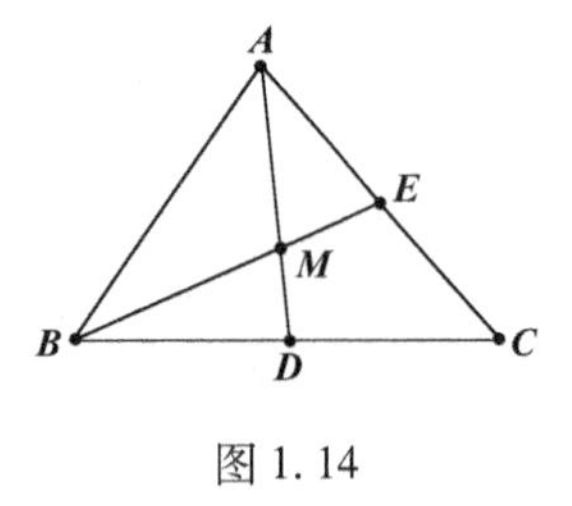

图 1.14

因此　$$\overrightarrow{AM}=\frac{x}{2}(\overrightarrow{AB}+\overrightarrow{AC}).$$

又因为 BE 是 AC 边上中线，并设$\overrightarrow{ME}=y\overrightarrow{BE}$有

$$\overrightarrow{BE}=\overrightarrow{BA}+\overrightarrow{AE}=-\overrightarrow{AB}+\frac{1}{2}\overrightarrow{AC}.$$

因此　$$\overrightarrow{ME}=y(-\overrightarrow{AB}+\frac{1}{2}\overrightarrow{AC}).$$

在 $\triangle AME$ 中，$\overrightarrow{AM}+\overrightarrow{ME}+\overrightarrow{EA}=0$，即

$$\frac{x}{2}(\overrightarrow{AB}+\overrightarrow{AC})+y(-\overrightarrow{AB}+\frac{1}{2}\overrightarrow{AC})-\frac{1}{2}\overrightarrow{AC}=\mathbf{0}.$$

即

$$\left(\frac{x}{2}-y\right)\overrightarrow{AB}+\left(\frac{x+y-1}{2}\right)\overrightarrow{AC}=\mathbf{0}.$$

由$\overrightarrow{AB}$，$\overrightarrow{AC}$不共线，根据定理(1.1)有

$$\begin{cases}\dfrac{x}{2}-y=0\\ \dfrac{x+y-1}{2}=0\end{cases}.$$

解此方程组得 $x=\frac{2}{3}$ 即 $AM=\frac{2}{3}AD$.

习　题　1.1

1. 要使下列各式成立，向量 $\boldsymbol{\alpha}$，$\boldsymbol{\beta}$ 应满足什么条件？

(1) $|\boldsymbol{\alpha}+\boldsymbol{\beta}|=|\boldsymbol{\alpha}-\boldsymbol{\beta}|$；　　(2) $|\boldsymbol{\alpha}+\boldsymbol{\beta}|=|\boldsymbol{\alpha}|+|\boldsymbol{\beta}|$；

(3) $|\boldsymbol{\alpha}+\boldsymbol{\beta}|=|\boldsymbol{\alpha}|-|\boldsymbol{\beta}|$；　　(4) $|\boldsymbol{\alpha}-\boldsymbol{\beta}|=|\boldsymbol{\alpha}|+|\boldsymbol{\beta}|$；

(5) $|\boldsymbol{\alpha}-\boldsymbol{\beta}|=|\boldsymbol{\alpha}|-|\boldsymbol{\beta}|$；　　(6) $\dfrac{\boldsymbol{\alpha}}{|\boldsymbol{\alpha}|}=\dfrac{\boldsymbol{\beta}}{|\boldsymbol{\beta}|}$.

2. 已知向量方程组$\begin{cases}2\boldsymbol{x}-3\boldsymbol{y}=\boldsymbol{\alpha}\\ \boldsymbol{x}+5\boldsymbol{y}=\boldsymbol{\beta}\end{cases}$，求解向量 $\boldsymbol{x}$，$\boldsymbol{y}$.

3. 已知四边形 $ABCD$ 中，$\overrightarrow{AB}=\boldsymbol{\alpha}-2\boldsymbol{\gamma}$，$\overrightarrow{CD}=5\boldsymbol{\alpha}+6\boldsymbol{\beta}-8\boldsymbol{\gamma}$，对角线 AC，BD 的中点分别为 E，F，求$\overrightarrow{EF}$.

4. 已知平行四边形 $ABCD$ 的对角线为$\overrightarrow{AC}=\boldsymbol{\alpha}$，$\overrightarrow{BD}=\boldsymbol{\beta}$，求$\overrightarrow{AB}$，$\overrightarrow{BC}$.

5. 证明：向量 $n\boldsymbol{\alpha}-l\boldsymbol{\beta}$, $l\boldsymbol{\beta}-m\boldsymbol{\gamma}$, $m\boldsymbol{\gamma}-n\boldsymbol{\alpha}$ 共面．

1.2 仿射坐标系与空间直角坐标系

1.2.1 仿射坐标系

在中学我们已经熟悉了直角坐标系，并会用坐标法来处理解决一些问题．其实在坐标法当中，坐标轴间的夹角是不是直角并不起关键性作用(当然，直角会使许多计算简化)．现在从一般情况讨论起，下面的两个引理请读者自行证明．

引理1 在直线上取定一个非零向量 $\boldsymbol{e}$，那么在此直线上任一向量 $\boldsymbol{\alpha}$，都存在唯一实数 x，使得 $\boldsymbol{\alpha}=x\boldsymbol{e}$.

引理2 在平面上取定两个不共线的向量 $\boldsymbol{e}_1$ 和 $\boldsymbol{e}_2$，则对该平面上任一向量 $\boldsymbol{\alpha}$，都存在唯一的二元有序实数组 (x_1, y_1)，使 $\boldsymbol{\alpha}=x_1\boldsymbol{e}_1+y_1\boldsymbol{e}_2$.

定理1.3 在空间中取定三个不共面的向量 $\boldsymbol{e}_1$, $\boldsymbol{e}_2$, $\boldsymbol{e}_3$，那么对空间中任一向量 $\boldsymbol{\alpha}$ 都存在唯一的三元有序实数组 (x_1, y_1, z_1)，使 $\boldsymbol{\alpha}=x_1\boldsymbol{e}_1+y_1\boldsymbol{e}_2+z_1\boldsymbol{e}_3$.

证 任取一点 O 作出向量 $\boldsymbol{e}_1$, $\boldsymbol{e}_2$, $\boldsymbol{e}_3$，记 $\boldsymbol{e}_1$, $\boldsymbol{e}_2$, $\boldsymbol{e}_3$ 所在的直线分别是 OA, OB, OC. 作向量 $\overrightarrow{OP}=\boldsymbol{\alpha}$.(如图1.15所示)不妨设 $\boldsymbol{\alpha}$ 与 $\boldsymbol{e}_1$, $\boldsymbol{e}_2$ 不共面，否则，根据引理2，我们有 $\boldsymbol{\alpha}=\overrightarrow{op}=x_1\boldsymbol{e}_1+y_1\boldsymbol{e}_2=x_1\boldsymbol{e}_1+y_1\boldsymbol{e}_2+0\boldsymbol{e}_3$，结论显然成立．)那么过 P 点作直线与 OC 平行，它与 AOB 平面交于 Q 点，再过 Q 点作直线和 OB 平行交 OA 于 M 点，根据向量加法

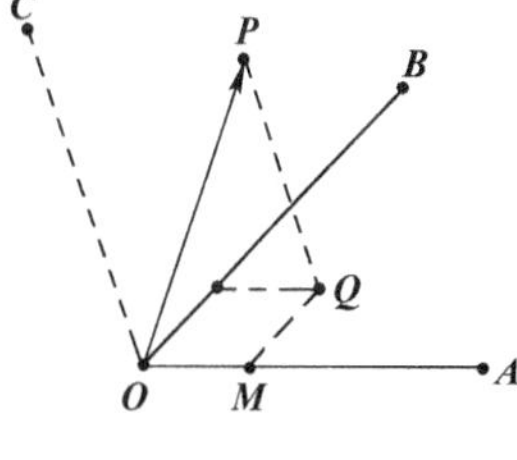

图1.15

$$\boldsymbol{\alpha}=\overrightarrow{OP}=\overrightarrow{OM}+\overrightarrow{MQ}+\overrightarrow{QP},$$

根据引理1.1，存在实数 x_1, y_1, z_1 使

$$\overrightarrow{OM}=x_1\boldsymbol{e}_1,\ \overrightarrow{MQ}=y_1\boldsymbol{e}_2,\ \overrightarrow{QP}=z_1\boldsymbol{e}_3,$$

即有

$$\boldsymbol{\alpha}=x_1\boldsymbol{e}_1+y_1\boldsymbol{e}_2+z_1\boldsymbol{e}_3.$$

下面证明唯一性，如果 $\boldsymbol{\alpha}$ 有两种不同的表示方法：

$$\boldsymbol{\alpha}=x\boldsymbol{e}_1+y\boldsymbol{e}_2+z\boldsymbol{e}_3=x'\boldsymbol{e}_1+y'\boldsymbol{e}_2+z'\boldsymbol{e}_3$$

则 $x-x'$, $y-y'$, $z-z'$ 不全为零．而

$$(x-x')\boldsymbol{e}_1+(y-y')\boldsymbol{e}_2+(z-z')\boldsymbol{e}_3=0.$$

由定理1.2知 $\boldsymbol{e}_1$, $\boldsymbol{e}_2$, $\boldsymbol{e}_3$ 是共面向量，这与已知条件 $\boldsymbol{e}_1$, $\boldsymbol{e}_2$, $\boldsymbol{e}_3$ 不共面相矛盾．即 $\boldsymbol{\alpha}$ 的表示法唯一．

在空间中虽然有无穷多个向量，但只要选择三个不共面的向量就可以把每个向量表示出来，对任意向量的运算也就可转化为对这三个特定向量的运算，这正是建立空间仿射坐标系的理论基础．

定义1.11 在空间中取定一点 O 及三个有次序的不共面的向量 $\boldsymbol{e}_1$, $\boldsymbol{e}_2$, $\boldsymbol{e}_3$，构成空间中的一个**仿射坐标系**，记为 $\{O;\boldsymbol{e}_1,\boldsymbol{e}_2,\boldsymbol{e}_3\}$，点 O 称为**坐标原点**，$\boldsymbol{e}_1$, $\boldsymbol{e}_2$, $\boldsymbol{e}_3$ 叫做**坐标向量**，或**基本向量**，简称**基**．它们所在的直线分别叫做 x 轴、y 轴、z 轴，统称为**坐标轴**．由 Ox, Oy, Oz 三个坐标轴中的每两个都决定一个平面，分别记做 Oxy, Oyz, Ozx，统称为**坐标平面**.

定义1.12 对空间向量 $\boldsymbol{\alpha}$，它在仿射坐标系 $\{O;\boldsymbol{e}_1,\boldsymbol{e}_2,\boldsymbol{e}_3\}$ 下有分解式

$$\boldsymbol{\alpha}=x\boldsymbol{e}_1+y\boldsymbol{e}_2+z\boldsymbol{e}_3,$$

称$\{x, y, z\}$是向量$\boldsymbol{\alpha}$在坐标系$\{O; \boldsymbol{e}_1, \boldsymbol{e}_2, \boldsymbol{e}_3\}$下的**坐标**.

在几何空间中，取定一组基$\boldsymbol{e}_1$，$\boldsymbol{e}_2$，$\boldsymbol{e}_3$和坐标原点O，就建立了一个仿射坐标系$\{O; \boldsymbol{e}_1, \boldsymbol{e}_2, \boldsymbol{e}_3\}$. 空间中任何一个向量都有唯一确定的坐标；反之，如果给定三元有序数组$\{x, y, z\}$，以它们为坐标的向量也是唯一确定的. 因此在确定的仿射坐标系下，几何空间中的向量和三元有序数组之间有一一对应的关系，可以用三元有序数组来表示向量.

定义 1.13 在仿射坐标系$\{O; \boldsymbol{e}_1, \boldsymbol{e}_2, \boldsymbol{e}_3\}$下，对于点$M$，称向量$\overrightarrow{OM}$是点$M$的**向径**. 向径在坐标系的坐标称为点$M$在该坐标系下的**仿射坐标**. 若$\overrightarrow{OM}=\{x, y, z\}$，则$M$的坐标记做$M(x, y, z)$.

注:(1) 点的坐标依赖于坐标原点O位置的选取，而向量的坐标与O点位置无关.

(2) 在仿射坐标系的讨论中，既不要求坐标向量$\boldsymbol{e}_1$，$\boldsymbol{e}_2$，$\boldsymbol{e}_3$互相垂直，也不要求它们是单位向量.

关于坐标系还有几个概念：

三个坐标平面把空间分成八个部分，又叫八个卦限. 在每个卦限内点的坐标的正负号为：

$$\mathrm{I}(+,+,+),\ \mathrm{II}(-,+,+),\ \mathrm{III}(-,-,+),\ \mathrm{IV}(+.-,+),$$
$$\mathrm{V}(+,+,-),\ \mathrm{VI}(-,+,-),\ \mathrm{VII}(-,-,-),\ \mathrm{VIII}(+,-,-).$$

由于三个坐标向量$\boldsymbol{e}_1$，$\boldsymbol{e}_2$，$\boldsymbol{e}_3$可以有两种不同的相互位置关系，如图 1.16 所示. 称图 1.16(a)所示坐标系为**右手仿射坐标系**. 图 1.16(b)所示坐标系为**左手仿射坐标系**.

例 1.7 如图 1.17 所示，梯形$ABCD$中，$AD//BC$，$AD=3BC$，E是AD中点，求点C及向量$\overrightarrow{CE}$在坐标系$\{A; \overrightarrow{AE}, \overrightarrow{AB}\}$下的坐标.

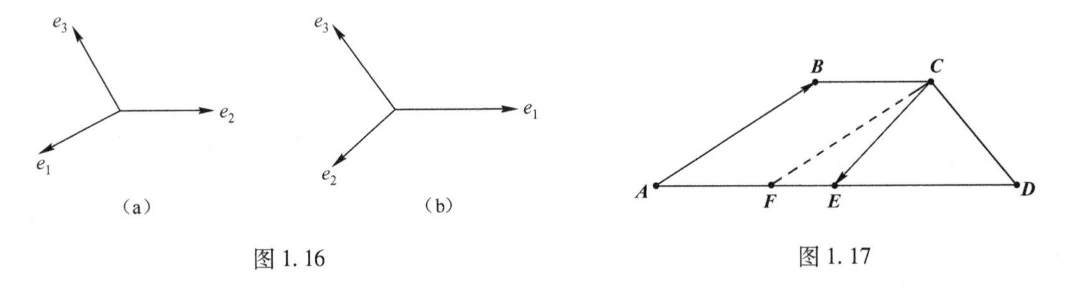

图 1.16　　　　图 1.17

解 作$CF//AB$交AD于F点，由平行四边形法则$\overrightarrow{AC}=\overrightarrow{AB}+\overrightarrow{AF}$. 由于$E$是$AD$中点，$BC=AF$有

$$\overrightarrow{AF}=\overrightarrow{BC}=\frac{1}{3}\overrightarrow{AD}=\frac{2}{3}\overrightarrow{AE}$$

因而

$$\overrightarrow{AC}=\overrightarrow{AB}+\frac{2}{3}\overrightarrow{AE},$$

所以C点在$\{A; \overrightarrow{AE}, \overrightarrow{AB}\}$的坐标是$\left(\frac{2}{3}, 1\right)$.

又因为

$$\overrightarrow{CE}=\overrightarrow{CF}+\overrightarrow{FE}=-\overrightarrow{AB}+\frac{1}{3}\overrightarrow{AE},$$

所以向量$\overrightarrow{CE}$在$\{A;\ \overrightarrow{AE},\ \overrightarrow{AB}\}$的坐标是$\left(\frac{1}{3},\ -1\right)$.

1.2.2　空间直角坐标系

空间直角坐标系是一种特殊的仿射坐标系，具体取法如下：在空间取定一点 O 和三个两两垂直的单位向量 $\boldsymbol{i}$, $\boldsymbol{j}$, $\boldsymbol{k}$，就确定了三条都以定点 O 为原点的两两垂直的数轴，依次记为 x 轴(横轴)、y 轴(纵轴)、z 轴(竖轴)，统称为坐标轴. 它们构成一个空间直角坐标系，称为 $Oxyz$ 坐标系(如图 1.18 所示).

注:(1) 通常三个数轴应具有相同的长度单位；

(2) 通常把 x 轴和 y 轴放置在水平面上，而 z 轴则是铅垂线；

(3) 数轴的正向通常符合右手规则(如图 1.19 所示).

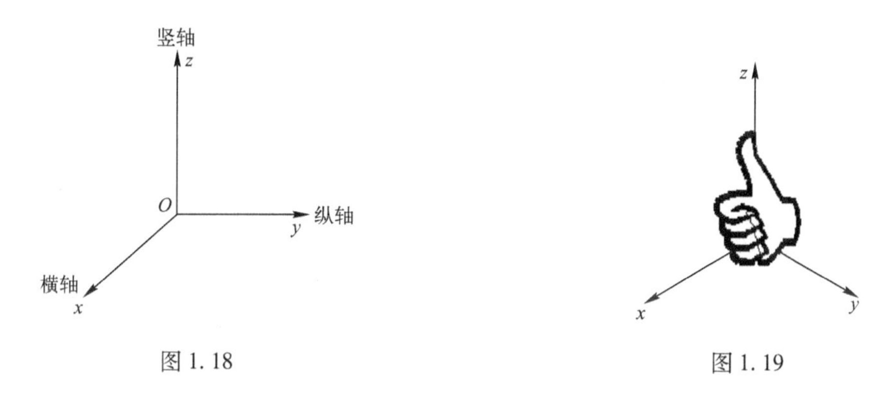

图 1.18　　　　图 1.19

在空间直角坐标系中，任意两个坐标轴可以确定一个平面，这种平面称为坐标面. x 轴及 y 轴所确定的坐标面叫做 xoy 面，另两个坐标面是 yoz 面和 zox 面 .

三个坐标面把空间分成八个部分，每一部分叫做卦限，含有三个正半轴的卦限叫做第一卦限，它位于 xoy 面的上方. 在 xoy 面的上方，按逆时针方向排列着第二卦限、第三卦限和第四卦限. 在 xoy 面的下方，与第一卦限对应的是第五卦限，按逆时针方向还排列着第六卦限、第七卦限和第八卦限.

任给向量 $\boldsymbol{r}$，对应有点 M，使$\overrightarrow{OM}=\boldsymbol{r}$. 以 OM 为对角线、三条坐标轴为棱作长方体，有 $\boldsymbol{r}=\overrightarrow{OM}=\overrightarrow{OP}+\overrightarrow{PN}+\overrightarrow{NM}=\overrightarrow{OP}+\overrightarrow{OQ}+\overrightarrow{OR}$，(如图 1.20 所示)设$\overrightarrow{OP}=x\boldsymbol{i}$，$\overrightarrow{OQ}=y\boldsymbol{j}$，$\overrightarrow{OR}=z\boldsymbol{k}$，

则
$$\boldsymbol{r}=\overrightarrow{OM}=x\boldsymbol{i}+y\boldsymbol{j}+z\boldsymbol{k}.$$
上式称为向量 $\boldsymbol{r}$ 的坐标分解式，$x\boldsymbol{i}$，$y\boldsymbol{j}$，$z\boldsymbol{k}$ 称为向量 $\boldsymbol{r}$ 三个坐标轴方向的分向量 .

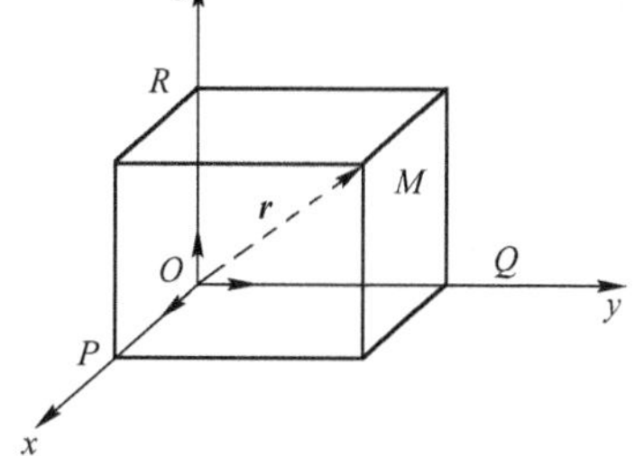

图 1.20

显然，给定向量 $\boldsymbol{r}$，就确定了点 M 及$\overrightarrow{OP}=x\boldsymbol{i}$，$\overrightarrow{OQ}=y\boldsymbol{j}$，$\overrightarrow{OR}=z\boldsymbol{k}$ 三个分向量，进而确定了 x，y，z 三个有序数；反之，给定三个有序数 x，y，z 也就确定了向量 $\boldsymbol{r}$ 与点 M. 于是点 M、向量 $\boldsymbol{r}$ 与三个有序数 x，y，z 之间有一一对应的关系

$$M\leftrightarrow\boldsymbol{r}=\overrightarrow{OM}=x\boldsymbol{i}+y\boldsymbol{j}+z\boldsymbol{k}\leftrightarrow(x,\ y,\ z).$$

据此，有序数 x，y，z 称为向量 $\boldsymbol{r}$，在坐标系 $Oxyz$)中的坐标，记做 $\boldsymbol{r}=\boldsymbol{r}(x,\ y,\ z)$，有序数 x，

y, z 也称为点 M ，在坐标系 $Oxyz$)的坐标，记为 $M(x, y, z)$.

向量 $\boldsymbol{r}=\overrightarrow{OM}$称为点 M 关于原点 O 的向径.

上述表明，一个点与该点的向径有相同的坐标. 记号(x, y, z)既表示点 M，又表示向量 $\overrightarrow{OM}$.

坐标面上和坐标轴上的点，其坐标各有一定的特征. 例如，点 M 在 yoz 面上，则 $x=0$，同理，在 zox 面上的点，$y=0$，在 xoy 面上的点，$z=0$. 如果点 M 在 x 轴上，则 $y=z=0$；同样在 y 轴上，有 $z=x=0$；在 z 轴上的点，有 $x=y=0$；如果点 M 为原点，则 $x=y=z=0$.

1.2.3　用坐标进行向量的线性运算

如果我们建立了仿射坐标系或者直角坐标系，根据上节内容知，向量和空间的点是一一对应的关系，每个向量在坐标系里都有唯一的坐标，而给出坐标又能确定唯一的向量. 这样，点及向量的问题都可以转化为坐标的运算.

设 $\boldsymbol{\alpha}=(x_1, y_1, z_1)$，$\boldsymbol{\beta}=(x_2, y_2, z_2)$　即

$$\boldsymbol{\alpha}=x_1\boldsymbol{e}_1+y_1\boldsymbol{e}_2+z_1\boldsymbol{e}_3,\ \boldsymbol{\beta}=x_2\boldsymbol{e}_1+y_2\boldsymbol{e}_2+z_2\boldsymbol{e}_3,$$

则

$$\begin{aligned}\boldsymbol{\alpha}+\boldsymbol{\beta}&=(x_1\boldsymbol{e}_1+y_1\boldsymbol{e}_2+z_1\boldsymbol{e}_3)+(x_2\boldsymbol{e}_1+y_2\boldsymbol{e}_2+z_2\boldsymbol{e}_3)\\&=(x_1+x_2)\boldsymbol{e}_1+(y_1+y_2)\boldsymbol{e}_2+(z_1+z_2)\boldsymbol{e}_3\\\boldsymbol{\alpha}-\boldsymbol{\beta}&=(x_1\boldsymbol{e}_1+y_1\boldsymbol{e}_2+z_1\boldsymbol{e}_3)-(x_2\boldsymbol{e}_1+y_2\boldsymbol{e}_2+z_2\boldsymbol{e}_3)\\&=(x_1-x_2)\boldsymbol{e}_1+(y_1-y_2)\boldsymbol{e}_2+(z_1-z_2)\boldsymbol{e}_3\\k\boldsymbol{\alpha}&=k(x_1\boldsymbol{e}_1+y_1\boldsymbol{e}_2+z_1\boldsymbol{e}_3)=kx_1\boldsymbol{e}_1+ky_1\boldsymbol{e}_2+kz_1\boldsymbol{e}_3\end{aligned}$$

说明向量和(差)的坐标等于对应坐标的和(差). 向量加(减)法的运算，用坐标来表示就可简记为

$$(x_1, y_1, z_1)\pm(x_2, y_2, z_2)=(x_1\pm x_2, y_1\pm y_2, z_1\pm z_2)\tag{1.1}$$

数乘向量的坐标等于用数乘每个坐标，用坐标表示为

$$k(x_1, y_1, z_1)=(kx_1, ky_1, kz_1)\tag{1.2}$$

例 1.8　仿射坐标系中$\{O; \boldsymbol{e}_1, \boldsymbol{e}_2, \boldsymbol{e}_3\}$，设 $\boldsymbol{\alpha}=2\boldsymbol{e}_1-\boldsymbol{e}_2+4\boldsymbol{e}_3$，$\boldsymbol{\beta}=3\boldsymbol{e}_1+2\boldsymbol{e}_2-3\boldsymbol{e}_3$ 求 $\boldsymbol{\alpha}+\boldsymbol{\beta}$，$\boldsymbol{\alpha}-2\boldsymbol{\beta}$

解　$\boldsymbol{\alpha}+\boldsymbol{\beta}=(2+3)\boldsymbol{e}_1+(-1+2)\boldsymbol{e}_2+(4-3)\boldsymbol{e}_3=5\boldsymbol{e}_1+\boldsymbol{e}_2+\boldsymbol{e}_3$，

或用坐标表示

$$(2, -1, 4)+(3, 2, -3)=(2+3, -1+2, 4-3)=(5, 1, 1).$$

对 $\boldsymbol{\alpha}-2\boldsymbol{\beta}$ 有

$$(2, -1, 4)-2(3, 2, -3)=(2-6, -1-4, 4+6)=(-4, -5, 10).$$

即

$$\boldsymbol{\alpha}-2\boldsymbol{\beta}=-4\boldsymbol{e}_1-5\boldsymbol{e}_2+10\boldsymbol{e}_3.$$

例 1.9　已知点 $A(1, 2, 3)$，点 $B(2, -1, 2)$，求向径$\overrightarrow{OA}$及向量$\overrightarrow{AB}$的坐标.

解　由点的坐标定义知，向径$\overrightarrow{OA}$的坐标就是 A 点的坐标，故

$$\overrightarrow{OA}=\boldsymbol{e}_1+2\boldsymbol{e}_2+3\boldsymbol{e}_3$$

$\overrightarrow{OA}$的坐标是$(1, 2, 3)$. 而

$$\overrightarrow{AB}=\overrightarrow{OB}-\overrightarrow{OA}=(2-1)\boldsymbol{e}_1+(-1-2)\boldsymbol{e}_2+(2-3)\boldsymbol{e}_3=\boldsymbol{e}_1-3\boldsymbol{e}_2-\boldsymbol{e}_3,$$

$\overrightarrow{AB}$的坐标是(1，-3，-1).

从例1.9可看出，对点$A(x_1, y_1, z_1)$和点$B(x_2, y_2, z_2)$，向量$\overrightarrow{AB}$的坐标为

$$(x_2 - x_1, y_2 - y_1, z_2 - z_1). \tag{1.3}$$

即向量$\overrightarrow{AB}$的坐标为其终点B的坐标减去起点A的坐标．如图1.21所示．

空间直角坐标系的三个坐标平面是两两互相垂直的，用勾股定理就能很容易地求出两点间的距离．

设$P(x_1, y_1, z_1)$，$Q(x_2, y_2, z_2)$是空间中任意两点，由Q点向坐标平面Oxy作垂线QR，过P点作平面与Oxy平面平行，设它与垂线QR交于S点，易见S点坐标是(x_2, y_2, z_1)．由于$\triangle PQS$是直角三角形，且$|\overrightarrow{PS}| = \sqrt{(x_2-x_1)^2+(y_2-y_1)^2}$，$|\overrightarrow{QS}| = |z_2 - z_1|$，由勾股定理有$P$，$Q$两点的距离.(如图1.22所示)

$$d = |\overrightarrow{PQ}| = \sqrt{(x_2-x_1)^2+(y_2-y_1)^2+(z_2-z_1)^2}. \tag{1.4}$$

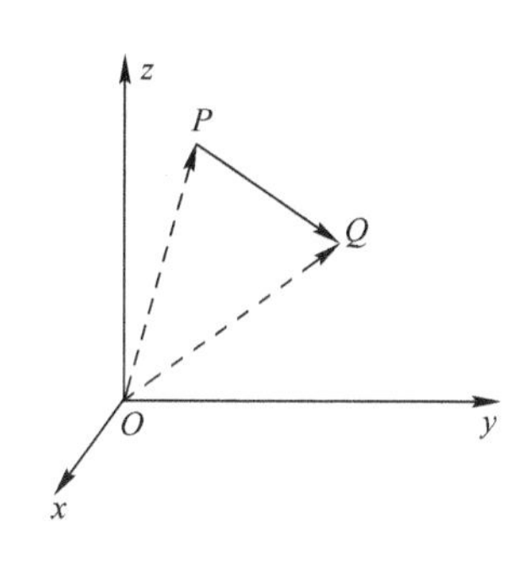

图1.21

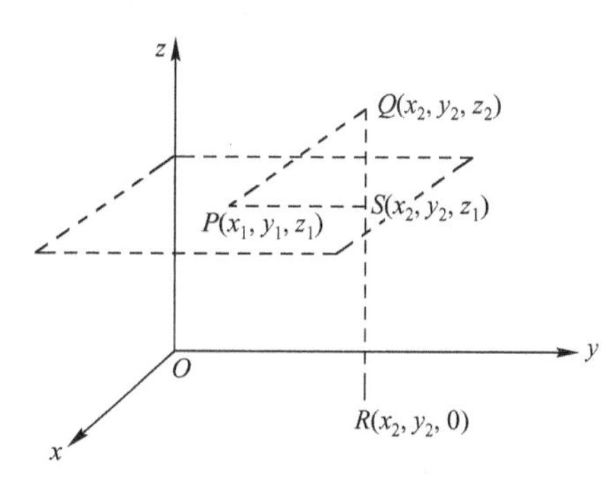

图1.22

定义1.14　在空间直角坐标系中，向量$\boldsymbol{\alpha}$与三个坐标向量$\boldsymbol{i}, \boldsymbol{j}, \boldsymbol{k}$的夹角$\theta_1$，$\theta_2$，$\theta_3$称为向量$\boldsymbol{\alpha}$的**方向角**，方向角的余弦$\cos\theta_1$，$\cos\theta_2$，$\cos\theta_3$称为向量$\boldsymbol{\alpha}$的**方向余弦**.

考察以坐标轴为边，$\overrightarrow{OM} = \boldsymbol{\alpha}$为对角线的长方体(如图1.23所示).

$$\cos\theta_1 = \frac{OA}{|\overrightarrow{OM}|},\ \cos\theta_2 = \frac{OB}{|\overrightarrow{OM}|},\ \cos\theta_3 = \frac{OC}{|\overrightarrow{OM}|}.$$

由于

$$OA^2 + OB^2 + OC^2 = OM^2,$$

故有

$$\cos^2\theta_1 + \cos^2\theta_2 + \cos^2\theta_3 = 1 \tag{1.5}$$

向量的三个方向角不是独立的，它们必须满足方向余弦的平方和为1这个条件.

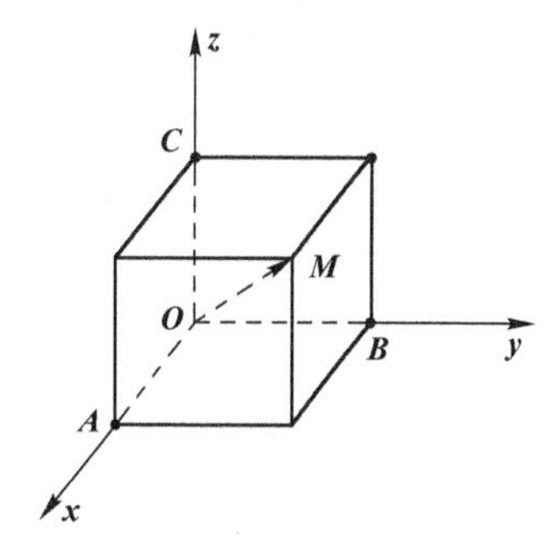

图1.23

例1.10　在z轴上求一点，使它到$A(3, 5, 2)$，$B(4, -1, 3)$两点的距离相等.

解　设所求点为$M(0, 0, z)$，由$|\overrightarrow{MA}| = |\overrightarrow{MB}|$及两点间的距离公式，得

$$\sqrt{3^2+5^2+(z-2)^2} = \sqrt{4^2+(-1)^2+(z-3)^2},$$

即

$$34 + z^2 - 4z + 4 = 17 + z^2 - 6z + 9,$$

解得　$z = -6$,

所求点是$M(0, 0, -6)$.

例 1.11 已知两点 $A(1,-1,2)$，$B(3,1,1)$ 求向量$\overrightarrow{AB}$的方向余弦.

解 因为

$$|\overrightarrow{AB}|=\sqrt{(3-1)^2+(1-(-1))^2+(1-2)^2}=3,$$

又有 $\overrightarrow{AB}=(2,2,-1)$. 设$\overrightarrow{AB}$的方向角是 θ_1，θ_2，θ_3，则

$$\cos\theta_1=\frac{2}{3},\ \cos\theta_2=\frac{2}{3},\ \cos\theta_3=-\frac{1}{3}.$$

1.2.4 向量共线、共面的条件

在仿射坐标系下，如果向量 $\boldsymbol{\alpha}_1=(x_1,y_1,z_1)$，$\boldsymbol{\alpha}_2=(x_2,y_2,z_2)$ 共线，则存在不全为零的数 u，v 使得

$$u(x_1,y_1,z_1)+v(x_2,y_2,z_2)=0.$$

因此，两向量共线的充分必要条件是对应坐标成比例，即

$$x_1:x_2=y_1:y_2=z_1:z_2. \tag{1.6}$$

若三个向量 $\boldsymbol{\alpha}_1=(x_1,y_1,z_1)$，$\boldsymbol{\alpha}_2=(x_2,y_2,z_2)$，$\boldsymbol{\alpha}_3=(x_3,y_3,z_3)$ 共面，由定理 1.2 则有不全为零的数 k_1，k_2，k_3 使 $k_1\boldsymbol{\alpha}_1+k_2\boldsymbol{\alpha}_2+k_3\boldsymbol{\alpha}_3=0$. 用坐标表示上述关系，即

$$\begin{cases}k_1x_1+k_2x_2+k_3x_3=0\\ k_1y_1+k_2y_2+k_3y_3=0\\ k_1z_1+k_2z_2+k_3z_3=0\end{cases}$$

这是一个齐次线性方程组（未知数是 k_1，k_2，k_3），它有非零解，故有如下定理：

定理 1.4 三个向量 $\boldsymbol{\alpha}_1=(x_1,y_1,z_1)$，$\boldsymbol{\alpha}_2=(x_2,y_2,z_2)$，$\boldsymbol{\alpha}_3=(x_3,y_3,z_3)$ 共面的充分必要条件是

$$\begin{vmatrix}x_1 & x_2 & x_3\\ y_1 & y_2 & y_3\\ z_1 & z_2 & z_3\end{vmatrix}=0. \tag{1.7}$$

例 1.12 三个向量 $(4,6,2)$，$(6,-9,3)$，$(6,-3,a)$ 共面，求 a 的值.

解 由定理 1.4 得到

$$\begin{vmatrix}4 & 6 & 6\\ 6 & -9 & -3\\ 2 & 3 & a\end{vmatrix}=-72(a-3)=0,$$

所以 $a=3$.

1.2.5 定比分点的坐标

问题：已知空间中任意两点 $A(x_1,y_1,z_1)$ 和 $B(x_2,y_2,z_2)$ 以及实数 $\lambda\neq-1$，在直线 AB 上求一点 M，使$\overrightarrow{AM}=\lambda\overrightarrow{MB}$

法 1 由于$\overrightarrow{AM}=\overrightarrow{OM}-\overrightarrow{OA}$，$\overrightarrow{MB}=\overrightarrow{OB}-\overrightarrow{OM}$，

所以

$$\overrightarrow{OM}-\overrightarrow{OA}=\lambda(\overrightarrow{OB}-\overrightarrow{OM}),$$

从而

$$\overrightarrow{OM}=\frac{1}{1+\lambda}(\overrightarrow{OA}+\lambda\,\overrightarrow{OB})=\left(\frac{x_1+\lambda x_2}{1+\lambda},\frac{y_1+\lambda y_2}{1+\lambda},\frac{z_1+\lambda z_2}{1+\lambda}\right),$$

这就是点 M 的坐标.

法2　设所求点为 $M(x,y,z)$，则

$$\overrightarrow{AM}=(x-x_1,y-y_1,z-z_1),\ \overrightarrow{MB}=(x_2-x,y_2-y,z_2-z).$$

依题意有$\overrightarrow{AM}=\boldsymbol{\lambda}\,\overrightarrow{MB}$，即

$$(x-x_1,y-y_1,z-z_1)=\lambda(x_2-x,y_2-y,z_2-z),$$

$$(x,y,z)=\frac{1}{1+\lambda}(x_1+\lambda x_2,y_1+\lambda y_2,z_1+\lambda z_2),$$

$$x=\frac{x_1+\lambda x_2}{1+\lambda},\ y=\frac{y_1+\lambda y_2}{1+\lambda},\ z=\frac{z_1+\lambda z_2}{1+\lambda}.\tag{1.8}$$

点 M 叫做有向线段$\overrightarrow{AB}$的定比分点. 当 $\lambda=1$，点 M 为有向线段$\overrightarrow{AB}$的中点，其坐标为

$$x=\frac{x_1+x_2}{2},\ y=\frac{y_1+y_2}{2},\ z=\frac{z_1+z_2}{2}.\tag{1.9}$$

例1.13　设 $A(x_1,y_1,z_1)$，$B(x_2,y_2,z_2)$，$C(x_3,y_3,z_3)$，求$\triangle ABC$ 的重心 $M(x,y,z)$ 的坐标.

解　设 BC 边中点是 D，由中点公式(1.9)，D 的坐标为

$$\left(\frac{x_2+x_3}{2},\frac{y_2+y_3}{2},\frac{z_2+z_3}{2}\right).$$

又因为$\overrightarrow{AM}=2\,\overrightarrow{MD}$，根据定比分点公式(1.8)得到

$$x=\frac{x_1+2\,\frac{x_2+x_3}{2}}{1+2}=\frac{x_1+x_2+x_3}{3},$$

同理

$$y=\frac{y_1+y_2+y_3}{3},\ z=\frac{z_1+z_2+z_3}{3}.$$

因此重心 M 的坐标是

$$\left(\frac{x_1+x_2+x_3}{3},\frac{y_1+y_2+y_3}{3},\frac{z_1+z_2+z_3}{3}\right).$$

习　题　1.2

1. 已知 $\boldsymbol{\alpha}=(3,5,4)$，$\boldsymbol{\beta}=(-6,1,2)$，$\boldsymbol{\gamma}=(0,-3,-4)$，求 $2\boldsymbol{\alpha}+3\boldsymbol{\beta}+4\boldsymbol{\gamma}$.

2. 已知点 $A(3,5,7)$和 $B(0,1,-1)$，求向量$\overrightarrow{AB}$并求 A 关于 B 的对称点 C 的坐标.

3. 判断下列向量中哪些是共线的：

$$\boldsymbol{\alpha}_1=(1,2,3),\ \boldsymbol{\alpha}_2=(1,-2,3),\ \boldsymbol{\alpha}_3=(1,0,2),\ \boldsymbol{\alpha}_4=(-3,6,-9),$$

$$\boldsymbol{\alpha}_5=(2,0,4),\ \boldsymbol{\alpha}_6=(-1,-2,-3),\ \boldsymbol{\alpha}_7=\left(\frac{1}{4},\frac{2}{4},\frac{3}{4}\right),\ \boldsymbol{\alpha}_8=\left(\frac{1}{2},-1,-\frac{3}{2}\right)$$

4. 判断下列向量 $\boldsymbol{\alpha}$，$\boldsymbol{\beta}$，$\boldsymbol{\gamma}$ 是否共面：

(1) $\boldsymbol{\alpha}=(4,0,2)$，$\boldsymbol{\beta}=(6,-9,8)$，$\boldsymbol{\gamma}=(6,-3,3)$；

(2) $\boldsymbol{\alpha}=(1,-2,3)$, $\boldsymbol{\beta}=(3,3,1)$, $\boldsymbol{\gamma}=(1,7,-5)$;

(3) $\boldsymbol{\alpha}=(1,-1,2)$, $\boldsymbol{\beta}=(2,4,5)$, $\boldsymbol{\gamma}=(3,9,8)$.

5. $\triangle ABC$ 中，$\angle A=90^\circ$，$\angle B=30^\circ$，AD 是 BC 边上的高，求点 D 对坐标系 $\{A;\overrightarrow{AB},\overrightarrow{AC}\}$ 的坐标.

6. 在四面体 $OABC$ 中，M 是 $\triangle ABC$ 的重心，E，F 分别是 AB，AC 的中点，求向量 $\overrightarrow{EF}$，$\overrightarrow{ME}$，$\overrightarrow{MF}$ 在坐标系 $\{O;\overrightarrow{OA},\overrightarrow{OB},\overrightarrow{OC}\}$ 下的坐标.

7. 求向量 $\boldsymbol{\alpha}=(1,3,-2)$ 的方向余弦.

8. 已知线段 AB 被点 $C(2,0,2)$ 和 $D(5,-2,0)$ 三等分，试求这个线段两端点 A 与 B 的坐标.

1.3　向量的数量积

1.3.1　数量积及其运算规律

向量是一个具有很强的物理背景的概念，尤其在流体力学、电磁场理论等中有很多的应用，要利用向量及其运算来反映诸多物理现象中量的关系，仅有向量的线性运算就远远不够了，还要不断充实向量的运算. 这一节先引入向量的一种乘法，先看例子.

例 1.14　物体放在光滑水平面上，设力 $\boldsymbol{F}$ 以与水平线成 θ 角的方向作用于物体上(如图 1.24所示)，物体产生位移 $\boldsymbol{s}$，求力 $\boldsymbol{F}$ 所作的功.

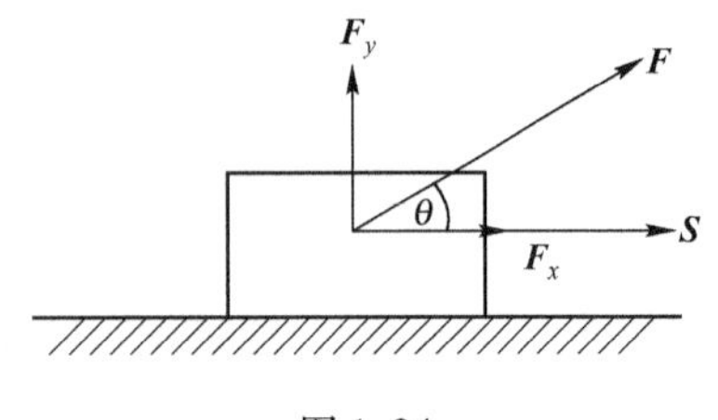

图 1.24

解　根据物理知识，$\boldsymbol{F}$ 可以分解成水平方向分力 $\boldsymbol{F}_x$ 和垂直方向分力 $\boldsymbol{F}_y$，其中只有与位移平行的分力 $\boldsymbol{F}_x$ 作功，而 $\boldsymbol{F}_y$ 不作功. 于是功 W 为

$$W=|\boldsymbol{F}|\cos\theta|\boldsymbol{S}|=|\boldsymbol{F}||\boldsymbol{S}|\cos\theta.$$

规定两向量的夹角：设 $\boldsymbol{\alpha}$，$\boldsymbol{\beta}$ 是两个非零向量，自空间任意点 O 作 $\overrightarrow{OA}=\boldsymbol{\alpha}$，$\overrightarrow{OB}=\boldsymbol{\beta}$，我们把由射线 OA 和 OB 构成的角度在 0 和 π 之间的角(显然这角度与点 O 的选取无关)，叫做向量 $\boldsymbol{\alpha}$ 与 $\boldsymbol{\beta}$ 的夹角，记做 $<\boldsymbol{\alpha},\boldsymbol{\beta}>$.

定义 1.15　两向量 $\boldsymbol{\alpha}$ 与 $\boldsymbol{\beta}$ 的数量积是一个数，它等于这两个向量的长度与它们夹角 $\theta=<\boldsymbol{\alpha},\boldsymbol{\beta}>$ 余弦的乘积，记为 $\boldsymbol{\alpha}\cdot\boldsymbol{\beta}$，或 $\boldsymbol{\alpha\beta}$，即有

$$\boldsymbol{\alpha}\cdot\boldsymbol{\beta}=|\boldsymbol{\alpha}||\boldsymbol{\beta}|\cos<\boldsymbol{\alpha},\boldsymbol{\beta}>. \tag{1.10}$$

根据数量积的定义，例 1.14 中的功可写做：

$$W=\boldsymbol{F}\cdot\boldsymbol{S}.$$

两个向量的数量积又称为点乘或**内积**，它有以下性质：

(1) $\boldsymbol{\alpha}\cdot\boldsymbol{\beta}=\boldsymbol{\beta}\cdot\boldsymbol{\alpha}$;

(2) $(\boldsymbol{\alpha}+\boldsymbol{\beta})\cdot\boldsymbol{\gamma}=\boldsymbol{\alpha}\cdot\boldsymbol{\gamma}+\boldsymbol{\beta}\cdot\boldsymbol{\gamma}$;

(3) $(k\boldsymbol{\alpha})\cdot\boldsymbol{\beta}=\boldsymbol{\alpha}\cdot(k\boldsymbol{\beta})=k(\boldsymbol{\alpha}\cdot\boldsymbol{\beta})$;

(4) $\boldsymbol{\alpha}^2=\boldsymbol{\alpha}\cdot\boldsymbol{\alpha}\geqslant 0$，当且仅当 $\boldsymbol{\alpha}=0$ 时，等号成立.

现在来研究如何用向量的坐标进行数量积的计算.

设在仿射坐标系 $\{O;\boldsymbol{e}_1,\boldsymbol{e}_2,\boldsymbol{e}_3\}$ 下，向量

$$\boldsymbol{\alpha}=x_1\boldsymbol{e}_1+y_1\boldsymbol{e}_2+z_1\boldsymbol{e}_3,\ \boldsymbol{\beta}=x_2\boldsymbol{e}_1+y_2\boldsymbol{e}_2+z_2\boldsymbol{e}_3.$$

那么

$$\begin{aligned}\boldsymbol{\alpha}\cdot\boldsymbol{\beta}=&(x_1\boldsymbol{e}_1+y_1\boldsymbol{e}_2+z_1\boldsymbol{e}_3)\cdot(x_2\boldsymbol{e}_1+y_2\boldsymbol{e}_2+z_2\boldsymbol{e}_3)=\\&x_1x_2\boldsymbol{e}_1^2+y_1y_2\boldsymbol{e}_2^2+z_1z_2\boldsymbol{e}_3^2+(x_1y_2+x_2y_1)\boldsymbol{e}_1\boldsymbol{e}_2+\\&(x_1z_2+x_2z_1)\boldsymbol{e}_1\boldsymbol{e}_3+(y_1z_2+y_2z_1)\boldsymbol{e}_2\boldsymbol{e}_3\end{aligned}\tag{1.11}$$

例1.15 在仿射坐标系$\{O;\ \boldsymbol{e}_1,\ \boldsymbol{e}_2,\ \boldsymbol{e}_3\}$中,

$$|\boldsymbol{e}_1|=|\boldsymbol{e}_2|=1,\ |\boldsymbol{e}_3|=2,\ <\boldsymbol{e}_1,\ \boldsymbol{e}_2>=60^\circ,\ <\boldsymbol{e}_1,\ \boldsymbol{e}_3>=<\boldsymbol{e}_2,\ \boldsymbol{e}_3>=45^\circ,$$

求向量$\boldsymbol{\alpha}=(2,\ 0,\ -\sqrt{2})$与$\boldsymbol{\beta}=(3,\ \sqrt{2},\ 1)$的数量积.

解 由$\boldsymbol{e}_1^2=|\boldsymbol{e}_1||\boldsymbol{e}_1|=1$, $\boldsymbol{e}_2^2=1$, $\boldsymbol{e}_3^2=4$及

$$\boldsymbol{e}_1\cdot\boldsymbol{e}_2=|\boldsymbol{e}_1||\boldsymbol{e}_2|\cos<\boldsymbol{e}_1,\ \boldsymbol{e}_2>=1\cdot1\cdot\cos60^\circ=\frac{1}{2},$$

$$\boldsymbol{e}_1\cdot\boldsymbol{e}_3=1\cdot2\cdot\cos45^\circ=\sqrt{2},\ \boldsymbol{e}_2\cdot\boldsymbol{e}_3=1\cdot2\cdot\cos45^\circ=\sqrt{2}.$$

故由式(1.11)得

$$\boldsymbol{\alpha}\cdot\boldsymbol{\beta}=-3\sqrt{2}.$$

在直角坐标系$\{O;\ \boldsymbol{i},\ \boldsymbol{j},\ \boldsymbol{k}\}$中, $\boldsymbol{i},\ \boldsymbol{j},\ \boldsymbol{k}$为两两相互垂直的单位向量, 则对两个向量

$$\boldsymbol{\alpha}=x_1\boldsymbol{i}+y_1\boldsymbol{j}+z_1\boldsymbol{k},\ \boldsymbol{\beta}=x_2\boldsymbol{i}+y_2\boldsymbol{j}+z_2\boldsymbol{k}.$$

有

$$\boldsymbol{\alpha}\cdot\boldsymbol{\beta}=x_1y_1+x_2y_2+x_3y_3;\tag{1.12}$$

$$|\boldsymbol{\alpha}|=\sqrt{x_1^2+x_2^2+x_3^2};\tag{1.13}$$

$$\cos<\boldsymbol{\alpha},\ \boldsymbol{\beta}>=\frac{x_1y_1+x_2y_2+x_3y_3}{\sqrt{x_1^2+x_2^2+x_3^2}\cdot\sqrt{y_1^2+y_2^2+y_3^2}}.\tag{1.14}$$

1.3.2 数量积的应用

根据数量积的定义, 易见, 可用数量积来计算向量的长度、求两向量的夹角、证明两向量垂直等, 现分别叙述如下.

由于$\boldsymbol{\alpha}^2=\boldsymbol{\alpha}\cdot\boldsymbol{\alpha}=|\boldsymbol{\alpha}|\cdot|\boldsymbol{\alpha}|\cos0^\circ=|\boldsymbol{\alpha}|^2$, 可知向量的长度$|\boldsymbol{\alpha}|$能用数量积来计算:

$$|\boldsymbol{\alpha}|=\sqrt{\boldsymbol{\alpha}^2}$$

由于

$$\cos<\boldsymbol{\alpha},\ \boldsymbol{\beta}>=\frac{\boldsymbol{\alpha}\cdot\boldsymbol{\beta}}{|\boldsymbol{\alpha}|\cdot|\boldsymbol{\beta}|}=\frac{\boldsymbol{\alpha}\cdot\boldsymbol{\beta}}{\sqrt{\boldsymbol{\alpha}^2}\cdot\sqrt{\boldsymbol{\beta}^2}},\tag{1.15}$$

那么, 通过计算数量积就可以求出向量$\boldsymbol{\alpha}$与$\boldsymbol{\beta}$的夹角θ.

特别地, 如$\boldsymbol{\alpha}\perp\boldsymbol{\beta}$, 则$\boldsymbol{\alpha\beta}=|\boldsymbol{\alpha}||\boldsymbol{\beta}|\cos90^\circ=0$. 反之, 如果$|\boldsymbol{\alpha}||\boldsymbol{\beta}|\cos\theta=0$, 则$|\boldsymbol{\alpha}|$, $|\boldsymbol{\beta}|$, $\cos\theta$中至少有一个为零, 若$\cos\theta=0$, 自然有$\boldsymbol{\alpha}\perp\boldsymbol{\beta}$, 而若$|\boldsymbol{\alpha}|$(或$|\boldsymbol{\beta}|$)$=0$, $\boldsymbol{\alpha}=\boldsymbol{0}$(或$\boldsymbol{\beta}=\boldsymbol{0}$), 零向量的方向是不定的, 可认为它与$\boldsymbol{\beta}$垂直, 因此不论哪种情况都有:

$$\boldsymbol{\alpha}\perp\boldsymbol{\beta}\Leftrightarrow\boldsymbol{\alpha\beta}=0.\tag{1.16}$$

例1.16 如$\boldsymbol{\alpha}$与任何向量都垂直, 证明$\boldsymbol{\alpha}$是零向量.

证 因为$\boldsymbol{\alpha}\cdot\boldsymbol{\beta}=0$对任意$\boldsymbol{\beta}$都成立, 那么$\boldsymbol{\alpha}\cdot\boldsymbol{\alpha}=0$, 即$|\boldsymbol{\alpha}|=0$. 所以$\boldsymbol{\alpha}$是零向量.

例1.17 四面体$OABC$中, $OA\perp BC$, $OB\perp AC$(如图1.25所示), 求证: $OC\perp AB$.

证 记$\overrightarrow{OA}=\boldsymbol{\alpha}$, $\overrightarrow{OB}=\boldsymbol{\beta}$, $\overrightarrow{OC}=\boldsymbol{\gamma}$, 则

$$\overrightarrow{BC}=\boldsymbol{\gamma}-\boldsymbol{\beta},\ \overrightarrow{AC}=\boldsymbol{\gamma}-\boldsymbol{\alpha},\ \overrightarrow{AB}=\boldsymbol{\beta}-\boldsymbol{\alpha}.$$

由 $OA\perp BC$，有 $\boldsymbol{\alpha}(\boldsymbol{\gamma}-\boldsymbol{\beta})=0$，即 $\boldsymbol{\alpha\gamma}=\boldsymbol{\alpha\beta}$. 由 $OB\perp AC$，有 $\boldsymbol{\beta}(\boldsymbol{\gamma}-\boldsymbol{\alpha})=0$，即 $\boldsymbol{\beta\gamma}=\boldsymbol{\alpha\beta}$. 因此

$$\boldsymbol{\alpha\gamma}-\boldsymbol{\beta\gamma}=0.$$

即 $(\boldsymbol{\alpha}-\boldsymbol{\beta})\boldsymbol{\gamma}=0$，也就是 $OC\perp AB$.

例 1.18　用向量法证明余弦定理.

证　在 $\triangle ABC$ 中，如图 1.26，有 $\boldsymbol{c}=\boldsymbol{a}-\boldsymbol{b}$，那么

$$\boldsymbol{c}^2=(\boldsymbol{a}-\boldsymbol{b})^2=\boldsymbol{a}^2+\boldsymbol{b}^2-2\boldsymbol{ab}$$

由数量积定义，得

$$|\boldsymbol{c}|^2=|\boldsymbol{a}|^2+|\boldsymbol{b}|^2-2|\boldsymbol{a}||\boldsymbol{b}|\cos C.$$

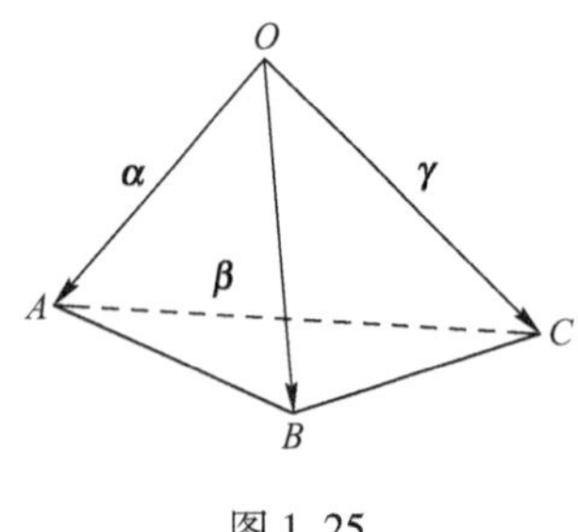

图 1.25

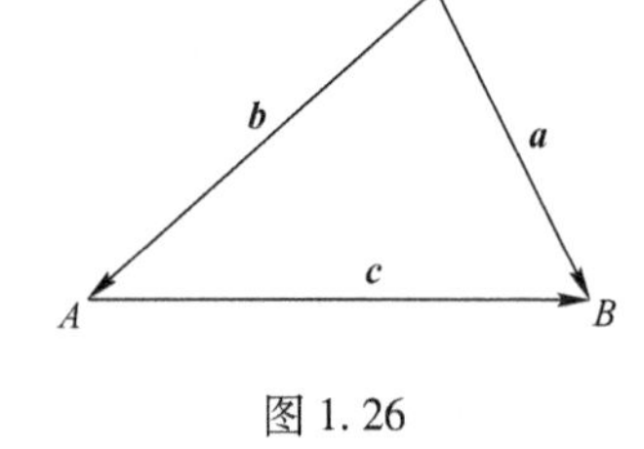

图 1.26

1.3.3　向量的投影

定义 1.16　设 A 是空间一点，l 是一轴，通过 A 点作平面 π 垂直于 l，则平面 π 与轴 l 的交点 A' 叫做点 A 在轴 l 上的**投影**. (如图 1.27 所示)

定义 1.17　若向量 $\overrightarrow{AB}$ 的起点 A 和终点 B 在轴 l 上的投影分别为 A' 和 B' (如图 1.28 所示)，则轴 l 上的有向线段 $\overrightarrow{A'B'}$ 的值(记为 $A'B'$)叫做向量 $\overrightarrow{AB}$ 在轴 l 上的投影，记做 $prj_l\,\overrightarrow{AB}=(\overrightarrow{AB})_l=A'B'$.

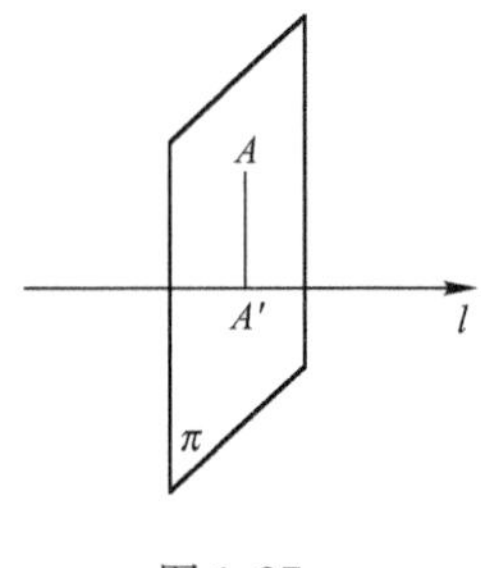

图 1.27

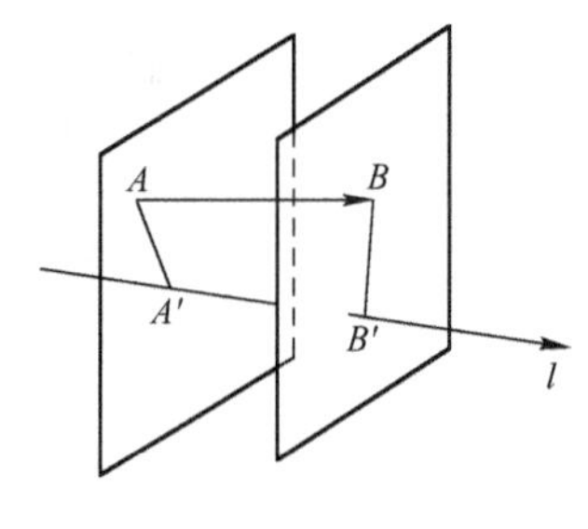

图 1.28

定理 1.5　$prj_l\,\overrightarrow{AB}=|\overrightarrow{AB}|\cdot\cos\varphi$

证　通过向量 $\overrightarrow{AB}$ 的起点 A 引轴 l' 与平行，且有相同的正方向，则轴 l 和向量 $\overrightarrow{AB}$ 间的夹角 φ 等于轴 l' 与 $\overrightarrow{AB}$ 间的夹角，且有 $prj_l\,\overrightarrow{AB}=prj_{l'}\overrightarrow{AB}$ (如图 1.29 所示).

$$prj_{l'}\overrightarrow{AB}=AB''=|\overrightarrow{AB}|\cos\varphi.$$

所以 $prj_l\,\overrightarrow{AB}=|\overrightarrow{AB}|\cos\varphi$. 当 φ 为锐角时，投影为正；当 φ 为钝角时，投影为负；当 φ 为直角时，投影为 0.

推广：有限个向量的和向量在轴 l 上的投影，等于各向量在轴 l 上投影的和，即

$$prj_l(\boldsymbol{\alpha}_1+\boldsymbol{\alpha}_2+\cdots+\boldsymbol{\alpha}_n)=prj_l\boldsymbol{\alpha}_1+prj_l\boldsymbol{\alpha}_2+\cdots+prj_l\boldsymbol{\alpha}_n.$$

定义 1.18 由向量 $\boldsymbol{\alpha}$ 的终点往向量 $\boldsymbol{\beta}$ 所在直线作垂线，(如图 1.30 所示)则 $\boldsymbol{\alpha}$ 可以分解成平行于 $\boldsymbol{\beta}$ 的向量 $k\boldsymbol{\beta}$ 及垂直于 $\boldsymbol{\beta}$ 的向量 $\boldsymbol{\beta}^{\perp}$ 之和，即 $\boldsymbol{\alpha}=k\boldsymbol{\beta}+\boldsymbol{\beta}^{\perp}$. 称 $\boldsymbol{\rho}=k\boldsymbol{\beta}$ 是 $\boldsymbol{\alpha}$ 在 $\boldsymbol{\beta}$ 上的**正交投影向量**，称 $|\boldsymbol{\alpha}|\cos<\boldsymbol{\alpha},\boldsymbol{\beta}>$ 为 $\boldsymbol{\alpha}$ 在 $\boldsymbol{\beta}$ 上的**正交投影**，记做 $(\boldsymbol{\alpha})_{\boldsymbol{\beta}}$. 显然有

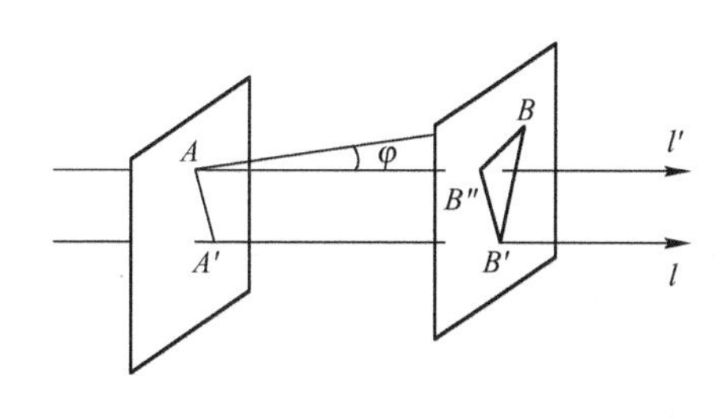

图 1.29

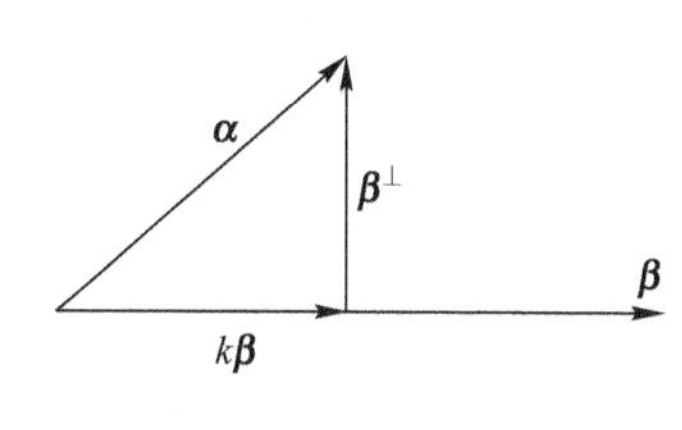

图 1.30

$$(\boldsymbol{\alpha})_{\boldsymbol{\beta}}=\boldsymbol{\alpha}\cdot\frac{\boldsymbol{\beta}}{|\boldsymbol{\beta}|}=k|\boldsymbol{\beta}|.$$

特别地，如 $\boldsymbol{\beta}$ 是单位向量，则 $(\boldsymbol{\alpha})_{\boldsymbol{\beta}}=\boldsymbol{\alpha}\cdot\boldsymbol{\beta}$. 因此向量 $\boldsymbol{\alpha}$ 在 $\boldsymbol{\beta}$ 上的投影向量 $k\boldsymbol{\beta}$ 的系数为：

$$k=\frac{\boldsymbol{\alpha}\cdot\boldsymbol{\beta}}{|\boldsymbol{\beta}|^2},$$

并且由此得到

$$\boldsymbol{\beta}^{\perp}=\boldsymbol{\alpha}-\frac{\boldsymbol{\alpha}\cdot\boldsymbol{\beta}}{|\boldsymbol{\beta}|^2}\cdot\boldsymbol{\beta}.$$

正交投影有下列简单性质：

(1) 如果 $\boldsymbol{\alpha}=\boldsymbol{\beta}$，则有 $(\boldsymbol{\alpha})_{\gamma}=(\boldsymbol{\beta})_{\gamma}$；

(2) 对于实数 k，有 $(k\boldsymbol{\alpha})_{\gamma}=k(\boldsymbol{\alpha})_{\gamma}$；

(3) $(\boldsymbol{\alpha}+\boldsymbol{\beta})_{\gamma}=(\boldsymbol{\alpha})_{\gamma}+(\boldsymbol{\beta})_{\gamma}$.

例 1.19 证明 $(\boldsymbol{a}+\boldsymbol{b})\cdot\boldsymbol{c}=\boldsymbol{a}\cdot\boldsymbol{c}+\boldsymbol{b}\cdot\boldsymbol{c}$

证 为了书写方便，用 $\overline{\boldsymbol{a}}$，$\overline{\boldsymbol{b}}$，$\overline{\boldsymbol{a}+\boldsymbol{b}}$ 分别表示向量 $\boldsymbol{a}$，$\boldsymbol{b}$，$\boldsymbol{a}+\boldsymbol{b}$ 在 $\boldsymbol{c}$ 上的正交投影向量，并设 $\overline{\boldsymbol{a}}=m\boldsymbol{c}$，$\overline{\boldsymbol{b}}=n\boldsymbol{c}$.

根据向量 $\boldsymbol{\alpha}$ 与 $\boldsymbol{\beta}$ 的数量积就是 $\boldsymbol{\alpha}$ 在 $\boldsymbol{\beta}$ 上的投影向量与 $\boldsymbol{\beta}$ 的数量积，以及投影向量的性质，有

$$\begin{aligned}(\boldsymbol{a}+\boldsymbol{b})\cdot\boldsymbol{c}&=\overline{(\boldsymbol{a}+\boldsymbol{b})}\boldsymbol{c}=(\overline{\boldsymbol{a}}+\overline{\boldsymbol{b}})\boldsymbol{c}=(mc+nc)c\\&=(m+n)\boldsymbol{c}^2=m\boldsymbol{c}^2+n\boldsymbol{c}^2=\overline{\boldsymbol{a}}\boldsymbol{c}+\overline{\boldsymbol{b}}\mathrm{c}=\boldsymbol{a}\cdot\boldsymbol{c}+\boldsymbol{b}\cdot\boldsymbol{c}.\end{aligned}$$

例 1.20 设 $\boldsymbol{a}=2\boldsymbol{i}+\boldsymbol{j}+2\boldsymbol{k}$，向量 $\boldsymbol{x}$ 与 $\boldsymbol{a}$ 共线，且 $\boldsymbol{a}\cdot\boldsymbol{x}=-9$，求向量 $\boldsymbol{x}$ 的坐标.

解 设 $\boldsymbol{x}=\lambda\boldsymbol{a}$，$-9=\boldsymbol{a}\cdot\boldsymbol{x}=\lambda(\boldsymbol{a}\cdot\boldsymbol{a})=9\lambda$，$\lambda=-1$，所以 $\boldsymbol{x}=-\boldsymbol{a}=(-2,-1,-2)$.

两向量夹角的余弦的坐标表示：

设 $\theta=<\boldsymbol{\alpha},\boldsymbol{\beta}>$，则当 $\boldsymbol{a}\neq0$，$\boldsymbol{b}\neq0$ 时，有

$$\cos\theta=\frac{\boldsymbol{a}\cdot\boldsymbol{b}}{|\boldsymbol{a}||\boldsymbol{b}|}=\frac{a_xb_x+a_yb_y+a_zb_z}{\sqrt{a_x^2+a_y^2+a_z^2}\sqrt{b_x^2+b_y^2+b_z^2}}.$$

例 1.21 设 $\boldsymbol{a}=3\boldsymbol{i}+2\boldsymbol{j}-\boldsymbol{k}$，$\boldsymbol{b}=2\boldsymbol{i}+4\boldsymbol{j}+6\boldsymbol{k}$，求 $Prj_{\boldsymbol{a}}\boldsymbol{b}$ 及 $\cos<\boldsymbol{a},\boldsymbol{b}>$.

解 $\mathrm{Prj}_{\boldsymbol{a}}\boldsymbol{b}=\dfrac{\boldsymbol{a}\cdot\boldsymbol{b}}{|\boldsymbol{a}|}=\dfrac{6+8-6}{\sqrt{9+4+1}}=\dfrac{8}{\sqrt{14}}$；

$$\cos\langle \boldsymbol{a}, \boldsymbol{b}\rangle = \frac{\boldsymbol{a}\cdot\boldsymbol{b}}{|\boldsymbol{a}||\boldsymbol{b}|} = \frac{8}{\sqrt{14}\cdot\sqrt{56}} = \frac{8}{28} = \frac{2}{7}.$$

例 1.22　已知三点 $M(1,1,1)$，$A(2,2,1)$ 和 $B(2,1,2)$，求 $\angle AMB$.

解　从 M 到 A 的向量记为 $\boldsymbol{a}$，从 M 到 B 的向量记为 $\boldsymbol{b}$，则 $\angle AMB$ 就是向量 $\boldsymbol{a}$ 与 $\boldsymbol{b}$ 的夹角.

$$\boldsymbol{a} = (1,1,0),\ \boldsymbol{b} = (1,0,1)$$

因为

$$\boldsymbol{a}\cdot\boldsymbol{b} = 1\times1+1\times0+0\times1 = 1,$$

$$|\boldsymbol{a}| = \sqrt{1^2+1^2+0^2} = \sqrt{2},$$

$$|\boldsymbol{b}| = \sqrt{1^2+0^2+1^2} = \sqrt{2}.$$

所以

$$\cos\angle AMB = \frac{\boldsymbol{a}\cdot\boldsymbol{b}}{|\boldsymbol{a}||\boldsymbol{b}|} = \frac{1}{\sqrt{2}\cdot\sqrt{2}} = \frac{1}{2}.$$

从而　$\angle AMB = \frac{\pi}{3}$.

例 1.23　已知向量 $\boldsymbol{a}$，$\boldsymbol{b}$ 的模 $|\boldsymbol{a}|=2$，$|\boldsymbol{b}|=1$，和它们的夹角 $\langle \boldsymbol{a}, \boldsymbol{b}\rangle = \frac{\pi}{3}$，求向量 $\boldsymbol{s} = 2\boldsymbol{a}+3\boldsymbol{b}$ 与向量 $\boldsymbol{n} = 3\boldsymbol{a}-\boldsymbol{b}$ 的夹角.

解　因为 $\cos\langle \boldsymbol{s}, \boldsymbol{n}\rangle = \dfrac{\boldsymbol{s}\cdot\boldsymbol{n}}{|\boldsymbol{s}|\cdot|\boldsymbol{n}|}$，

$$\begin{aligned}\boldsymbol{s}\cdot\boldsymbol{n} &= (2\boldsymbol{a}+3\boldsymbol{b})\cdot(3\boldsymbol{a}-\boldsymbol{b})\\ &= 6(\boldsymbol{a}\cdot\boldsymbol{a})-2(\boldsymbol{a}\cdot\boldsymbol{b})+9(\boldsymbol{b}\cdot\boldsymbol{a})-3(\boldsymbol{b}\cdot\boldsymbol{b})\\ &= 6|\boldsymbol{a}|^2+7(\boldsymbol{a}\cdot\boldsymbol{b})-3|\boldsymbol{b}|^2 = 6\times2^2+7\times2\times\cos\frac{\pi}{3}-3\times1^2\\ &= 24+7-3 = 28.\end{aligned}$$

用类似的方法可求得 $|\boldsymbol{s}| = \sqrt{37}$，$|\boldsymbol{n}| = \sqrt{31}$.

$$\cos\langle \boldsymbol{s}, \boldsymbol{n}\rangle = \frac{28}{\sqrt{37}\cdot\sqrt{31}},\quad \langle \boldsymbol{s}, \boldsymbol{n}\rangle = \arccos\frac{28}{\sqrt{37}\cdot\sqrt{31}} \approx 35^\circ.$$

例 1.24　证明柯西—施瓦茨不等式(Cauchy-Schwarz).

$$(a_1b_1+a_2b_2+a_3b_3)^2 \leqslant (a_1^2+a_2^2+a_2^2)(b_1^2+b_2^2+b_2^2).$$

证　在直角坐标系中，考虑向量 $\boldsymbol{\alpha} = (a_1, a_2, a_3)$，$\boldsymbol{\beta} = (b_1, b_2, b_3)$，由

$$(\boldsymbol{\alpha}\cdot\boldsymbol{\beta})^2 = |\boldsymbol{\alpha}|^2|\boldsymbol{\beta}|^2\cos^2\langle \boldsymbol{\alpha}, \boldsymbol{\beta}\rangle \leqslant |\boldsymbol{\alpha}|^2|\boldsymbol{\beta}|^2,$$

由式(1.12)和式(1.13)有

$$(a_1b_1+a_2b_2+a_3b_3)^2 \leqslant (a_1^2+a_2^2+a_2^2)(b_1^2+b_2^2+b_2^2).$$

习　题　1.3

1. 已知向量 $\boldsymbol{\alpha}$ 与 $\boldsymbol{\beta}$ 互相垂直，向量 $\boldsymbol{\gamma}$ 与 $\boldsymbol{\alpha}$ 及 $\boldsymbol{\beta}$ 的夹角都是 60°，且 $|\boldsymbol{\alpha}|=2$，$|\boldsymbol{\beta}|=3$，计算：

(1) $(\boldsymbol{\alpha}+\boldsymbol{\beta})^2$；　(2) $(\boldsymbol{\alpha}+\boldsymbol{\beta})(\boldsymbol{\alpha}-\boldsymbol{\beta})$；

(3) $(3\boldsymbol{\alpha}-2\boldsymbol{\beta})(\boldsymbol{\beta}-3\boldsymbol{\gamma})$；　(4) $(\boldsymbol{\alpha}+2\boldsymbol{\beta}-\boldsymbol{\gamma})^2$.

2. 在右手直角坐标系下，计算下列各题：

(1) $\boldsymbol{\alpha}=(3, 0, -6)$, $\boldsymbol{\beta}=(2, -4, 0)$，求 $\boldsymbol{\alpha}\cdot\boldsymbol{\beta}$ 及 $<\boldsymbol{\alpha}, \boldsymbol{\beta}>$；

(2) $\boldsymbol{\alpha}=(5, 2, 5)$, $\boldsymbol{\beta}=(2, -1, 2)$，求 $\boldsymbol{\alpha}$ 在 $\boldsymbol{\beta}$ 上投影向量及投影向量长．

3. 利用向量的数量积导出三角形的中线公式：

$$m_a=\frac{1}{2}\sqrt{2b^2+2c^2-a^2}.$$

4. 用向量法证明三角形的重心分原三角形成等积的三个三角形．

5. 已知向量 $\boldsymbol{\alpha}=a_1\boldsymbol{i}+a_2\boldsymbol{j}+a_3\boldsymbol{k}$，求 $\boldsymbol{\alpha}$ 在各坐标轴上的投影．

6. 已知向量 $\boldsymbol{\alpha}=\boldsymbol{i}+\boldsymbol{j}+2\boldsymbol{k}$, $\boldsymbol{\beta}=\boldsymbol{i}+2\boldsymbol{j}+3\boldsymbol{k}$，试把 $\boldsymbol{\alpha}$ 分解成 $k\boldsymbol{\beta}$ 与 $\boldsymbol{\beta}^{\perp}$ 之和．

7. 用向量法证明三角形各边的垂直平分线共点，且这点到各顶点的距离相等．

8. 用向量法证明空间四边形对角线互相垂直的充要条件是对边平方和相等．

1.4　向量的向量积

1.4.1　向量积及其运算规律

1.3 节讨论了向量的一种乘法——两个向量的数量积，其运算结果是一个数．本节引入两个向量的另一种乘法，叫做向量积，它的运算结果是一个向量．

定义 1.19　两个向量 $\boldsymbol{\alpha}$ 与 $\boldsymbol{\beta}$ 的向量积 $\boldsymbol{\alpha}\times\boldsymbol{\beta}$ 是一个向量，它的方向与 $\boldsymbol{\alpha}$, $\boldsymbol{\beta}$ 均垂直，且使 $\boldsymbol{\alpha}$, $\boldsymbol{\beta}$, $\boldsymbol{\alpha}\times\boldsymbol{\beta}$ 符合右手系，$\boldsymbol{\alpha}\times\boldsymbol{\beta}$ 的模是以 $\boldsymbol{\alpha}$, $\boldsymbol{\beta}$ 为边的平行四边形的面积如图 1.31 所示，即

$$|\boldsymbol{\alpha}\times\boldsymbol{\beta}|=|\boldsymbol{\alpha}||\boldsymbol{\beta}|\sin<\boldsymbol{\alpha}, \boldsymbol{\beta}>.$$

向量积又叫**叉乘**或**外积**，具有以下性质：

(1) $\boldsymbol{\alpha}\times\boldsymbol{\beta}=-\boldsymbol{\beta}\times\boldsymbol{\alpha}$;

(2) $(k\boldsymbol{\alpha})\times\boldsymbol{\beta}=\boldsymbol{\alpha}\times(k\boldsymbol{\beta})=k(\boldsymbol{\alpha}\times\boldsymbol{\beta})$；

(3) $\boldsymbol{\alpha}\times(\boldsymbol{\beta}+\boldsymbol{\gamma})=\boldsymbol{\alpha}\times\boldsymbol{\beta}+\boldsymbol{\alpha}\times\boldsymbol{\gamma}$.

性质(1)、(2)可以用向量积的定义来证明．为证明分配律，先做一些准备．

如图 1.32 所示，$\overrightarrow{OA}=\boldsymbol{\alpha}$, $\overrightarrow{OB}=\boldsymbol{\beta}$. 由于同底等高的平行四边形面积相等，过 B 点作直线 $l//OA$，P 是直线 l 上任一点，由向量积的定义，有

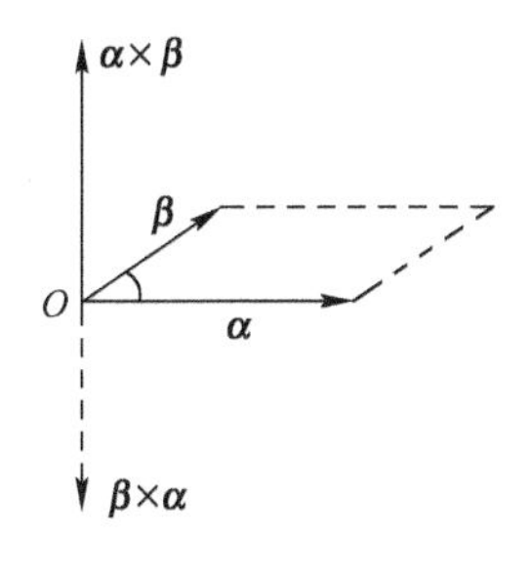

图 1.31

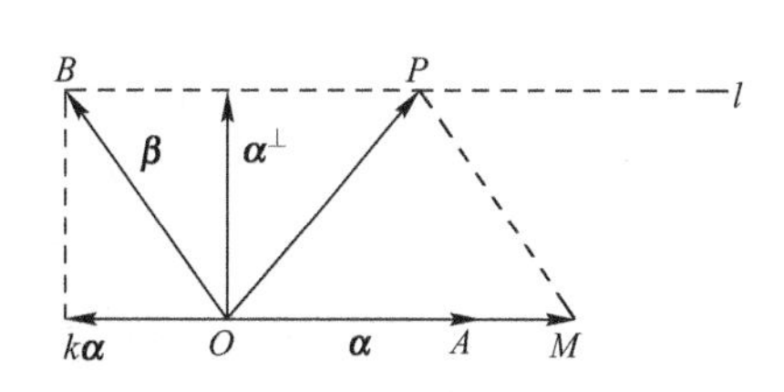

图 1.32

$$\boldsymbol{\alpha}\times\boldsymbol{\beta}=\boldsymbol{\alpha}\times\overrightarrow{OP}=\boldsymbol{\alpha}\times(\boldsymbol{\beta}+t\boldsymbol{\alpha}).$$

其中，$t\boldsymbol{\alpha}=\overrightarrow{OM}$. 特别地，若把 $\boldsymbol{\beta}$ 分解成 $\boldsymbol{\beta}=k\boldsymbol{\alpha}+\boldsymbol{\alpha}^{\perp}$，那么

$$\boldsymbol{\alpha}\times\boldsymbol{\beta}=\boldsymbol{\alpha}\times(k\boldsymbol{\alpha}+\boldsymbol{\alpha}^{\perp})=\boldsymbol{\alpha}\times\boldsymbol{\alpha}^{\perp}.$$

已知$\boldsymbol{\alpha}_0\times\boldsymbol{\alpha}^{\perp}$($\boldsymbol{\alpha}_0$是与$\boldsymbol{\alpha}$同向的单位向量)与$\boldsymbol{\alpha}^{\perp}$长度相等，又因$\boldsymbol{\alpha}_0\times\boldsymbol{\alpha}^{\perp}$与$\boldsymbol{\alpha}_0$与$\boldsymbol{\alpha}^{\perp}$都垂直且$\boldsymbol{\alpha}_0$，$\boldsymbol{\alpha}^{\perp}$，$\boldsymbol{\alpha}_0\times\boldsymbol{\alpha}^{\perp}$符合右手系，所以，把$\boldsymbol{\alpha}^{\perp}$绕$\boldsymbol{\alpha}_0$按右手旋转$90^\circ$所得到的向量就是$\boldsymbol{\alpha}_0\times\boldsymbol{\alpha}^{\perp}$.

下面证明：如$\boldsymbol{\alpha}_0$是单位向量，则

$$\boldsymbol{\alpha}_0\times(\boldsymbol{\beta}+\boldsymbol{\gamma})=\boldsymbol{\alpha}_0\times\boldsymbol{\beta}+\boldsymbol{\alpha}_0\times\boldsymbol{\gamma}.$$

过O点作向量$\overrightarrow{OA}=\boldsymbol{\alpha}_0$，$\overrightarrow{OB}=\boldsymbol{\beta}$，$\overrightarrow{OC}=\boldsymbol{\gamma}$，并经过$O$点作平面$\pi$与$\boldsymbol{\alpha}_0$垂直(如图1.33所示).

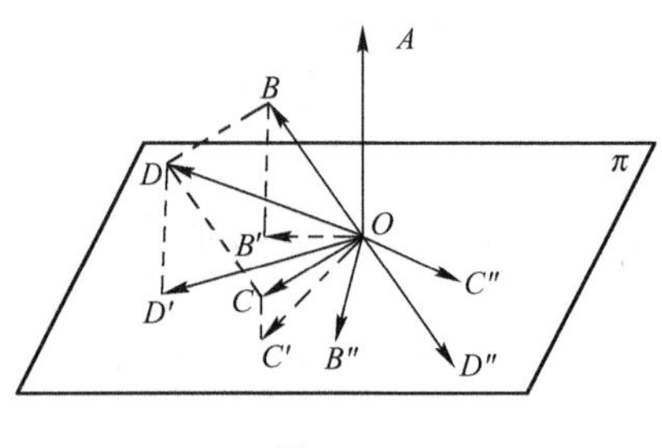

图1.33

记$\overrightarrow{OD}=\boldsymbol{\beta}+\boldsymbol{\gamma}$，由$B$，$C$，$D$各点向平面$\pi$作垂线，垂足分别是$B'$，$C'$，$D'$. 那么$\boldsymbol{\alpha}_0\times\boldsymbol{\beta}=\boldsymbol{\alpha}_0\times\overrightarrow{OB'}$且$\overrightarrow{OB'}\perp\boldsymbol{\alpha}_0$. 因此，把$\overrightarrow{OB'}$在平面$\pi$上绕$\overrightarrow{OA}$逆时针旋转$90^\circ$所得到的向量$\overrightarrow{OB''}$就是$\boldsymbol{\alpha}_0\times\boldsymbol{\beta}$. 同理，旋转可得$\overrightarrow{OC''}=\boldsymbol{\alpha}_0\times\boldsymbol{\gamma}$，$\overrightarrow{OD''}=\boldsymbol{\alpha}_0\times(\boldsymbol{\beta}+\boldsymbol{\gamma})$. 由于$OB'D'C'$是平行四边形$OBDC$在平面$\pi$上的投影，故知$OB'D'C'$是平行四边形，而$OB''D''C''$是由$OB'D'C'$旋转而来，所以有

$$\overrightarrow{OD''}=\overrightarrow{OB''}+\overrightarrow{OC''},$$

即

$$\boldsymbol{\alpha}_0\times(\boldsymbol{\beta}+\boldsymbol{\gamma})=\boldsymbol{\alpha}_0\times\boldsymbol{\beta}+\boldsymbol{\alpha}_0\times\boldsymbol{\gamma}.$$

请补充完整当α是任一向量时，分配律仍正确的证明.

1.4.2　向量积的坐标表示

在空间直角坐标系$\{O;\boldsymbol{i},\boldsymbol{j},\boldsymbol{k}\}$下

$$\boldsymbol{a}=a_x\boldsymbol{i}+a_y\boldsymbol{j}+a_z\boldsymbol{k},\ \boldsymbol{b}=b_x\boldsymbol{i}+b_y\boldsymbol{j}+b_z\boldsymbol{k}$$

按向量积的运算规律可得

$$\begin{aligned}\boldsymbol{a}\times\boldsymbol{b}&=(a_x\boldsymbol{i}+a_y\boldsymbol{j}+a_z\boldsymbol{k})\times(b_x\boldsymbol{i}+b_y\boldsymbol{j}+b_z\boldsymbol{k})\\&=a_xb_x\boldsymbol{i}\times\boldsymbol{i}+a_xb_y\boldsymbol{i}\times\boldsymbol{j}+a_xb_z\boldsymbol{i}\times\boldsymbol{k}\\&\quad+a_yb_x\boldsymbol{j}\times\boldsymbol{i}+a_yb_y\boldsymbol{j}\times\boldsymbol{j}+a_yb_z\boldsymbol{j}\times\boldsymbol{k}\\&\quad+a_zb_x\boldsymbol{k}\times\boldsymbol{i}+a_zb_y\boldsymbol{k}\times\boldsymbol{j}+a_zb_z\boldsymbol{k}\times\boldsymbol{k}.\end{aligned}$$

由于

$$\boldsymbol{i}\times\boldsymbol{i}=\boldsymbol{0},\ \boldsymbol{j}\times\boldsymbol{j}=\boldsymbol{0},\ \boldsymbol{k}\times\boldsymbol{k}=\boldsymbol{0},$$
$$\boldsymbol{i}\times\boldsymbol{j}=\boldsymbol{k},\ \boldsymbol{j}\times\boldsymbol{k}=\boldsymbol{i},\ \boldsymbol{k}\times\boldsymbol{i}=\boldsymbol{j},$$
$$\boldsymbol{j}\times\boldsymbol{i}=-\boldsymbol{k},\ \boldsymbol{k}\times\boldsymbol{j}=-\boldsymbol{i},\ \boldsymbol{i}\times\boldsymbol{k}=-\boldsymbol{j}.$$

所以

$$\boldsymbol{a}\times\boldsymbol{b}=(a_yb_z-a_zb_y)\boldsymbol{i}+(a_zb_x-a_xb_z)\boldsymbol{j}+(a_xb_y-a_yb_x)\boldsymbol{k}.\tag{1.17}$$

利用三阶行列式符号，上式可写成

$$\boldsymbol{a}\times\boldsymbol{b}=\begin{vmatrix}\boldsymbol{i} & \boldsymbol{j} & \boldsymbol{k}\\ a_x & a_y & a_z\\ b_x & b_y & b_z\end{vmatrix}. \tag{1.18}$$

例 1.25 求与 $\boldsymbol{\alpha}=(2,\ -3,\ 1)$，$\boldsymbol{\beta}=(3,\ 0,\ 4)$都垂直的单位向量．

解 设 $\boldsymbol{\gamma}=\boldsymbol{\alpha}\times\boldsymbol{\beta}$，则 $\boldsymbol{\gamma}$ 与 $\boldsymbol{\alpha}$，$\boldsymbol{\beta}$ 都垂直，由(1.18)有

$$\boldsymbol{\gamma}=\boldsymbol{\alpha}\times\boldsymbol{\beta}=\begin{vmatrix}\boldsymbol{i} & \boldsymbol{j} & \boldsymbol{k}\\ 2 & -3 & 1\\ 3 & 0 & 4\end{vmatrix}=-12\boldsymbol{i}-5\boldsymbol{j}+9\boldsymbol{k}.$$

所以，$|\boldsymbol{\gamma}|=\sqrt{(-12)^2+(-5)^2+9^2}=5\sqrt{10}$，

与 $\boldsymbol{\alpha}$，$\boldsymbol{\beta}$ 都垂直的单位向量为

$$r^{\circ}=\frac{1}{|\boldsymbol{\gamma}|}\boldsymbol{\gamma}=\pm\frac{1}{5\sqrt{10}}(-12\boldsymbol{i}-5\boldsymbol{j}+9\boldsymbol{k}).$$

例 1.26 已知三点 $A(1,\ 2,\ 3)$，$B(2,\ -1,\ 5)$，$C(3,\ 2,\ -5)$，求三角形 ABC 的面积．

解 $\triangle ABC$ 的面积为以$\overrightarrow{AB}$和$\overrightarrow{AC}$为邻边的平行四边形面积的一半．

因为 $\overrightarrow{AB}=(1,\ -3,\ 2)$，$\overrightarrow{AC}=(2,\ 0,\ -8)$，由式(1.18)有

$$\overrightarrow{AB}\times\overrightarrow{AC}=\begin{vmatrix}\boldsymbol{i} & \boldsymbol{j} & \boldsymbol{k}\\ 1 & -3 & 2\\ 2 & 0 & -8\end{vmatrix}=24\boldsymbol{i}+12\boldsymbol{j}+6\boldsymbol{k}.$$

以 AB，AC 为边的平行四边形面积为

$$|\overrightarrow{AB}\times\overrightarrow{AC}|=\sqrt{24^2+12^2+6^2}=6\sqrt{21}.$$

所以，三角形 ABC 面积为

$$\frac{1}{2}|\overrightarrow{AB}\times\overrightarrow{AC}|=\frac{1}{2}\sqrt{24^2+12^2+6^2}=3\sqrt{21}.$$

1.4.3 向量积的应用

根据向量积的定义，可以用向量积来求平行四边形及三角形面积，进而可求点到直线的距离，可以求与两个向量都垂直的向量，进而可建立平面方程，用来证明两个向量平行等．

从定义 1.19 看到，当 $\boldsymbol{\alpha}/\!/\boldsymbol{\beta}$ 时，$\sin<\boldsymbol{\alpha},\ \boldsymbol{\beta}>=0$ 得 $|\boldsymbol{\alpha}\times\boldsymbol{\beta}|=0$，即 $\boldsymbol{\alpha}\times\boldsymbol{\beta}$ 是零向量．反之，若 $\boldsymbol{\alpha}\times\boldsymbol{\beta}=\boldsymbol{0}$ 则 $|\boldsymbol{\alpha}|$，$|\boldsymbol{\beta}|$，$\sin<\boldsymbol{\alpha},\ \boldsymbol{\beta}>$中至少有一个为0．如 $\sin<\boldsymbol{\alpha},\ \boldsymbol{\beta}>=0$，自然有 $\boldsymbol{\alpha}/\!/\boldsymbol{\beta}$；另外，如 $|\boldsymbol{\alpha}|=0$，即 $\boldsymbol{\alpha}=\boldsymbol{0}$，作为零向量可以认为它与任何向量平行．因此，不论哪种情况都有：

$$\boldsymbol{\alpha}/\!/\boldsymbol{\beta}\Leftrightarrow\boldsymbol{\alpha}\times\boldsymbol{\beta}=\boldsymbol{0}. \tag{1.19}$$

例 1.27 已知 $\boldsymbol{\alpha}\not/\!/\boldsymbol{\beta}$，问当 k 取何值时，向量 $k\boldsymbol{\alpha}+9\boldsymbol{\beta}$ 与 $4\boldsymbol{\alpha}+k\boldsymbol{\beta}$ 平行．

解 据式(1.19)，$(k\boldsymbol{\alpha}+9\boldsymbol{\beta})\times(4\boldsymbol{\alpha}+k\boldsymbol{\beta})=\boldsymbol{0}$，即

$$k\boldsymbol{\alpha}\times4\boldsymbol{\alpha}+k\boldsymbol{\alpha}\times k\boldsymbol{\beta}+9\boldsymbol{\beta}\times4\boldsymbol{\alpha}+9\boldsymbol{\beta}\times k\boldsymbol{\beta}=\boldsymbol{0},$$

由

$$\boldsymbol{\alpha}\times\boldsymbol{\alpha}=\boldsymbol{\beta}\times\boldsymbol{\beta}=\boldsymbol{0},\ \boldsymbol{\alpha}\times\boldsymbol{\beta}=-\boldsymbol{\beta}\times\boldsymbol{\alpha},$$

得

$$(k^2-36)\boldsymbol{\alpha}\times\boldsymbol{\beta}=\boldsymbol{0}.$$

因为 $\boldsymbol{\alpha} \nparallel \boldsymbol{\beta}$，所以 $\boldsymbol{\alpha}\times\boldsymbol{\beta}\neq\mathbf{0}$，故

$$k^2-36=0,\ 即,\ k=\pm 6.$$

例 1.28　用向量证明正弦定理.

证　在△ABC 中，记 $\overrightarrow{BC}=\boldsymbol{\alpha}$，$\overrightarrow{AC}=\boldsymbol{\beta}$，$\overrightarrow{BA}=\boldsymbol{\gamma}$（如图 1.34 所示）.

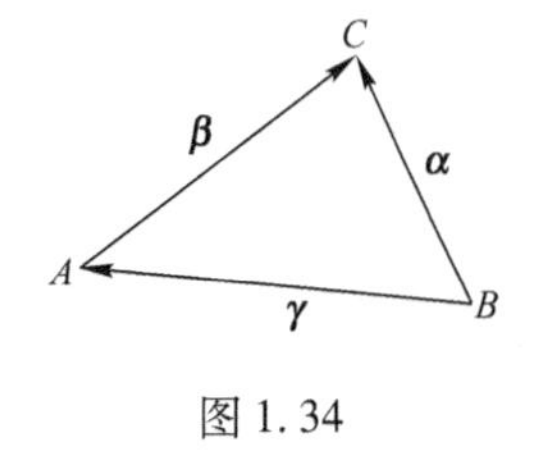

图 1.34

设 $|\boldsymbol{\alpha}|=a$，$|\boldsymbol{\beta}|=b$，$|\boldsymbol{\gamma}|=c$，

由 $\boldsymbol{\alpha}=\boldsymbol{\beta}+\boldsymbol{\gamma}$，及

$$\boldsymbol{\alpha}\times\boldsymbol{\gamma}=(\boldsymbol{\beta}+\boldsymbol{\gamma})\times\boldsymbol{\gamma}=\boldsymbol{\beta}\times\boldsymbol{\gamma},$$

等式两边分别取模，得

$$ac\sin B=bc\sin(180°-A)=bc\sin A,$$

类似地 $\boldsymbol{\beta}\times\boldsymbol{\alpha}=\boldsymbol{\beta}\times(\boldsymbol{\beta}+\boldsymbol{\gamma})=\boldsymbol{\beta}\times\boldsymbol{\gamma}$，得

$$ab\sin C=bc\sin A.$$

所以

$$\frac{a}{\sin A}=\frac{b}{\sin B}=\frac{c}{\sin C}.$$

习　题　1.4

1. 计算

（1）$\boldsymbol{\alpha}=(1,0,-1)$，$\boldsymbol{\beta}=(1,-2,0)$，$\boldsymbol{\gamma}=(-1,2,1)$，求

$\boldsymbol{\alpha}\times\boldsymbol{\beta}$，$\boldsymbol{\alpha}\times\boldsymbol{\gamma}$，$\boldsymbol{\alpha}\times(\boldsymbol{\beta}+\boldsymbol{\gamma})$，$(\boldsymbol{\alpha}\times\boldsymbol{\beta})\times\boldsymbol{\gamma}$，$\boldsymbol{\alpha}\times(\boldsymbol{\beta}\times\boldsymbol{\gamma})$.

（2）在直角坐标系内求以 $A(1,-1,2)$，$B(5,-6,2)$，$C(1,3,-1)$ 为顶点的△ABC 的面积及 AC 边上的高.

（3）已知 $\boldsymbol{\alpha}=(2,-3,1)$，$\boldsymbol{\beta}=(1,-2,3)$，求与 $\boldsymbol{\alpha}$，$\boldsymbol{\beta}$ 都垂直的单位向量.

（4）已知 $|\boldsymbol{\alpha}|=2$，$|\boldsymbol{\beta}|=5$，$\boldsymbol{\alpha}\cdot\boldsymbol{\beta}=3$，求 $|\boldsymbol{\alpha}\times\boldsymbol{\beta}|$ 与 $[(\boldsymbol{\alpha}+\boldsymbol{\beta})\times(\boldsymbol{\alpha}-\boldsymbol{\beta})]^2$.

2. 设 $\boldsymbol{\alpha}$，$\boldsymbol{\beta}$，$\boldsymbol{\gamma}$ 为两两不共线的三向量，试证明等式 $\boldsymbol{\beta}\times\boldsymbol{\gamma}=\boldsymbol{\gamma}\times\boldsymbol{\alpha}=\boldsymbol{\alpha}\times\boldsymbol{\beta}$ 成立的充要条件为 $\boldsymbol{\alpha}+\boldsymbol{\beta}+\boldsymbol{\gamma}=0$.

3. 利用向量积证明三角形面积的海伦（Heron）公式：$\triangle^2=p(p-a)(p-b)(p-c)$，式中 a，b，c 为三角形三条边的边长，$p=\frac{1}{2}(a+b+c)$，△为三角形的面积.

1.5　混合积与复合积

1.5.1　向量的混合积

定义 1.20　三个向量 $\boldsymbol{\alpha}$，$\boldsymbol{\beta}$，$\boldsymbol{\gamma}$ 的混合积是一个数，它等于向量 $\boldsymbol{\alpha}$，$\boldsymbol{\beta}$ 先作向量积，然后再与 $\boldsymbol{\gamma}$ 作数量积，记做 $(\boldsymbol{\alpha},\boldsymbol{\beta},\boldsymbol{\gamma})$，即 $(\boldsymbol{\alpha},\boldsymbol{\beta},\boldsymbol{\gamma})=(\boldsymbol{\alpha}\times\boldsymbol{\beta})\cdot\boldsymbol{\gamma}$.

混合积的性质是：

（1）$(\boldsymbol{\alpha},\boldsymbol{\beta},\boldsymbol{\gamma})=(\boldsymbol{\beta},\boldsymbol{\gamma},\boldsymbol{\alpha})=(\boldsymbol{\gamma},\boldsymbol{\alpha},\boldsymbol{\beta})$；

（2）$(\boldsymbol{\alpha},\boldsymbol{\beta},\boldsymbol{\gamma})=-(\boldsymbol{\beta},\boldsymbol{\alpha},\boldsymbol{\gamma})=-(\boldsymbol{\alpha},\boldsymbol{\gamma},\boldsymbol{\beta})=-(\boldsymbol{\gamma},\boldsymbol{\beta},\boldsymbol{\alpha})$；

（3）$(k\boldsymbol{\alpha},\boldsymbol{\beta},\boldsymbol{\gamma})=(\boldsymbol{\alpha},k\boldsymbol{\beta},\boldsymbol{\gamma})=(\boldsymbol{\alpha},\boldsymbol{\beta},k\boldsymbol{\gamma})=k(\boldsymbol{\alpha},\boldsymbol{\beta},\boldsymbol{\gamma})$；

(4) $(\boldsymbol{\alpha}_1+\boldsymbol{\alpha}_2, \boldsymbol{\beta}, \boldsymbol{\gamma})=(\boldsymbol{\alpha}_1, \boldsymbol{\beta}, \boldsymbol{\gamma})+(\boldsymbol{\alpha}_2, \boldsymbol{\beta}, \boldsymbol{\gamma})$.

定理 1.6 （如图 1.35 所示）三个不共面向量 $\boldsymbol{\alpha}, \boldsymbol{\beta}, \boldsymbol{\gamma}$ 的混合积 $(\boldsymbol{\alpha}\times\boldsymbol{\beta})\cdot\boldsymbol{\gamma}$ 的绝对值等于以它们为边的平行六面体体积 V. 当它们按这个次序构成右手系时，$(\boldsymbol{\alpha}\times\boldsymbol{\beta})\cdot\boldsymbol{\gamma}=V$，否则 $(\boldsymbol{\alpha}\times\boldsymbol{\beta})\cdot\boldsymbol{\gamma}=-V$.

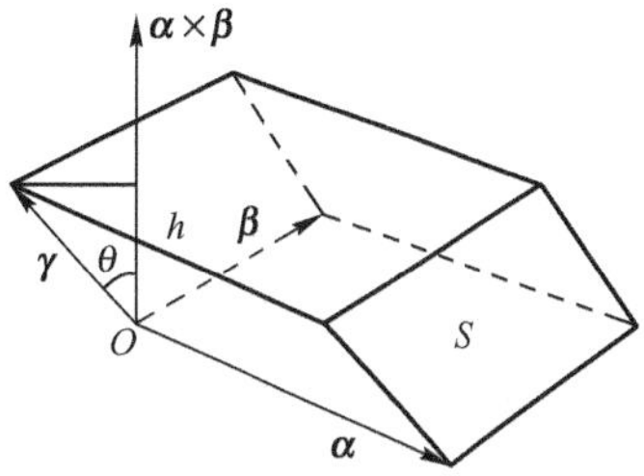

证 通过平移使三向量 $\boldsymbol{\alpha}, \boldsymbol{\beta}, \boldsymbol{\gamma}$ 有共同起点 O. 由于 $\boldsymbol{\alpha}, \boldsymbol{\beta}, \boldsymbol{\gamma}$ 不共面，$\boldsymbol{\alpha}, \boldsymbol{\beta}$ 不平行，$\boldsymbol{\alpha}, \boldsymbol{\beta}$ 与起点 O 确定一个平面，设 $<(\boldsymbol{\alpha}\times\boldsymbol{\beta}), \boldsymbol{\gamma}>=\theta$，由向量积定义 $\boldsymbol{\alpha}, \boldsymbol{\beta}, (\boldsymbol{\alpha}\times\boldsymbol{\beta})$ 构成右手系，而 $|\boldsymbol{\alpha}\times\boldsymbol{\beta}|=S>0$，其中 S 表示以 $\boldsymbol{\alpha}, \boldsymbol{\beta}$ 为边的平行四边形的面积，于是由数量积定义，有

$$(\boldsymbol{\alpha}\times\boldsymbol{\beta})\cdot\boldsymbol{\gamma}=|\boldsymbol{\gamma}|S\cos\theta.$$

图 1.35

其中，$|\boldsymbol{\gamma}|\cos\theta=h$ 正好是以 $\boldsymbol{\alpha}, \boldsymbol{\beta}, \boldsymbol{\gamma}$ 为边的平行六面体的高，因此

$$(\boldsymbol{\alpha}\times\boldsymbol{\beta})\cdot\boldsymbol{\gamma}=S\cdot h=V.$$

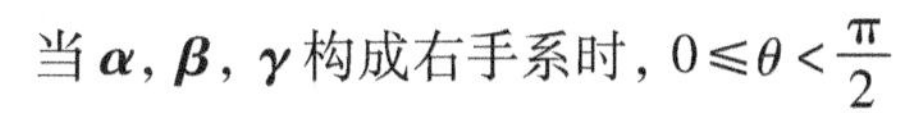

当 $\boldsymbol{\alpha}, \boldsymbol{\beta}, \boldsymbol{\gamma}$ 构成右手系时，$0\leqslant\theta<\frac{\pi}{2}$

$$(\boldsymbol{\alpha}\times\boldsymbol{\beta})\cdot\boldsymbol{\gamma}=V.$$

当 $\boldsymbol{\alpha}, \boldsymbol{\beta}, \boldsymbol{\gamma}$ 构成左手系时，$\frac{\pi}{2}\leqslant\theta<\pi$

$$(\boldsymbol{\alpha}\times\boldsymbol{\beta})\cdot\boldsymbol{\gamma}=|\boldsymbol{\gamma}|S\cos\theta=-V.$$

由此可知，有如下推论.

推论 1 三个向量 $\boldsymbol{\alpha}, \boldsymbol{\beta}, \boldsymbol{\gamma}$ 共面的充分必要条件为 $(\boldsymbol{\alpha}, \boldsymbol{\beta}, \boldsymbol{\gamma})=0$.

推论 2

$$(\boldsymbol{\alpha}\times\boldsymbol{\beta})\cdot\boldsymbol{\gamma}=\boldsymbol{\alpha}\cdot(\boldsymbol{\beta}\times\boldsymbol{\gamma}). \tag{1.20}$$

因为轮换混合积的三个因子，并不改变它的值，对调任何两个因子要改变乘积的符号，即

$$(\boldsymbol{\alpha}, \boldsymbol{\beta}, \boldsymbol{\gamma})=(\boldsymbol{\beta}, \boldsymbol{\gamma}, \boldsymbol{\alpha})=(\boldsymbol{\gamma}, \boldsymbol{\alpha}, \boldsymbol{\beta});$$

所以

$$(\boldsymbol{\alpha}\times\boldsymbol{\beta})\cdot\boldsymbol{\gamma}=\boldsymbol{\alpha}\cdot(\boldsymbol{\beta}\times\boldsymbol{\gamma})=(\boldsymbol{\beta}\times\boldsymbol{\gamma})\cdot\boldsymbol{\alpha}=(\boldsymbol{\gamma}\times\boldsymbol{\alpha})\cdot\boldsymbol{\beta};$$

又因为

$$(\boldsymbol{\alpha}\times\boldsymbol{\beta})\cdot\boldsymbol{\gamma}=\boldsymbol{\gamma}\cdot(\boldsymbol{\alpha}\times\boldsymbol{\beta}),$$

所以

$$(\boldsymbol{\alpha}\times\boldsymbol{\beta})\cdot\boldsymbol{\gamma}=\boldsymbol{\alpha}\cdot(\boldsymbol{\beta}\times\boldsymbol{\gamma}).$$

因此，混合积 $(\boldsymbol{\alpha}, \boldsymbol{\beta}, \boldsymbol{\gamma})$ 可理解为相邻两个向量先作向量积，然后再与第三个向量作数量积.

混合积的坐标表示法

设在右手直角坐标系 $\{O; \boldsymbol{i}, \boldsymbol{j}, \boldsymbol{k}\}$ 下任意三向量

$$\boldsymbol{\alpha}=(x_1, y_1, z_1), \boldsymbol{\beta}=(x_2, y_2, z_2), \boldsymbol{\gamma}=(x_3, y_3, z_3),$$

由式 (1.17) 知

$$\boldsymbol{\alpha}\times\boldsymbol{\beta}=\left(\begin{vmatrix} y_1 & z_1 \\ y_2 & z_2 \end{vmatrix}, \begin{vmatrix} z_1 & x_1 \\ z_2 & x_2 \end{vmatrix}, \begin{vmatrix} x_1 & y_1 \\ x_2 & y_2 \end{vmatrix}\right),$$

所以

$$(\boldsymbol{\alpha}\times\boldsymbol{\beta})\cdot\boldsymbol{\gamma}=\begin{vmatrix} y_1 & z_1 \\ y_2 & z_2 \end{vmatrix}x_3+\begin{vmatrix} z_1 & x_1 \\ z_2 & x_2 \end{vmatrix}y_3+\begin{vmatrix} x_1 & y_1 \\ x_2 & y_2 \end{vmatrix}z_3.$$

即

$$(\boldsymbol{\alpha}\times\boldsymbol{\beta})\cdot\boldsymbol{\gamma}=\begin{vmatrix}x_1 & y_1 & z_1\\ x_2 & y_2 & z_2\\ x_3 & y_3 & z_3\end{vmatrix}.$$

所以对三个向量 $\boldsymbol{\alpha}=(x_1, y_1, z_1)$，$\boldsymbol{\beta}=(x_2, y_2, z_2)$，$\boldsymbol{\gamma}=(x_3, y_3, z_3)$，由定理1.4所给的式(1.7)知，

$$(\boldsymbol{\alpha}, \boldsymbol{\beta}, \boldsymbol{\gamma})=0\Leftrightarrow\begin{vmatrix}x_1 & y_1 & z_1\\ x_2 & y_2 & z_2\\ x_3 & y_3 & z_3\end{vmatrix}=0.$$

例 1.29　已知三个不共面的向量(1, 0, 1)，(2, −1, 3)，(4, 3, 0)，求它们所构成的四面体的体积.

解　由立体几何知识，四面体的体积为对应平行六面体体积的$\frac{1}{6}$，

所以四面体体积为 $\frac{1}{6}\begin{vmatrix}1 & 0 & 1\\ 2 & -1 & 3\\ 4 & 3 & 0\end{vmatrix}=\frac{1}{6}.$

例 1.30　利用混合积证明：$\boldsymbol{\alpha}\times(\boldsymbol{\beta}+\boldsymbol{\gamma})=\boldsymbol{\alpha}\times\boldsymbol{\beta}+\boldsymbol{\alpha}\times\boldsymbol{\gamma}$.

证　设 $\boldsymbol{\delta}$ 是任一向量，据式(1.20)

$$\begin{aligned}\boldsymbol{\delta}\cdot[\boldsymbol{\alpha}\times(\boldsymbol{\beta}+\boldsymbol{\gamma})]&=(\boldsymbol{\delta}\times\boldsymbol{\alpha})\cdot(\boldsymbol{\beta}+\boldsymbol{\gamma})=(\boldsymbol{\delta}\times\boldsymbol{\alpha})\cdot\boldsymbol{\beta}+(\boldsymbol{\delta}\times\boldsymbol{\alpha})\cdot\boldsymbol{\gamma}\\&=\boldsymbol{\delta}\cdot(\boldsymbol{\alpha}\times\boldsymbol{\beta})+\boldsymbol{\delta}\cdot(\boldsymbol{\alpha}\times\boldsymbol{\gamma}),\end{aligned}$$

移项后，整理得　　$\boldsymbol{\delta}\cdot[\boldsymbol{\alpha}\times(\boldsymbol{\beta}+\boldsymbol{\gamma})-\boldsymbol{\alpha}\times\boldsymbol{\beta}-\boldsymbol{\alpha}\times\boldsymbol{\gamma}]=0.$

由于 $\boldsymbol{\alpha}\times(\boldsymbol{\beta}+\boldsymbol{\gamma})-\boldsymbol{\alpha}\times\boldsymbol{\beta}-\boldsymbol{\alpha}\times\boldsymbol{\gamma}$ 与任一向量 $\boldsymbol{\delta}$ 都垂直，因而 $\boldsymbol{\alpha}\times(\boldsymbol{\beta}+\boldsymbol{\gamma})-\boldsymbol{\alpha}\times\boldsymbol{\beta}-\boldsymbol{\alpha}\times\boldsymbol{\gamma}$ 必是零向量.(参看例1.16)所以，向量积的分配率成立.

1.5.2　复合积

三个向量 $\boldsymbol{\alpha}$, $\boldsymbol{\beta}$, $\boldsymbol{\gamma}$, 其中两个向量先作向量积，得到一个向量再与另一个向量作向量积，称为这三个向量的复合积或叫二重向量积或双叉乘，如$(\boldsymbol{\alpha}\times\boldsymbol{\beta})\times\boldsymbol{\gamma}$, $\boldsymbol{\alpha}\times(\boldsymbol{\beta}\times\boldsymbol{\gamma})$等.

由向量积定义，$(\boldsymbol{\alpha}\times\boldsymbol{\beta})\times\boldsymbol{\gamma}$ 与 $\boldsymbol{\alpha}\times\boldsymbol{\beta}$ 及 $\boldsymbol{\gamma}$ 都垂直，而 $\boldsymbol{\alpha}\times\boldsymbol{\beta}$ 与 $\boldsymbol{\alpha}$ 及 $\boldsymbol{\beta}$ 都垂直，因此 $\boldsymbol{\alpha}\times(\boldsymbol{\beta}\times\boldsymbol{\gamma})$, $\boldsymbol{\alpha}$, $\boldsymbol{\beta}$ 都与 $\boldsymbol{\alpha}\times\boldsymbol{\beta}$ 垂直，故它们应当共面，当 $\boldsymbol{\alpha}$, $\boldsymbol{\beta}$ 不共线时，$(\boldsymbol{\alpha}\times\boldsymbol{\beta})\times\boldsymbol{\gamma}$ 应有 $u\boldsymbol{\alpha}+v\boldsymbol{\beta}$ 的形式.

类似地，$\boldsymbol{\alpha}\times(\boldsymbol{\beta}\times\boldsymbol{\gamma})$应有 $u\boldsymbol{\beta}+v\boldsymbol{\gamma}$ 的形式，这说明一般情况下

$$(\boldsymbol{\alpha}\times\boldsymbol{\beta})\times\boldsymbol{\gamma}\neq\boldsymbol{\alpha}\times(\boldsymbol{\beta}\times\boldsymbol{\gamma}).$$

复合积满足"中项原则"，即复合积等于中间向量的某个倍数减去括号里另一向量的某一倍数，而这倍数就是另外两个向量的数量积.用式子写出来就是：

$$(\boldsymbol{\alpha}\times\boldsymbol{\beta})\times\boldsymbol{\gamma}=(\boldsymbol{\alpha}\cdot\boldsymbol{\gamma})\boldsymbol{\beta}-(\boldsymbol{\beta}\cdot\boldsymbol{\gamma})\boldsymbol{\alpha},\tag{1.21}$$

$$\boldsymbol{\alpha}\times(\boldsymbol{\beta}\times\boldsymbol{\gamma})=(\boldsymbol{\alpha}\cdot\boldsymbol{\gamma})\boldsymbol{\beta}-(\boldsymbol{\alpha}\cdot\boldsymbol{\beta})\boldsymbol{\gamma}.\tag{1.22}$$

关于式(1.21)我们分几步证明如下：

(1) 如 $\boldsymbol{\alpha}\times\boldsymbol{\beta}=0$，则 $\boldsymbol{\alpha}/\!/\boldsymbol{\beta}$，不妨设 $\boldsymbol{\alpha}=t\boldsymbol{\beta}$，那么，

左 $=\mathbf{0}\times\boldsymbol{\gamma}=\mathbf{0}$,

右 $=(t\boldsymbol{\beta}\cdot\boldsymbol{\gamma})\boldsymbol{\beta}-(\boldsymbol{\beta}\cdot\boldsymbol{\gamma})(t\boldsymbol{\beta})=0.$

因此式(1.21)成立.

(2) 如$\boldsymbol{\alpha}\times\boldsymbol{\beta}\neq 0$，再分两种情况讨论：

若$\boldsymbol{\alpha}\cdot\boldsymbol{\beta}=\mathbf{0}$，即$\boldsymbol{\alpha}\perp\boldsymbol{\beta}$，取$\boldsymbol{\alpha}$，$\boldsymbol{\beta}$的单位向量$\boldsymbol{\alpha}_0$，$\boldsymbol{\beta}_0$构造右手直角坐标系$\boldsymbol{\alpha}_0$，$\boldsymbol{\beta}_0$，$\boldsymbol{\alpha}_0\times\boldsymbol{\beta}_0$.

由于$(\boldsymbol{\alpha}_0\times\boldsymbol{\beta}_0)\times\boldsymbol{\gamma}$是坐标平面$\boldsymbol{\alpha}_0$，$\boldsymbol{\beta}_0$内的向量，所以

$$(\boldsymbol{\alpha}_0\times\boldsymbol{\beta}_0)\times\boldsymbol{\gamma}=x\boldsymbol{\alpha}_0+y\boldsymbol{\beta}_0+0(\boldsymbol{\alpha}_0\times\boldsymbol{\beta}_0),$$

两边用$\boldsymbol{\alpha}_0$作数量积(注：$\boldsymbol{\alpha}_0^2=1$，$\boldsymbol{\alpha}_0\cdot\boldsymbol{\beta}_0=0$)，得

$$\begin{aligned}x&=[(\boldsymbol{\alpha}_0\times\boldsymbol{\beta}_0)\times\boldsymbol{\gamma}]\cdot\boldsymbol{\alpha}_0=(\boldsymbol{\alpha}_0\times\boldsymbol{\beta}_0,\boldsymbol{\gamma},\boldsymbol{\alpha}_0)=-(\boldsymbol{\alpha}_0\times\boldsymbol{\beta}_0,\boldsymbol{\alpha}_0,\boldsymbol{\gamma})\\&=-[(\boldsymbol{\alpha}_0\times\boldsymbol{\beta}_0)\times\boldsymbol{\alpha}_0]\cdot\boldsymbol{\gamma}=-\boldsymbol{\beta}_0\cdot\boldsymbol{\gamma}.\end{aligned}$$

类似地 $y=[(\boldsymbol{\alpha}_0\times\boldsymbol{\beta}_0)\times\boldsymbol{\gamma}]\cdot\boldsymbol{\beta}_0=\boldsymbol{\alpha}_0\cdot\boldsymbol{\gamma}$.

因此 $(\boldsymbol{\alpha}_0\times\boldsymbol{\beta}_0)\times\boldsymbol{\gamma}=(\boldsymbol{\alpha}_0\cdot\boldsymbol{\gamma})\boldsymbol{\beta}_0-(\boldsymbol{\beta}_0\cdot\boldsymbol{\gamma})\boldsymbol{\alpha}_0$.

两边同乘$|\boldsymbol{\alpha}||\boldsymbol{\beta}|$有

$$(\boldsymbol{\alpha}\times\boldsymbol{\beta})\times\boldsymbol{\gamma}=(\boldsymbol{\alpha}\cdot\boldsymbol{\gamma})\boldsymbol{\beta}-(\boldsymbol{\beta}\cdot\boldsymbol{\gamma})\boldsymbol{\alpha}.$$

若$\boldsymbol{\alpha}\cdot\boldsymbol{\beta}\neq\mathbf{0}$，把$\boldsymbol{\beta}$投影到与$\boldsymbol{\alpha}$垂直的平面上，有$\boldsymbol{\beta}=k\boldsymbol{\alpha}+\boldsymbol{\alpha}^{\perp}$，那么

$$\begin{aligned}(\boldsymbol{\alpha}\times\boldsymbol{\beta})\times\boldsymbol{\gamma}&=[\boldsymbol{\alpha}\times(k\boldsymbol{\alpha}+\boldsymbol{\alpha}^{\perp})]\times\boldsymbol{\gamma}=(\boldsymbol{\alpha}\times\boldsymbol{\alpha}^{\perp})\times\boldsymbol{\gamma}=(\boldsymbol{\alpha}\cdot\boldsymbol{\gamma})\boldsymbol{\alpha}^{\perp}-(\boldsymbol{\alpha}^{\perp}\cdot\boldsymbol{\gamma})\boldsymbol{\alpha}\\&=(\boldsymbol{\alpha}\cdot\boldsymbol{\gamma})(\boldsymbol{\beta}-k\boldsymbol{\alpha})-[(\boldsymbol{\beta}-k\boldsymbol{\alpha})\cdot\boldsymbol{\gamma}]\boldsymbol{\alpha}=(\boldsymbol{\alpha}\cdot\boldsymbol{\gamma})\boldsymbol{\beta}-(\boldsymbol{\beta}\cdot\boldsymbol{\gamma})\boldsymbol{\alpha}.\end{aligned}$$

所以，不论哪种情况式(1.21)总成立.

例1.31 如$\boldsymbol{\alpha}$，$\boldsymbol{\beta}$，$\boldsymbol{\gamma}$不共面，证明：$\boldsymbol{\beta}\times\boldsymbol{\gamma}$，$\boldsymbol{\gamma}\times\boldsymbol{\alpha}$，$\boldsymbol{\alpha}\times\boldsymbol{\beta}$不共面.

证
$$\begin{aligned}(\boldsymbol{\beta}\times\boldsymbol{\gamma},\boldsymbol{\gamma}\times\boldsymbol{\alpha},\boldsymbol{\alpha}\times\boldsymbol{\beta})&=[(\boldsymbol{\beta}\times\boldsymbol{\gamma})\times(\boldsymbol{\gamma}\times\boldsymbol{\alpha}]\cdot(\boldsymbol{\alpha}\times\boldsymbol{\beta})\\&=\{[(\boldsymbol{\beta}\times\boldsymbol{\gamma})\cdot\boldsymbol{\alpha}]\boldsymbol{\gamma}-[(\boldsymbol{\beta}\times\boldsymbol{\gamma})\cdot\boldsymbol{\gamma}]\boldsymbol{\alpha}\}\cdot(\boldsymbol{\alpha}\times\boldsymbol{\beta})\\&=[(\boldsymbol{\beta},\boldsymbol{\gamma},\boldsymbol{\alpha})\boldsymbol{\gamma}-(\boldsymbol{\beta},\boldsymbol{\gamma},\boldsymbol{\gamma})\boldsymbol{\alpha}]\cdot(\boldsymbol{\alpha}\times\boldsymbol{\beta})\\&=(\boldsymbol{\beta},\boldsymbol{\gamma},\boldsymbol{\alpha})\boldsymbol{\gamma}\cdot(\boldsymbol{\alpha}\times\boldsymbol{\beta})\\&=(\boldsymbol{\beta},\boldsymbol{\gamma},\boldsymbol{\alpha})(\boldsymbol{\gamma},\boldsymbol{\alpha},\boldsymbol{\beta})=(\boldsymbol{\alpha},\boldsymbol{\beta},\boldsymbol{\gamma})^2.\end{aligned}$$

由$\boldsymbol{\alpha}$，$\boldsymbol{\beta}$，$\boldsymbol{\gamma}$不共面，即$(\boldsymbol{\alpha},\boldsymbol{\beta},\boldsymbol{\gamma})\neq 0$. 所以$\boldsymbol{\beta}\times\boldsymbol{\gamma}$，$\boldsymbol{\gamma}\times\boldsymbol{\alpha}$，$\boldsymbol{\alpha}\times\boldsymbol{\beta}$不共面.

例1.32 证明拉格朗日(lagrange)恒等式.

$$(\boldsymbol{\alpha}_1\times\boldsymbol{\alpha}_2)\cdot(\boldsymbol{\alpha}_3\times\boldsymbol{\alpha}_4)=(\boldsymbol{\alpha}_1\cdot\boldsymbol{\alpha}_3)\cdot(\boldsymbol{\alpha}_2\cdot\boldsymbol{\alpha}_4)-(\boldsymbol{\alpha}_1\cdot\boldsymbol{\alpha}_4)\cdot(\boldsymbol{\alpha}_2\cdot\boldsymbol{\alpha}_3).$$

证

$(\boldsymbol{\alpha}_1\times\boldsymbol{\alpha}_2)\cdot(\boldsymbol{\alpha}_3\times\boldsymbol{\alpha}_4)=(\boldsymbol{\alpha}_1\times\boldsymbol{\alpha}_2,\boldsymbol{\alpha}_3,\boldsymbol{\alpha}_4)=[(\boldsymbol{\alpha}_1\times\boldsymbol{\alpha}_2)\times\boldsymbol{\alpha}_3]\cdot\boldsymbol{\alpha}_4=$

$[(\boldsymbol{\alpha}_1\cdot\boldsymbol{\alpha}_3)\boldsymbol{\alpha}_2-(\boldsymbol{\alpha}_2\cdot\boldsymbol{\alpha}_3)\boldsymbol{\alpha}_1]\cdot\boldsymbol{\alpha}_4=(\boldsymbol{\alpha}_1\cdot\boldsymbol{\alpha}_3)(\boldsymbol{\alpha}_2\cdot\boldsymbol{\alpha}_4)-(\boldsymbol{\alpha}_2\cdot\boldsymbol{\alpha}_3)(\boldsymbol{\alpha}_1\cdot\boldsymbol{\alpha}_4)$.

特别地，如$\boldsymbol{\alpha}_1=\boldsymbol{\alpha}_3$，$\boldsymbol{\alpha}_2=\boldsymbol{\alpha}_4$，拉格朗日恒等式就成为

$$(\boldsymbol{\alpha}_1\times\boldsymbol{\alpha}_2)^2=(\boldsymbol{\alpha}_1^2\cdot\boldsymbol{\alpha}_2^2)-(\boldsymbol{\alpha}_1\cdot\boldsymbol{\alpha}_2)^2.$$

习 题 1.5

1. 已知四面体$ABCD$的顶点坐标$A(0,0,0)$，$B(6,0,6)$，$C(4,3,0)$，$D(2,-1,3)$，求它的体积，并求从顶点D所引出的高的长度.

2. 在直角坐标系内判断向量$\boldsymbol{\alpha}$，$\boldsymbol{\beta}$，$\boldsymbol{\gamma}$是否共面，若不共面，求出以它们为三邻边构成的平行六面体体积.

(1) $\boldsymbol{\alpha}=(3,4,5)$，$\boldsymbol{\beta}=(1,2,2)$，$\boldsymbol{\gamma}=(9,14,16)$；

(2) $\boldsymbol{\alpha}=(3,0,-1)$，$\boldsymbol{\beta}=(2,-4,3)$，$\boldsymbol{\gamma}=(-1,-2,2)$.

3. 如$\boldsymbol{\alpha}\times\boldsymbol{\beta}+\boldsymbol{\beta}\times\boldsymbol{\gamma}+\boldsymbol{\gamma}\times\boldsymbol{\alpha}=0$，证明：$\boldsymbol{\alpha}$，$\boldsymbol{\beta}$，$\boldsymbol{\gamma}$共面.

4. 如 $\boldsymbol{\alpha}\times\boldsymbol{\beta}=\boldsymbol{\gamma}\times\boldsymbol{\delta}$，$\boldsymbol{\alpha}\times\boldsymbol{\gamma}=\boldsymbol{\beta}\times\boldsymbol{\delta}$，证明：$\boldsymbol{\alpha}-\boldsymbol{\delta}$ 与 $\boldsymbol{\beta}-\boldsymbol{\gamma}$ 共线.

5. 在直角坐标系内已知 $\boldsymbol{\alpha}=(1,0,-1)$，$\boldsymbol{\beta}=(1,-2,0)$，$\boldsymbol{\gamma}=(-1,2,1)$ 求 $(\boldsymbol{\alpha}\times\boldsymbol{\beta})\times\boldsymbol{\gamma}$ 和 $\boldsymbol{\alpha}\times(\boldsymbol{\beta}\times\boldsymbol{\gamma})$.

6. 证明：$(\boldsymbol{\alpha}\times\boldsymbol{\beta})\times\boldsymbol{\gamma}+(\boldsymbol{\beta}\times\boldsymbol{\gamma})\times\boldsymbol{\alpha}+(\boldsymbol{\gamma}\times\boldsymbol{\alpha})\times\boldsymbol{\beta}=0$.

7. 证明：$(\boldsymbol{\alpha}\times\boldsymbol{\beta})\times(\boldsymbol{\alpha}\times\boldsymbol{\delta})=(\boldsymbol{\alpha}\boldsymbol{\beta}\boldsymbol{\delta})\boldsymbol{\alpha}$.

复习题一

1. 已知 $\overrightarrow{OA}=\boldsymbol{i}+3\boldsymbol{k}$，$\overrightarrow{OB}=\boldsymbol{j}+3\boldsymbol{k}$，求 $\triangle OAB$ 的面积.

2. 已知四面体的体积 $V=5$，它的三个顶点为 $A(2,1,-1)$，$B(3,0,1)$，$C(2,-1,3)$，又知道它的第四个顶点 D 在 y 轴上，试求点 D 的坐标和从顶点 D 所引出的高的长 h.

3. 试用向量法证明：平行四边形成为菱形的充分必要条件是对角线互相垂直.

4. 设 $\boldsymbol{a}=(2,-3,1)$，$\boldsymbol{b}=(1,-2,3)$，$\boldsymbol{c}=(1,2,-7)$，已知向量 $\boldsymbol{d}$ 垂直于 $\boldsymbol{a}$ 和 $\boldsymbol{b}$ 且 $\boldsymbol{d}\cdot\boldsymbol{c}=10$，求 $\boldsymbol{d}$.

5. 设向量 $\boldsymbol{\alpha}$ 与 $M_1(3,0,2)$、$M_2(5,2,1)$ 和 $M_3(0,-1,3)$ 所在的平面垂直，求 $\boldsymbol{\alpha}$，并求以 M_1、M_2 和 M_3 为顶点的三角形的面积.

6. 试用向量法证明：内接于半圆，并以直径为一边的三角形为直角三角形.

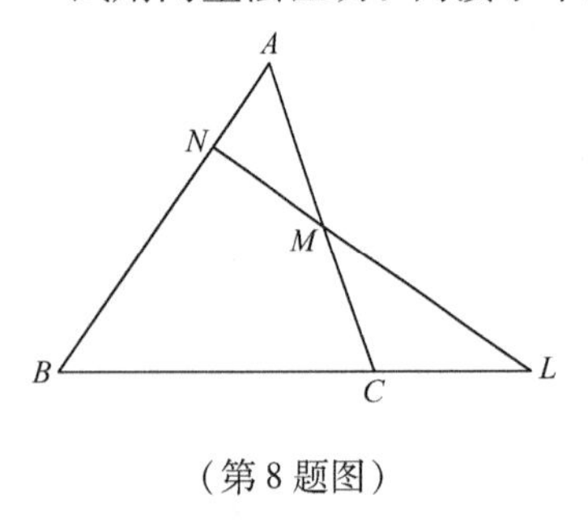

（第 8 题图）

7. 设一四边形各边之长是 a、b、c、d，对角线互相垂直，求证：各边之长也是 a、b、c、d 的任意一个四边形的两条对角线也必互相垂直.

8. 梅耐劳斯（Menelaus）定理：在 $\triangle ABC$ 的三边 BC，CA，AB 或其延长线上分别取 L，M，N 三点，它们的分割比是：

$\lambda=\dfrac{BL}{LC}$，$\mu=\dfrac{CM}{MA}$，$\nu=\dfrac{AN}{NB}$，则 L，M，N 三点共线的充要条件是 $\lambda\mu\nu=-1$.

9. 塞瓦（Cewa）定理：在 $\triangle ABC$ 中的三边 BC，CA，AB 或其延长线上分别取 L，M，N 三点，其分割比依次是：$\lambda=\dfrac{BL}{LC}$，$\mu=\dfrac{CM}{MA}$，$\nu=\dfrac{AN}{NB}$，于是 AL，BM，CN 三线共点的充要条件是 $\lambda\mu\nu=1$.

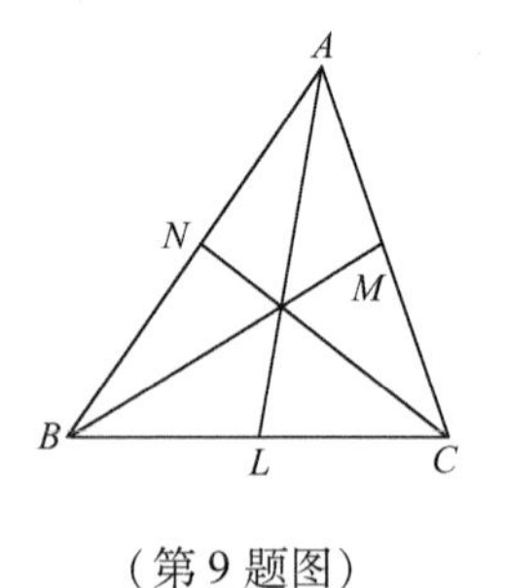

（第 9 题图）

10. 试用向量法证明三阶行列式的阿达玛（Hadmard）定理：

$$\begin{vmatrix} a_1 & a_2 & a_3 \\ b_1 & b_2 & b_3 \\ c_1 & c_2 & c_3 \end{vmatrix}^2 \leqslant (a_1^2+a_2^2+a_3^2)(b_1^2+b_2^2+b_3^2)(c_1^2+c_2^2+c_3^2).$$

第 2 章　平面与直线

2.1　平 面 方 程

2.1.1　由平面上一点与平面的方位向量决定的平面方程

在空间给定了一点 M_0 与两个不共线的向量 $\boldsymbol{a}$, $\boldsymbol{b}$, 那么通过点 M_0 且与向量 $\boldsymbol{a}$, $\boldsymbol{b}$ 平行的平面 π 就唯一地被确定, 向量 $\boldsymbol{a}$, $\boldsymbol{b}$ 叫做平面 π 的**方位向量**. 显然任何一对与平面 π 平行的不共线向量都可以作为平面 π 的方位向量.

在空间, 取仿射坐标系 $\{O; \boldsymbol{e}_1, \boldsymbol{e}_2, \boldsymbol{e}_3\}$, 并设点 M_0 的向径 $\overrightarrow{OM_0} = \boldsymbol{r}_0$, 平面 π 上的任意一点 M 的向径为 $\overrightarrow{OM} = \boldsymbol{r}$ (如图 2.1 所示), 显然点 M 在平面 π 上的充要条件为向量 $\overrightarrow{M_0M}$ 与 $\boldsymbol{a}$, $\boldsymbol{b}$ 共面, 因为 $\boldsymbol{a}$, $\boldsymbol{b}$ 不共线, 所以这个共面的条件可以写成

$$\overrightarrow{M_0M} = u\boldsymbol{a} + v\boldsymbol{b}.$$

又因为 $\overrightarrow{M_0M} = \boldsymbol{r} - \boldsymbol{r}_0$, 所以上式可改写为

$$\boldsymbol{r} - \boldsymbol{r}_0 = u\boldsymbol{a} + v\boldsymbol{b},$$

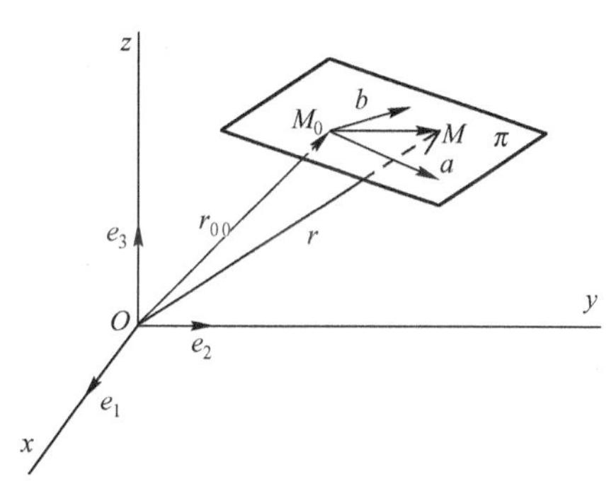

图 2.1

即

$$\boldsymbol{r} = \boldsymbol{r}_0 + u\boldsymbol{a} + v\boldsymbol{b}; \tag{2.1}$$

方程(2.1)叫做平面 π 的**向量式参数方程**, 其中 u, v 为参数.

如果设点 M_0, M 的坐标分别为 (x_0, y_0, z_0), (x, y, z), 那么

$$\boldsymbol{r}_0 = (x_0, y_0, z_0), \boldsymbol{r} = (x, y, z);$$

并设 $\boldsymbol{a} = (X_1, Y_1, Z_1)$, $\boldsymbol{b} = (X_2, Y_2, Z_2)$, 那么由(2.1)得

$$\begin{cases} x = x_0 + X_1u + X_2v, \\ y = y_0 + Y_1u + Y_2v, \\ z = z_0 + Z_1u + Z_2v. \end{cases} \tag{2.2}$$

方程(2.2)叫做平面 π 的**坐标式参数方程**, 其中 u, v 是参数.

从方程(2.1)或 $\boldsymbol{r} - \boldsymbol{r}_0 = u\boldsymbol{a} + v\boldsymbol{b}$ 两边与 $\boldsymbol{a} \times \boldsymbol{b}$ 作数量积, 消去参数 u, v 得

$$(\boldsymbol{r} - \boldsymbol{r}_0, \boldsymbol{a}, \boldsymbol{b}) = 0; \tag{2.3}$$

从方程组(2.2)消去参数 u, v 得

$$\begin{vmatrix} x - x_0 & y - y_0 & z - z_0 \\ X_1 & Y_1 & Z_1 \\ X_2 & Y_2 & Z_2 \end{vmatrix} = 0. \tag{2.4}$$

方程(2.1)，方程组(2.2)，方程(2.3)，方程(2.4)都叫做**平面的点位式方程**.

例 2.1　已知不共线三点 $M_1(x_1, y_1, z_1)$，$M_2(x_2, y_2, z_2)$，$M_3(x_3, y_3, z_3)$，求通过 M_1，M_2，M_3 三点的平面 π 的方程.

解　取平面 π 的方位向量 $\boldsymbol{a}=\overrightarrow{M_1M_2}$，$\boldsymbol{b}=\overrightarrow{M_1M_3}$，并设点 $M(x, y, z)$ 为平面 π 上的任意一点，那么

$$\boldsymbol{r}=\overrightarrow{OM}=(x, y, z),$$

$$\boldsymbol{r}_i=\overrightarrow{OM_i}=(x_i, y_i, z_i),\ (i=1, 2, 3),$$

$$\boldsymbol{a}=\overrightarrow{M_1M_2}=\boldsymbol{r}_2-\boldsymbol{r}_1=(x_2-x_1, y_2-y_1, z_2-z_1),$$

$$\boldsymbol{b}=\overrightarrow{M_1M_3}=\boldsymbol{r}_3-\boldsymbol{r}_1=(x_3-x_1, y_3-y_1, z_3-z_1).$$

因此平面 π 的向量式参数方程为

$$\boldsymbol{r}=\boldsymbol{r}_1+u(\boldsymbol{r}_2-\boldsymbol{r}_1)+v(\boldsymbol{r}_3-\boldsymbol{r}_1); \tag{2.5}$$

坐标式参数方程为

$$\begin{cases} x=x_1+u(x_2-x_1)+v(x_3-x_1), \\ y=y_1+u(y_2-y_1)+v(y_3-y_1), \\ z=z_1+u(z_2-z_1)+v(z_3-z_1). \end{cases} \tag{2.6}$$

从式(2.5)与方程组(2.6)分别消去参数 u，v 得

$$(\boldsymbol{r}-\boldsymbol{r}_1, \boldsymbol{r}_2-\boldsymbol{r}_1, \boldsymbol{r}_3-\boldsymbol{r}_1)=0; \tag{2.7}$$

与

$$\begin{vmatrix} x-x_1 & y-y_1 & z-z_1 \\ x_2-x_1 & y_2-y_1 & z_2-z_1 \\ x_3-x_1 & y_3-y_1 & z_3-z_1 \end{vmatrix}=0. \tag{2.8}$$

方程(2.8)又可改写为

$$\begin{vmatrix} x & y & z & 1 \\ x_1 & y_1 & z_1 & 1 \\ x_2 & y_2 & z_2 & 1 \\ x_3 & y_3 & z_3 & 1 \end{vmatrix}=0. \tag{2.9}$$

方程(2.8)与方程(2.9)都叫做平面的**三点式方程**.

作为三点式的特例，如果已知三点为平面与三坐标轴的交点 $M_1(a, 0, 0)$，$M_2(0, b, 0)$，$M_3(0, 0, c)$（其中 $abc\neq0$），那么由方程(2.8)得

$$\begin{vmatrix} x-a & y & z \\ -a & b & 0 \\ -a & 0 & c \end{vmatrix}=0.$$

把它展开可写成 $bcx+acy+abz=abc$. 由于 $abc\neq0$，上式可改写为

$$\frac{x}{a}+\frac{y}{b}+\frac{z}{c}=1. \tag{2.10}$$

方程(2.10)叫做平面的**截距式方程**，其中 a，b，c 分别叫做平面在三坐标轴上的**截距**.

2.1.2　平面的一般方程

因为空间任一平面都可以用它上面的一点 $M_0(x_0, y_0, z_0)$ 和它的方位向量 $\boldsymbol{a}=(X_1, Y_1, Z_1)$，$\boldsymbol{b}=(X_2, Y_2, Z_2)$ 确定，因而任一平面都可以用方程(2.4)表示. 把方程(2.4)展开就可以写成

$$Ax+By+Cz+D=0, \tag{2.11}$$

其中

$$A=\begin{vmatrix} Y_1 & Z_1 \\ Y_2 & Z_2 \end{vmatrix},\ B=\begin{vmatrix} Z_1 & X_1 \\ Z_2 & X_2 \end{vmatrix},\ C=\begin{vmatrix} X_1 & Y_1 \\ X_2 & Y_2 \end{vmatrix}.$$

因为 $\boldsymbol{a}$, $\boldsymbol{b}$ 不共线，所以 A, B, C 不全为零，这表明空间任一平面都可以用关于 x, y, z 的三元一次方程来表示.

反过来，也可证明，任一关于变元 x, y, z 的一次方程(2.11)都可以表示一个平面，事实上，因为 A, B, C 不全为零，不失一般性，可设 $A\neq0$，那么方程(2.11)可改写成

$$A^2\left(x+\frac{D}{A}\right)+ABy+ACz=0,$$

即

$$\begin{vmatrix} x+\dfrac{D}{A} & y & z \\ B & -A & 0 \\ C & 0 & -A \end{vmatrix}=0.$$

显然，它表示由点 $M_0\left(-\dfrac{D}{A}, 0, 0\right)$ 和两个不共线向量 $(B, -A, 0)$ 和 $(C, 0, -A)$ 所决定的平面. 因此我们证明了关于空间中平面的基本定理：

定理 2.1　空间中任一平面的方程都可表示成一个关于变数 x, y, z 的一次方程，反过来，每一个关于变数 x, y, z 的一次方程都可以表示一个平面.

方程(2.11)叫做**平面的一般方程**.

现在来讨论方程(2.11)的几种特殊情况，也就是当其中的某些系数或常数项等于零时，平面对坐标系来说具有某种特殊位置的情况.

① $D=0$，(2.11) 变为 $Ax+By+Cz=0$，此时原点 $(0, 0, 0)$ 满足方程，因此平面通过原点；反过来，如果平面通过原点，那么显然有 $D=0$.

② A, B, C 中有一为零，例如 $C=0$，式(2.11)就变为

$$Ax+By+D=0.$$

当 $D\neq0$ 时，z 轴上的任意点 $(0, 0, z)$ 都不满足方程，所以平面与 z 轴平行；而当 $D=0$ 时，z 轴上的每一点都满足方程，这时 z 轴在平面上，即平面通过 z 轴. 反过来容易知道，当平面(2.11)平行于 z 轴时 $D\neq0$，$C=0$；当平面(2.11)通过 z 轴时，$D=C=0$.

对于 $A=0$ 或 $B=0$ 的情况，可以得出类似的结论.

因此，由①与②我们有：

当且仅当 $D=0$，平面(2.11)通过原点.

当且仅当 $D\neq0$，$C=0(B=0$ 或 $A=0)$，平面(2.11)平行于 z 轴(y 轴或 x 轴)；

当且仅当 $D=0$，$C=0(B=0$ 或 $A=0)$，平面(2.11)通过 z 轴(y 轴或 x 轴).

③ A, B, C 中有两个为零的情况，我们由①与②立刻可得下面的结论：

当且仅当 $D\neq0$, $B=C=0$($A=C=0$ 或 $A=B=0$)，平面(2.11)平行于 yOz 坐标面(xOz 面或 xOy 面)；当且仅当 $D=0$, $B=C=0$($A=C=0$ 或 $A=B=0$)，平面(2.11)即为 yOz 坐标面(xOz 面或 xOy 面).

2.1.3 平面的法式方程

如果在空间给定一点 M_0 和一个非零向量 $\boldsymbol{n}$，那么通过点 M_0 且与向量 $\boldsymbol{n}$ 垂直的平面也唯一地被确定，我们把与平面垂直的非零向量 $\boldsymbol{n}$ 叫做**平面的法向量**.

在空间直角坐标系 $\{O;\boldsymbol{i},\boldsymbol{j},\boldsymbol{k}\}$ 下，设点 M_0 的向径为 $\overrightarrow{OM_0}=\boldsymbol{r}_0$，平面 π 上的任意一点 M 的向径为 $\overrightarrow{OM}=\boldsymbol{r}$. 显然点 M 在平面 π 上的充要条件是向量 $\overrightarrow{M_0M}=\boldsymbol{r}-\boldsymbol{r}_0$ 与 $\boldsymbol{n}$ 垂直. 这个条件可写成

$$\boldsymbol{n}\cdot(\boldsymbol{r}-\boldsymbol{r}_0)=0. \tag{2.12}$$

如果设 $\boldsymbol{n}=(A,B,C)$, $M_0(x_0,y_0,z_0)$, $M(x,y,z)$，那么

$$\boldsymbol{r}_0=(x_0,y_0,z_0),\ \boldsymbol{r}=(x,y,z),$$
$$\boldsymbol{r}-\boldsymbol{r}_0=(x-x_0,y-y_0,z-z_0),$$

于是方程(2.12)又可表示成

$$A(x-x_0)+B(y-y_0)+C(z-z_0)=0. \tag{2.13}$$

方程(2.12)与方程(2.13)都叫做平面的**点法式方程**.

如果记 $D=-(Ax_0+By_0+Cz_0)$，那么方程(2.13)即成为

$$Ax+By+Cz+D=0.$$

由此可见，在直角坐标系下，平面 π 的一般方程(2.11)中一次项系数 A, B, C 有简明的几何意义，它们是平面 π 的一个法向量 $\boldsymbol{n}$ 的分量.

如果平面上的点 M_0 特殊地取自原点 O，向平面 π 所引垂线的垂足为 P，而 π 的法向量取单位法向量 $\boldsymbol{n}^\circ$，当平面不过原点时，$\boldsymbol{n}^\circ$的正向取作与向量 $\overrightarrow{OP}$ 相同；当平面通过原点时，$\boldsymbol{n}^\circ$的正向在垂直于平面的两个方向中任意取定一个，设

$$|\overrightarrow{OP}|=p,$$

那么点 P 的向径 $\overrightarrow{OP}=p\boldsymbol{n}^\circ$，因此根据方程(2.12)，由点 P 和法向量 n°决定的平面 π 的方程为

$$\boldsymbol{n}^\circ\cdot(\boldsymbol{r}-p\boldsymbol{n}^\circ)=0,$$

式中，$\boldsymbol{r}$ 为平面 π 上任意点 M 的向量. 因为 $n^\circ\cdot n^\circ=1$，所以上式可写成

$$\boldsymbol{n}^\circ\cdot\boldsymbol{r}-p=0. \tag{2.14}$$

方程(2.14)叫做平面的**向量式法式方程**.

如果设 $\boldsymbol{r}=(x,y,z)$, $\boldsymbol{n}^\circ=(\cos\theta_1,\cos\theta_2,\cos\theta_3)$，那么由方程(2.14)得

$$x\cos\theta_1+y\cos\theta_2+z\cos\theta_3-p=0. \tag{2.15}$$

方程(2.15)叫做平面的**坐标式法式方程**或简称**法式方程**.

平面的法式方程(2.15)是具有下列两个特征的一种一般方程：

① 一次项的系数是单位法向量的分量，它们的平方和等于1；

② 因为 p 是原点 O 到平面 π 的距离，所以常数项 $-p\leqslant0$.

根据平面的法式方程的两个特征，我们不难把平面的一般方程(2.11)，即 $Ax+By+Cz+$

$D=0$ 化为平面的法式方程. 事实上，$\boldsymbol{n}=(A, B, C)$ 是平面的法向量，而 $\boldsymbol{r}=\overrightarrow{OM}=(x, y, z)$，所以方程(2.11)可写成

$$\boldsymbol{n}\cdot\boldsymbol{r}+D=0. \tag{2.16}$$

把式(2.16)与式(2.14)比较可知，只要以

$$K=\frac{1}{\pm|\boldsymbol{n}|}=\frac{1}{\pm\sqrt{A^2+B^2+C^2}}$$

乘式(2.11)就可得法式方程，其中 K 的正负号选取一个，使它满足 $KD=-p\leqslant 0$，或者说当 $D\neq 0$ 时，取 K 的符号与 D 异号；当 $D=0$ 时，K 的符号可以任意选取(正的或负的).

我们在前面已指出，在直角坐标系下，平面的一般方程(2.11)中一次项的系数 A, B, C 为平面的一个法向量的分量，在这里我们又看到 $-KD=p$ 等于原点到这平面的距离. 平面的一般方程(2.11)乘上取定符号的 K 以后，便可得到平面的法式方程，通常我们称这个变形为方程(2.11)法式化，而因子

$$K=\frac{1}{\pm\sqrt{A^2+B^2+C^2}}\text{(在取定符号后)}$$

就叫做法式化因子.

例 2.2　已知两点 $M_1(1, -2, 3)$ 与 $M_2(3, 0, -1)$，求线段 M_1M_2 的垂直平分面 π 的方程.

解　因为向量 $\overrightarrow{M_1M_2}=(2, 2, -4)=2(1, 1, -2)$ 垂直于平面 π，所以平面 π 的一个法向量为 $\boldsymbol{n}=(1, 1, -2)$，所求平面 π 又通过 M_1M_2 的中点 $M_0(2, -1, 1)$，因此平面 π 的点法式方程为 $(x-2)+(y+1)-2(z-1)=0$，　即为 $x+y-2z+1=0$.

习　题　2.1

1. 求下列各平面的坐标式参数方程和一般方程.

(1) 通过点 $M_1(3, 1, -1)$ 和点 $M_2(1, -1, 0)$ 且平行于向量 $(-1, 0, 2)$ 的平面；

(2) 通过点 $M_1(1, -5, 1)$ 和点 $M_2(3, 2-2)$ 且垂直于 xOy 坐标面的平面.

2. 化平面方程 $x+2y-z+4=0$ 为截距式与参数式.

3. 证明向量 $\boldsymbol{v}=(X, Y, Z)$ 平行于平面 $Ax+By+Cz+D=0$ 的充要条件为

$$AX+BY+CZ=0.$$

4. 已知连接两点 $A(3, 10, -5)$ 和 $B(0, 12, z)$ 的线段平行于平面 $7x+4y-z-1=0$，求 B 点的 z 坐标.

5. 求下列平面的一般方程：

(1) 通过点 $M_1(2, -1, 1)$ 和点 $M_2(3, -2, 1)$ 且分别平行于三坐标轴的三个平面；

(2) 过点 $M(3, 2, -4)$ 且在 x 轴和 y 轴上截距分别为 -2 和 -3 的平面；

(3) 与平面 $5x+y-2z+3=0$ 垂直且分别通过三个坐标轴的三个平面；

(4) 已知两点 $M_1(3, -1, 2)$，$M_2(4, -2, -1)$，通过 M_1 且垂直于 M_1M_2 的平面.

6. 将下列平面的一般方程化为法式方程：

(1) $x-2y+5z-3=0$；　　(2) $x-y+1=0$；

(3) $x+2=0$；　　(4) $4x-4y+7z=0$.

7. 求自坐标原点向以下各平面所引垂线的长和指向平面的单位法向量的方向余弦：

(1) $2x+3y+6z-35=0$；　　(2) $x-2y+2z+21=0$.

8. 已知三角形顶点为 $A(0,\ -7,0)$, $B(2,\ -1,1)$, $C(2,2,2)$, 求平行于 $\triangle ABC$ 所在的平面且与它相距为 2 个单位的平面方程.

9. 求与原点距离为 6 个单位，且在三坐标轴 Ox, Oy 与 Oz 上的截距之比为 $a:b:c=-1:3:2$ 的平面.

10. 设从坐标原点到平面 $\frac{x}{a}+\frac{y}{b}+\frac{z}{c}=1$ 的距离为 p，求证：$\frac{1}{a^2}+\frac{1}{b^2}+\frac{1}{c^2}=\frac{1}{p^2}$.

2.2　空间直线的方程

2.2.1　由直线上一点与直线的方向所决定的直线方程

在空间给定了一点 M_0 与一个非零向量 $\boldsymbol{v}$，那么通过点 M_0 且与向量 $\boldsymbol{v}$ 平行的直线 l 就唯一地被确定，向量 $\boldsymbol{v}$ 叫做直线 l 的**方向向量**. 显然，任何一个与直线 l 平行的非零向量都可以作为直线 l 的方向向量.

现按给定条件导出直线的方程. 在空间取仿射坐标系 $\{O;\ \boldsymbol{e}_1,\ \boldsymbol{e}_2,\ \boldsymbol{e}_3\}$，并设点 M_0 的向径为 $\overrightarrow{OM_0}=\boldsymbol{r}_0$，直线 l 上的任意点 M 的向径为 $\overrightarrow{OM}=\boldsymbol{r}$，那么，显然点 M 在直线 l 上的充要条件为 $\overrightarrow{M_0M}$ 与 $\boldsymbol{v}\neq 0$ 共线，也就是 $\overrightarrow{M_0M}=t\boldsymbol{v}$，即 $\boldsymbol{r}-\boldsymbol{r}_0=t\boldsymbol{v}$，所以

$$\boldsymbol{r}-\boldsymbol{r}_0=t\boldsymbol{v}. \tag{2.17}$$

式(2.17)叫做直线 l 的**向量式参数方程**，其中 t 为参数.

如果设点 $M_0(x_0,\ y_0,\ z_0)$, $M(x,\ y,\ z)$，那么 $\boldsymbol{r}_0=(x_0,\ y_0,\ z_0)$, $\boldsymbol{r}=(x,\ y,\ z)$；又设 $\boldsymbol{v}=(X,\ Y,\ Z)$，那么由式(2.17)得

$$\begin{cases} x=x_0+Xt, \\ y=y_0+Yt, \\ z=z_0+Zt. \end{cases} \tag{2.18}$$

式(2.18)叫做直线 $\boldsymbol{l}$ 的**坐标式参数方程**.

由式(2.18)消去参数 t，得到

$$\frac{x-x_0}{X}=\frac{y-y_0}{Y}=\frac{z-z_0}{Z}. \tag{2.19}$$

式(2.19)叫做直线的**对称式方程**或称直线 l 的**标准方程**.

例 2.3　求通过空间两点 $M_1(x_1,\ y_1,\ z_1)$ 和 $M_2(x_2,\ y_2,\ z_2)$ 的直线 l 的方程.

解　取 $\boldsymbol{v}=\overrightarrow{M_1M_2}$ 作为直线 l 的方向向量，设 $M(x,\ y,\ z)$ 为直线 l 上的任意点，那么

$$\boldsymbol{r}=\overrightarrow{OM}=(x,\ y,\ z),$$

$$\boldsymbol{r}_i=\overrightarrow{OM_i}=(x_i,\ y_i,\ z_i)\ (i=1,2),$$

$$\boldsymbol{v}=\overrightarrow{M_1M_2}=\boldsymbol{r}_2-\boldsymbol{r}_1=(x_2-x_1,\ y_2-y_1,\ z_2-z_1)$$

所以直线 l 的向量式参数方程为

$$\boldsymbol{r}=\boldsymbol{r}_1+t(\boldsymbol{r}_2-\boldsymbol{r}_1); \tag{2.20}$$

坐标式参数方程为

$$\begin{cases} x = x_1 + t(x_2 - x_1), \\ y = y_1 + t(y_2 - y_1), \\ z = z_1 + t(z_2 - z_1). \end{cases} \tag{2.21}$$

对称式方程为

$$\frac{x - x_1}{x_2 - x_1} = \frac{y - y_1}{y_2 - y_1} = \frac{z - z_1}{z_2 - z_1}. \tag{2.22}$$

方程(2.20)、方程(2.21)、方程(2.22)都叫做直线 l 的两点式方程.

在直角坐标系下，直线的方向向量常常取单位向量

$$\boldsymbol{v}^{\circ} = (\cos\theta_1, \cos\theta_2, \cos\theta_3),$$

这时直线 l 的参数方程为

$$\boldsymbol{r} = \boldsymbol{r}_0 + t\boldsymbol{v}^{\circ}, \tag{2.23}$$

或

$$\begin{cases} x = x_0 + t\cos\theta_1, \\ y = y_0 + t\cos\theta_2, \\ z = z_0 + t\cos\theta_3. \end{cases} \tag{2.24}$$

直线 l 的对称式方程为

$$\frac{x - x_0}{\cos\theta_1} = \frac{y - y_0}{\cos\theta_2} = \frac{z - z_0}{\cos\theta_3}. \tag{2.25}$$

这时方程(2.23)中 t 的绝对值恰好是直线 l 上的两点 M_0 和 M 间的距离，这是因为

$$|t| = |\boldsymbol{r} - \boldsymbol{r}_0| = |\overrightarrow{MM_0}|.$$

直线的方向向量的方向角 θ_1, θ_2, θ_3 与方向余弦 $\cos\theta_1$, $\cos\theta_2$, $\cos\theta_3$ 分别叫做直线的**方向角与方向余弦**；直线的方向向量的分量 X, Y, Z 或与它成比例的一组数 l, m, n ($l:m:n = X:Y:Z$)叫做直线的**方向数**. 由于与直线共线的任何非零向量，都可以作为直线的方向向量，因此 $\pi - \theta_1$, $\pi - \theta_2$, $\pi - \theta_3$ 以及

$$\cos(\pi - \theta_1) = -\cos\theta_1,\ \cos(\pi - \theta_2) = -\cos\theta_2,\ \cos(\pi - \theta_3) = -\cos\theta_3,$$

也可以分别看做是直线的方向角与方向余弦. 显然直线的方向余弦与方向数之间有着下面的关系：

$$\cos\theta_1 = \frac{l}{\sqrt{l^2 + m^2 + n^2}},\ \cos\theta_2 = \frac{m}{\sqrt{l^2 + m^2 + n^2}},\ \cos\theta_3 = \frac{n}{\sqrt{l^2 + m^2 + n^2}}, \tag{2.26}$$

$$\text{或}\ \cos\theta_1 = -\frac{l}{\sqrt{l^2 + m^2 + n^2}},\ \cos\theta_2 = -\frac{m}{\sqrt{l^2 + m^2 + n^2}},\ \cos\theta_3 = -\frac{n}{\sqrt{l^2 + m^2 + n^2}}.$$

由于这里所讨论的直线一般都不是有向直线，而且两非零向量(X, Y, Z)与(X', Y', Z')共线的充要条件为

$$\frac{X}{X'} = \frac{Y}{Y'} = \frac{Z}{Z'},$$

或写成 $X:Y:Z = X':Y':Z'$，所以我们将用 $X:Y:Z$ 来表示与非零向量(X, Y, Z)共线的直线的方向(数).

2.2.2 直线的一般方程

设有两个平面 π_1 和 π_2 的方程为

$$\left.\begin{aligned}\pi_1: A_1x + B_1y + C_1z + D_1 = 0,\\ \pi_2: A_2x + B_2y + C_2z + D_2 = 0.\end{aligned}\right\} \tag{2.27}$$

如果 $A_1 : B_1 : C_1 \neq A_2 : B_2 : C_2$，即方程组(2.27)的系数行列式

$$\begin{vmatrix} B_1 & C_1 \\ B_2 & C_2 \end{vmatrix}, \quad \begin{vmatrix} C_1 & A_1 \\ C_2 & A_2 \end{vmatrix}, \quad \begin{vmatrix} A_1 & B_1 \\ A_2 & B_2 \end{vmatrix}$$

不全为零. 实际上，此三个行列式就是两平面决定的直线的方向数. 若平面 π_1 与 π_2 相交，它们的交线设为直线 l，因为直线 l 上的任意一点同在两平面上，所以它的坐标必满足方程组(2.27)；反过来，坐标满足方程组(2.27)的点同在两平面上，因而一定在两平面的交线即直线 l 上. 因此方程组(2.27)表示直线 l 的方程，我们把它叫做**直线的一般方程**.

直线的标准方程是一般方程的特殊情形. 事实上，我们总可以将标准方程表示为一般方程的形式，这就是因为在式(2.19)中 X, Y, Z 不全为零，不妨设 $Z \neq 0$，那么(2.19)可先改写成

$$\begin{cases} \dfrac{x - x_0}{X} = \dfrac{z - z_0}{Z}, \\[2ex] \dfrac{y - y_0}{Y} = \dfrac{z - z_0}{Z}; \end{cases}$$

经过整理得下列形式

$$\begin{cases} x = az + c, \\ y = bz + d. \end{cases} \tag{2.28}$$

式中 $$a = \frac{X}{Z},\ b = \frac{Y}{Z},\ c = x_0 - \frac{X}{Z}z_0,\ d = y_0 - \frac{Y}{Z}z_0.$$

显然这是一种特殊的一般方程. 式(2.19)表示的直线 l 可以看做是用式(2.28)中两个方程表示的两个平面的交线，而这两个平面是通过该直线且分别平行于 Oy 轴与 Ox 轴的平面，在直角坐标系下它们又分别垂直于坐标面 xOz 与 yOz（如图 2.2 所示），式(2.28)这样的方程叫做直线 l 的**射影式方程**.

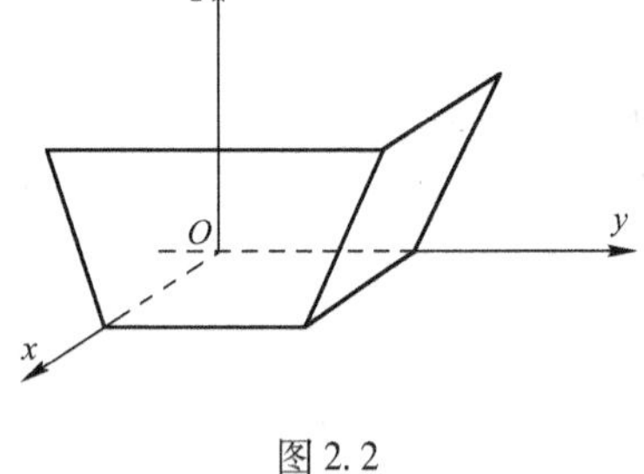

图 2.2

例 2.4 化直线 l 的一般方程

$$\begin{cases} 2x + y + z - 5 = 0, \\ 2x + y - 3z - 1 = 0. \end{cases}$$

为标准方程.

解法一 因为 y, z 的系数行列式 $\begin{vmatrix} 1 & 1 \\ 1 & -3 \end{vmatrix} \neq 0$，所以可由原方程组分别消去 z 和 y，得直线 l 的射影式方程为

$$\begin{cases} y = -2x + 4, \\ z = 1. \end{cases}$$

所以直线 l 的标准方程为 $\dfrac{x}{1} = \dfrac{y-4}{-2} = \dfrac{z-1}{0}$.

解法二　因为直线 l 的方向数为

$$\begin{vmatrix}1 & 1\\1 & -3\end{vmatrix}:\begin{vmatrix}1 & 2\\-3 & 2\end{vmatrix}:\begin{vmatrix}2 & 1\\2 & 1\end{vmatrix}=-4:8:0=1:(-2):0,$$

再设 $x=0$，解得 $y=4$，$z=1$，那么$(0, 4, 1)$为直线上的一点，所以直线 l 的标准方程为

$$\frac{x}{1}=\frac{y-4}{-2}=\frac{z-1}{0}.$$

习　题　2.2

1. 求下列各直线的方程：

(1) 通过点 $A(-3, 0, 1)$和 $B(2, -5, 1)$的直线；

(2) 通过点 $M_0(x_0, y_0, z_0)$且平行于两相交平面 $\pi_i: A_ix+B_iy+C_iz+D_i=0$，$(i=1, 2)$的直线；

(3) 通过点 $M(1, 0, -2)$且与两直线$\frac{x-1}{1}=\frac{y}{1}=\frac{z+1}{-1}$和$\frac{x}{1}=\frac{y-1}{-1}=\frac{z+1}{0}$垂直的直线；

(4) 通过点 $M(2, -3, -5)$且与平面 $6x-3y-5z+2=0$ 垂直的直线.

2. 求以下各点的坐标：

(1) 在直线$\frac{x-1}{2}=\frac{y-8}{1}=\frac{z-8}{3}$上与原点相距 25 个单位的点；

(2) 关于直线$\begin{cases}x-y-4z+12=0\\2x+y-2z+3=0\end{cases}$与 $P(2, 0, -1)$对称的点.

3. 求下列各平面的方程：

(1) 通过点 $P(2, 0, -1)$，且又通过直线$\frac{x+1}{2}=\frac{y}{-1}=\frac{z-2}{3}$的平面；

(2) 通过直线$\frac{x-2}{1}=\frac{y+3}{-5}=\frac{z+1}{-1}$且与直线$\begin{cases}2x-y+z-3=0\\x+2y-z-5=0\end{cases}$平行的平面；

(3) 通过直线$\frac{x-1}{2}=\frac{y+2}{-3}=\frac{z-2}{2}$且与平面 $3x+2y-z-5=0$ 垂直的平面.

4. 化下列直线的一般方程为射影式方程与标准方程，并求出直线的方向余弦.

(1) $\begin{cases}2x+y-z+1=0,\\3x-y-2z-3=0;\end{cases}$　　(2) $\begin{cases}x+z-6=0,\\2x-4y-z+6=0.\end{cases}$

2.3　点、平面、直线之间的关系

2.3.1　平面与点的相关位置

空间中平面与点的位置关系，有且仅有两种情况，就是点在平面上，或点不在平面上，点在平面上的条件是点的坐标满足平面的方程.

1. 点与平面间的距离

在求点与平面间的距离之前，我们先引进点关于平面的离差的概念.

定义 2.1　如果自点 M_0 到平面 π 引垂线，其垂足为 Q，那么向量$\overrightarrow{QM_0}$在平面 π 的单位法向量 $\boldsymbol{n}°$上的射影叫做点 M_0 与平面 π 间的**离差**，记做 $\delta = \mathrm{Prj}\boldsymbol{n}°\overrightarrow{QM_0}$.

容易看出，空间的点与平面间的离差，当且仅当点 M_0 位于平面 π 的单位法向量 $n°$所指向的一侧，$\overrightarrow{QM_0}$与 $\boldsymbol{n}°$同向(如图 2.3 所示)，离差 $\delta>0$；在平面 π 的另一侧，$\overrightarrow{QM_0}$与 $\boldsymbol{n}°$方向相反(如图 2.4 所示)，离差 $\delta<0$；当且仅当 M_0 在平面 π 上时，离差 $\delta=0$.

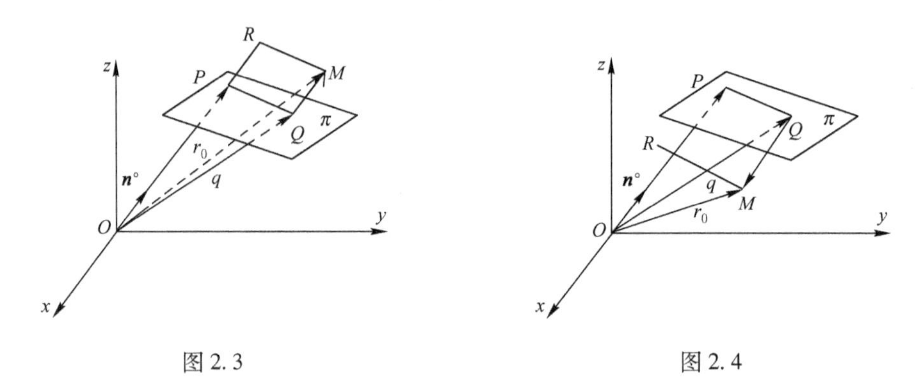

图 2.3　　　　　　　　图 2.4

显然，离差的绝对值$|\delta|$，就是点 M_0 与平面 π 之间的距离 d.

定理 2.2　点 M_0 与平面(2.14)间的离差为

$$\delta = \boldsymbol{n}° \cdot \boldsymbol{r}_0 - p, \tag{2.29}$$

这里 $\boldsymbol{r}_0 = \overrightarrow{OM_0}$.

证　根据定义 3.1，得

$$\begin{aligned}\delta &= \mathrm{Prj}\boldsymbol{n}°\ \overrightarrow{QM_0} = \boldsymbol{n}° \cdot (\overrightarrow{OM_0} - \overrightarrow{OQ}) \\ &= \boldsymbol{n}° \cdot (\boldsymbol{r}_0 - \boldsymbol{q}) = \boldsymbol{n}° \cdot \boldsymbol{r}_0 - \boldsymbol{n}° \cdot \boldsymbol{q},\end{aligned}$$

而 Q 在平面(2.14)上，因此 $\boldsymbol{n}° \cdot \boldsymbol{q} = p$. 所以 $\delta = \boldsymbol{n}° \cdot \boldsymbol{r}_0 - p$.

推论 1　点 $M_0(x_0, y_0, z_0)$与平面(2.14)间的离差是

$$\delta = x_0\cos\theta_1 + y_0\cos\theta_2 + z_0\cos\theta_3 - p. \tag{2.30}$$

推论 2　点 $M_0(x_0, y_0, z_0)$与平面 $Ax+By+Cz+D=0$ 间的距离为

$$d = \frac{|Ax_0 + By_0 + Cz_0 + D|}{\sqrt{A^2 + B^2 + C^2}}. \tag{2.31}$$

2. 平面划分空间问题 三元一次不等式的几何意义

设平面 π 的一般方程为 $Ax+By+Cz+D=0$，那么，空间任何一点 $M(x, y, z)$对平面的离差为 $\delta = K(Ax+By+Cz+D)$，式中 K 为平面 π 的法化因子，所以有

$$Ax + By + Cz + D = \frac{1}{K}\delta. \tag{2.32}$$

对于平面 π 同侧的点，δ 的符号相同；对于 π 异侧的点，δ 有不同的符号. 这是因为当 M_1 与 M_2 是 π 同侧的点时，$\overrightarrow{Q_1M_1}$与$\overrightarrow{Q_2M_2}$同向；当 M_1 与 M_2 是 π 异侧的点时，$\overrightarrow{Q_1M_1}$与$\overrightarrow{Q_2M_2}$方向相反. 因此由式(2.32)可以知道平面 π：$Ax+By+Cz+D=0$ 把空间划分为两部分，对于某一部分的点 $Ax+By+Cz+D>0$；而对于另一部分的点，则有 $Ax+By+Cz+D<0$，在平面 π 上的点 $Ax+By+Cz+D=0$.

2.3.2　两平面的相关位置

空间两个平面的相关位置有三种情形，即相交、平行和重合，而且当且仅当两平面有一部分公共点时它们相交，当且仅当两平面无公共点时它们相互平行，当且仅当一个平面上的所有点就是另一个平面的点时，这两平面重合. 因此如果设两平面的方程为

$$\pi_1: A_1x + B_1y + C_1z + D_1 = 0, \tag{1}$$

$$\pi_2: A_2x + B_2y + C_2z + D_2 = 0. \tag{2}$$

那么两平面 π_1 与 π_2 是相交还是**平行**或是**重合**，就取决于由方程(1)与(2)构成的方程组是有解还是无解，或是方程(1)与(2)仅相差一个不为零的数因子，因此我们就得到了下面的定理.

定理 2.3　两平面(1)与(2)相交的充要条件是

$$A_1 : B_1 : C_1 \neq A_2 : B_2 : C_2, \tag{2.33}$$

平行的充要条件是

$$\frac{A_1}{A_2} = \frac{B_1}{B_2} = \frac{C_1}{C_2} \neq \frac{D_1}{D_2}, \tag{2.34}$$

重合的充要条件是

$$\frac{A_1}{A_2} = \frac{B_1}{B_2} = \frac{C_1}{C_2} = \frac{D_1}{D_2}. \tag{2.35}$$

现在让我们在直角坐标系下来研究两平面的交角.

设两平面 π_1 与 π_2 间的二面角用 $\angle(\pi_1, \pi_2)$ 来表示，而两平面的法向量 $\boldsymbol{n}_1$ 与 $\boldsymbol{n}_2$ 的夹角记为 θ，那么显然有 $\angle(\pi_1, \pi_2) = \theta$ 或 $\pi - \theta$. 因此我们得到

$$\cos\angle(\pi_1, \pi_2) = \pm\cos\theta = \pm\frac{\boldsymbol{n}_1 \cdot \boldsymbol{n}_2}{|\boldsymbol{n}_1| \cdot |\boldsymbol{n}_2|}$$

$$= \pm\frac{A_1A_2 + B_1B_2 + C_1C_2}{\sqrt{A_1^2 + B_1^2 + C_1^2} \cdot \sqrt{A_2^2 + B_2^2 + C_2^2}} \tag{2.36}$$

显然平面 π_1 与 π_2 互相垂直的充分必要条件为 $\angle(\pi_1, \pi_2) = \frac{\pi}{2}$，即 $\cos\angle(\pi_1, \pi_2) = 0$，因此从式(2.36)我们得

定理 2.4　两平面(1)与(2)相互垂直的充要条件是

$$A_1A_2 + B_1B_2 + C_1C_2 = 0. \tag{2.37}$$

2.3.3　直线与平面的相关位置

空间直线与平面的相关位置有**直线与平面相交、直线与平面平行和直线在平面上**三种情况，现在我们来求直线与平面相互位置关系的条件. 设直线 l 和平面 π 的方程分别为

$$l: \frac{x - x_0}{X} = \frac{y - y_0}{Y} = \frac{z - z_0}{Z}, \tag{1}$$

$$\pi: Ax + By + Cz + D = 0. \tag{2}$$

为了求出直线 l 与平面 π 相互位置关系的条件，我们来求直线 l 与 π 的交点. 为此将直线 l 的方程改写为参数式

$$\begin{cases} x = x_0 + Xt, \\ y = y_0 + Yt, \\ z = z_0 + Zt. \end{cases} \tag{3}$$

方程(3) 代入方程(2)经整理可得

$$(AX + BY + CZ)t = -(Ax_0 + By_0 + Cz_0 + D), \tag{4}$$

因此，当且仅当 $AX+BY+CZ \neq 0$ 时，(4)有唯一解

$$t = -\frac{Ax_0 + By_0 + Cz_0 + D}{AX + BY + CZ},$$

这时直线 l 与平面 π 有唯一公共点；当且仅当

$$AX + BY + CZ = 0,\ Ax_0 + By_0 + Cz_0 + D \neq 0$$

时，方程(4)无解，这时直线 l 与平面 π 没有公共点；

当且仅当

$$AX + BY + CZ = 0,\ Ax_0 + By_0 + Cz_0 + D = 0$$

时，方程(4)有无数解，这时直线 l 与平面 π 有无数公共点，即直线 l 在平面 π 上. 这样我们就得到了下面的定理：

定理 2.5　直线(1)与平面(2)的相互位置关系有下面的充要条件：

① 相交：

$$AX + BY + CZ \neq 0. \tag{2.38}$$

② 平行：

$$AX + BY + CZ = 0,$$
$$Ax_0 + By_0 + Cz_0 + D \neq 0. \tag{2.39}$$

③ 直线在平面上：

$$AX + BY + CZ = 0,$$
$$Ax_0 + By_0 + Cz_0 + D = 0. \tag{2.40}$$

由于直线 l 的方向向量为 $\boldsymbol{v} = (X, Y, Z)$，而在直角坐标系下，平面 π 的法向量为 $\boldsymbol{n} = (A, B, C)$，因此在直角坐标系下，直线 l 与平面 π 的相互位置关系，从几何上看，直线 l 与平面 π 的相交条件 $AX+BY+CZ \neq 0$，就是 $\boldsymbol{v}$ 不垂直于 $\boldsymbol{n}$；直线 l 与平面 π 平行的条件

$$AX + BY + CZ = 0,$$
$$Ax_0 + By_0 + Cz_0 + D \neq 0.$$

就是 $\boldsymbol{v} \perp \boldsymbol{n}$，且直线 l 上的点(x_0, y_0, z_0)不在平面 π 上.

当直线 l 与平面 π 相交时，我们在直角坐标系下再来求它们的交角.

根据初等几何里的定义，当直线不和平面垂直时，直线与平面间的角 φ 是指这条直线和它在这平面上的射影所构成的锐角；当直线垂直于平面时，这直线垂直于平面内所有直线，这时我们规定直线与平面间的角 φ 为直角.

直线 l 与平面 π 间的角 φ 可以由直线 l 的方向向量 $\boldsymbol{v}$ 和平面 π 的法向量 $\boldsymbol{n}$ 来决定. 如果设 $\boldsymbol{v}$ 和 $\boldsymbol{n}$ 的夹角为 $\theta(0 \leqslant \theta \leqslant \pi)$，那么 $\varphi = \left|\frac{\pi}{2} - \theta\right|$，因而

$$\sin\varphi = |\cos\theta| = \frac{|\boldsymbol{n} \cdot \boldsymbol{v}|}{|\boldsymbol{n}| \cdot |\boldsymbol{v}|}$$
$$= \frac{|AX + BY + CZ|}{\sqrt{A^2 + B^2 + C^2} \cdot \sqrt{X^2 + Y^2 + Z^2}} \tag{2.41}$$

从式(2.41)直接可以得到直线 l 和平面 π 平行或 l 在平面 π 上的充要条件是

$$AX + BY + CZ = 0, \tag{2.42}$$

而直线 l 与平面 π 垂直的充要条件显然是 $\boldsymbol{v}//\boldsymbol{n}$，即

$$\frac{A}{X} = \frac{B}{Y} = \frac{C}{Z}. \tag{2.43}$$

2.3.4 空间两直线的相关位置

1. 空间两直线的相关位置

空间两直线的相关位置有异面与共面，在共面中又有相交、平行与重合的三种情况. 现在我们来导出这些相关位置成立的条件.

设两直线 l_1 与 l_2 的方程为

$$l_1:\frac{x-x_1}{X_1} = \frac{y-y_1}{Y_1} = \frac{z-z_1}{Z_1}, \tag{1}$$

$$l_2:\frac{x-x_2}{X_2} = \frac{y-y_2}{Y_2} = \frac{z-z_2}{Z_2}. \tag{2}$$

这里的直线 l_1 是由点 $M_1(x_1, y_1, z_1)$ 与向量 $\boldsymbol{v}_1=(X_1, Y_1, Z_1)$ 决定的，l_2 是由点 $M_2(x_2, y_2, z_2)$ 与向量 $\boldsymbol{v}_2=(X_2, Y_2, Z_2)$ 决定的. 两直线 l_1 与 l_2 的相关位置决定于三向量 $\overrightarrow{M_1M_2}$，$\boldsymbol{v}_1$，$\boldsymbol{v}_2$ 的相互关系. 当且仅当三向量 $\overrightarrow{M_1M_2}$，$\boldsymbol{v}_1$，$\boldsymbol{v}_2$ 异面时，l_1 与 l_2 异面；当且仅当三向量 $\overrightarrow{M_1M_2}$，$\boldsymbol{v}_1$，$\boldsymbol{v}_2$ 共面时，l_1 与 l_2 共面；在共面情况下，如果 $\boldsymbol{v}_1$ 不平行于 $\boldsymbol{v}_2$，那么 l_1 与 l_2 相交，如果 $\boldsymbol{v}_1//\boldsymbol{v}_2$ 但不平行于 $\overrightarrow{M_1M_2}$，那么直线 l_1 与 l_2 平行，如果 $\boldsymbol{v}_1//\boldsymbol{v}_2//\overrightarrow{M_1M_2}$，那么 l_1 与 l_2 重合. 因此我们就得到了下面的定理.

定理 2.6　判定空间两直线(1)与(2)的相关位置的充要条件为

① 异面：

$$\Delta = \begin{vmatrix} x_2-x_1 & y_2-y_1 & z_2-z_1 \\ X_1 & Y_1 & Z_1 \\ X_2 & Y_2 & Z_2 \end{vmatrix} \neq 0; \tag{2.44}$$

② 相交：

$$\Delta = 0,\ X_1 : Y_1 : Z_1 \neq X_2 : Y_2 : Z_2. \tag{2.45}$$

③ 平行：

$$X_1 : Y_1 : Z_1 = X_2 : Y_2 : Z_2 \neq (x_2-x_1) : (y_2-y_1) : (z_2-z_1). \tag{2.46}$$

④ 重合：

$$X_1 : Y_1 : Z_1 = X_2 : Y_2 : Z_2 = (x_2-x_1) : (y_2-y_1) : (z_2-z_1). \tag{2.47}$$

2. 空间两直线的夹角

平行于空间两直线的两向量的角，叫做**空间两直线的夹角**，如果用它们的方向向量之间的角来表示，就是

$$\angle(l_1, l_2) = \langle \boldsymbol{v}_1, \boldsymbol{v}_2 \rangle,$$

或

$$\angle(l_1, l_2) = \pi - \langle \boldsymbol{v}_1, \boldsymbol{v}_2 \rangle.$$

因此，我们有下面的结论.

定理 2.7　在直角坐标系里，空间两直线(1)与(2)夹角的余弦为

$$\cos\angle(l_1,\ l_2) = \pm\frac{X_1X_2+Y_1Y_2+Z_1Z_2}{\sqrt{X_1^2+Y_1^2+Z_1^2}\cdot\sqrt{X_2^2+Y_2^2+Z_2^2}} \tag{2.48}$$

推论　两直线(1)、(2)垂直的充要条件是 $X_1X_2+Y_1Y_2+Z_1Z_2=0$.

3. 两异面直线间距离与公垂线方程

空间两直线上的点之间的最短距离叫做这**两条直线之间的最短距离**. 显然两相交或重合的直线间的距离等于零；两平行直线间的距离等于其中一条直线的任一点到另一直线的距离；与两条异面直线都垂直相交的直线叫做两异面直线的**公垂线**. 两异面直线间的距离显然就等于他们的公垂线夹于两异面直线间的线段的长.

设两异面直线 l_1，l_2 与他们的公垂线 l_0 的交点分别为 N_1，N_2，根据向量正交投影公式，那么 l_1 和 l_2 之间的距离

$$d = \frac{|\overrightarrow{M_2M_1}\cdot(\boldsymbol{v}_1\times\boldsymbol{v}_2)|}{|\boldsymbol{v}_1\times\boldsymbol{v}_2|}. \tag{2.49}$$

现在来求两异面直线(1)、直线(2)的公垂线方程. 公垂线 l_0 的方向向量可以取作 $\boldsymbol{v}_1\times\boldsymbol{v}_2$，而公垂线 l_0 可以看做由过 l_1 的点 M_1，以 $\boldsymbol{v}_1$，$\boldsymbol{v}_1\times\boldsymbol{v}_2$ 为方位向量的平面与过 l_2 上的点 M_2，以 $\boldsymbol{v}_2$，$\boldsymbol{v}_1\times\boldsymbol{v}_2$ 为方位向量的平面的交线，因此由式(2.49)得公垂线 l_0 的方程为

$$\begin{cases}\begin{vmatrix}x-x_1 & y-y_1 & z-z_1\\ X_1 & Y_1 & Z_1\\ X & Y & Z\end{vmatrix}=0\\[2ex] \begin{vmatrix}x-x_2 & y-y_2 & z-z_2\\ X_2 & Y_2 & Z_2\\ X & Y & Z\end{vmatrix}=0\end{cases} \tag{2.50}$$

其中，$X=\begin{vmatrix}Y_1 & Z_1\\ Y_2 & Z_2\end{vmatrix}$，$Y=\begin{vmatrix}Z_1 & X_2\\ Z_2 & X_2\end{vmatrix}$，$Z=\begin{vmatrix}X_1 & Y_1\\ X_2 & Y_2\end{vmatrix}$是向量 $\boldsymbol{v}_1\times\boldsymbol{v}_2$ 的分量，即 l_0 的方向数.

例 2.5　求通过点 $P(1,\ 1,\ 1)$且与两直线

$$l_1:\frac{x}{1}=\frac{y}{2}=\frac{z}{3},\ l_2:\frac{x-1}{2}=\frac{y-2}{1}=\frac{z-3}{4}.$$

都相交的直线的方程.

解　设所求直线的方向向量为 $\boldsymbol{v}=(X,\ Y,\ Z)$，那么所求直线 l 的方程可写成

$$\frac{x-1}{X}=\frac{y-1}{Y}=\frac{z-1}{Z}.$$

因为 l 与 l_1，l_2 都相交，而且 l_1 过点 $M_1(0,\ 0,\ 0)$，方向向量为 $\boldsymbol{v}_1=(1,\ 2,\ 3)$，$l_2$ 过点 $M_2(1,\ 2,\ 3)$，方向向量为 $\boldsymbol{v}_2=(2,\ 1,\ 4)$，所以有

$$(\overrightarrow{M_1P},\ \boldsymbol{v}_1,\ \boldsymbol{v}) = \begin{vmatrix}1 & 1 & 1\\ 1 & 2 & 3\\ X & Y & Z\end{vmatrix}=0,$$

即

$$X - 2Y + Z = 0,$$

$$(\overrightarrow{M_2P}, \boldsymbol{v}_2, \boldsymbol{v}) = \begin{vmatrix} 0 & -1 & -2 \\ 2 & 1 & 4 \\ X & Y & Z \end{vmatrix} = 0$$

即

$$X + 2Y - Z = 0.$$

由上两式得

$$X : Y : Z = 0 : 2 : 4 = 0 : 1 : 2,$$

显然又有

$$0 : 1 : 2 \neq 1 : 2 : 3,\ 即\ \boldsymbol{v} \nparallel \boldsymbol{v}_1,\ 0 : 1 : 2 \neq 2 : 1 : 4,\ 即\ \boldsymbol{v} \nparallel \boldsymbol{v}_2,$$

因此，所求的直线 l 的方程为

$$\frac{x-1}{0} = \frac{y-1}{1} = \frac{z-1}{2}.$$

2.3.5 空间直线与点的相关位置

空间直线与点的相关位置有两种情况，即点在直线上与点不在直线上. 点在直线上的条件是点的坐标满足直线的方程，当点不在直线上时，我们来求点到直线的距离.

在空间直角坐标系下，给定空间一点 $M_0(x_0, y_0, z_0)$ 与直线

$$l: \frac{x-x_1}{X} = \frac{y-y_1}{Y} = \frac{z-z_1}{Z}.$$

这里 $M_1(x_1, y_1, z_1)$ 为直线 l 上的一点，$\boldsymbol{v} = (X, Y, Z)$ 为直线 l 的方向向量. 我们考虑以 $\boldsymbol{v}$ 和向量 $\overrightarrow{M_1M_0}$ 为两边构成的平行四边形，这个平行四边形的面积等于 $|\boldsymbol{v} \times \overrightarrow{M_1M_0}|$，显然点 M_0 到 l 的距离 d 就是这个平行四边形的对应于以 $|\boldsymbol{v}|$ 为底的高，因此，我们有

$$d = \frac{|\boldsymbol{v} \times \overrightarrow{M_1M_0}|}{|\boldsymbol{v}|}. \tag{2.51}$$

习 题 2.3

1. 计算下列点和平面间的离差和距离：

(1) $M(-2, 4, 3)$, $\pi: 2x - y + 2z + 3 = 0$;

(2) $M(1, 2, -3)$, $\pi: 5x - 3y + z + 4 = 0$.

2. 已知四面体的四个顶点为 $S(0, 6, 4)$, $A(3, 5, 3)$, $B(-2, 11, -5)$, $C(1, -1, 4)$, 计算从顶点 S 向底面 ABC 所引的高.

3. 求与下列各对平面距离相等的点的轨迹：

(1) $3x + 6y - 2z - 7 = 0$ 和 $4x - 3y - 5 = 0$;

(2) $9x - y + 2z - 14 = 0$ 和 $9x - y + 2z + 6 = 0$.

4. 设平面 π 为 $Ax + By + Cz + D = 0$，它与连接二点 $M_1(x_1, y_1, z_1)$ 和 $M_2(x_2, y_2, z_2)$ 的直线相交于点 M，且 $\overrightarrow{M_1M} = \lambda \overrightarrow{MM_2}$，求证：$\lambda = -\dfrac{(Ax_1 + By_1 + Cz_1 + D)}{Ax_2 + By_2 + Cz_2 + D}$.

5. 已知平面 $\pi: x + 2y - 3z + 4 = 0$，点 $O(0, 0, 0)$, $A(1, 1, 4)$, $B(1, 0, -2)$, $C(2, 0,$

2), $D(0,0,4)$, $E(1,3,0)$, $F(-1,0,1)$, 试区分上述各点哪些在平面 π 的某一侧, 哪些在平面 π 的另一侧, 哪些在平面上.

6. 判别点 $M(2,-1,1)$ 和 $N(1,2,-3)$ 在由下列相交平面所构成的同一个二面角内, 或是在相邻二面角内, 或是在对顶的二面角内.

(1) $\pi_1: 3x-y+2z-3=0$ 与 $\pi_2: x-2y-z+4=0$;

(2) $\pi_1: 2x-y+5z-1=0$ 与 $\pi_2: 3x-2y+6z-1=0$.

7. 试求由平面 $\pi_1: 2x-y+2z-3=0$ 与 $\pi_2: 3x+2y-6z+4=0$ 所构成的二面角的角平分面的方程, 在此二面角内有点 $M(1,2,-3)$.

8. 分别在下列条件下确定 l, m, n 的值:

(1) 使 $(l-3)x+(m+1)y+(n-3)z+8=0$ 与 $(m+3)x+(n-9)y+(l-3)z-16=0$ 表示同一平面;

(2) 使 $2x+my+3z-5=0$ 与 $lx-6y-6z+2=0$ 表示二平行平面;

(3) 使 $lx+y-3z+1=0$ 与 $7x-2y-z=0$ 表示二互相垂直的平面.

9. 求下列两平行平面间的距离:

(1) $19x-4y+8z+21=0$, $19x-4y+8z+42=0$;

(2) $3x+6y-2z-7=0$, $3x+6y-2z+14=0$.

10. 求下列各组平面所成的角:

(1) $x+y-11=0$, $3x+8=0$;

(2) $2x-3y+6z-12=0$, $x+2y+2z-7=0$.

2.4　平　面　束

定义 2.2　空间中通过同一条直线的所有平面的集合叫做**有轴平面束**, 那条直线叫做平面束的**轴**.

定义 2.3　空间中平行于同一个平面的所有平面的集合叫做**平行平面束**.

定理 2.8　如果两个平面

$$\pi_1: A_1x+B_1y+C_1z+D_1=0, \tag{1}$$

$$\pi_2: A_2x+B_2y+C_2z+D_2=0. \tag{2}$$

交于一条直线 L, 那么以直线 L 为轴的有轴平面束的方程是

$$l(A_1x+B_1y+C_1z+D_1)+m(A_2x+B_2y+C_2z+D_2)=0, \tag{2.52}$$

其中 l, m 是不全为零的任意实数.

证　首先证明, 当任取两不全为零的 l, m 的值时, 方程(2.52)表示一个平面. 把方程(2.52)改写为

$$(lA_1+mA_2)x+(lB_1+mB_2)y+(lC_1+mC_2)z+(lD_1+mD_2)=0 \tag{2.52'}$$

这里的系数 lA_1+mA_2, lB_1+mB_2, lC_1+mC_2 不能全为零, 这是因为如果全为零, 即

$$lA_1+mA_2=lB_1+mB_2=lC_1+mC_2=0,$$

那么得到

$$\frac{A_1}{A_2}=\frac{B_1}{B_2}=\frac{C_1}{C_2},$$

这和平面 π_1, 平面 π_2 是两相交平面的假设矛盾. 因此方程(2.52)是一个关于 x, y, z 的

一次方程，所以方程(2.52)或方程(2.52′)表示一个平面.

因为平面 π_1 与平面 π_2 的交线 L 上的点的坐标同时满足方程(1)与方程(2)，从而必满足方程(2.52)，所以方程(2.52)总代表通过直线 L 的平面，也就是方程(2.52)总表示以直线 L 为轴的平面束中的平面.

反过来，可以证明对于以直线 L 为轴的平面束中的任意一个平面 π，我们都能确定 l，m 使平面 π 的方程为方程(2.52)的形式. 为此只要在平面 π 上选取不属于轴 L 的任一点(x_0, y_0, z_0)，那么由方程(2.52)表示的平面要通过点(x_0, y_0, z_0)的条件是

$$l(A_1x_0+B_1y_0+C_1z_0+D_1)+m(A_2x_0+B_2y_0+C_2z_0+D_2)=0,$$

所以

$$l:m=(A_2x_0+B_2y_0+C_2z_0+D_2):[-(A_1x_0+B_1y_0+C_1z_0+D_1)].$$

而(x_0, y_0, z_0)不在轴 L 上，所以 $A_1x_0+B_1y_0+C_1z_0+D_1$，$A_2x_0+B_2y_0+C_2z_0+D_2$ 不能全为零，因此平面 π 的方程可以写为方程(2.52)的形式：

$$(A_2x_0+B_2y_0+C_2z_0+D_2)(A_1x+B_1y+C_1z+D_1)-(A_1x_0+B_1y_0+C_1z_0+D_1)(A_2x+B_2y+C_2z+D_2)=0.$$

定理2.9　如果两个平面

$$\pi_1: A_1x+B_1y+C_1z+D_1=0,$$
$$\pi_2: A_2x+B_2y+C_2z+D_2=0.$$

为平行平面，即 $A_1:A_2=B_1:B_2=C_1:C_2$，那么方程(2.52)，即

$$l(A_1x+B_1y+C_1z+D_1)+m(A_2x+B_2y+C_2z+D_2)=0.$$

表示平行平面束，平面束里任何一个平面都和平面 π_1 或平面 π_2 平行，其中 l，m 是不全为零的任意数，且 $-m:l\neq A_1:A_2=B_1:B_2=C_1:C_2$.

推论　由平面 $\pi: Ax+By+Cz+D=0$ 决定的平行平面束(即与平面 π 平行的所有平面)的方程是

$$Ax+By+Cz+\lambda=0. \tag{2.53}$$

其中,λ 是任意实数.

例2.6　试证两直线

$$l_1:\begin{cases}\pi_1: A_1x+B_1y+C_1z+D_1=0,\\ \pi_2: A_2x+B_2y+C_2z+D_2=0.\end{cases}$$

$$l_2:\begin{cases}\pi_3: A_3x+B_3y+C_3z+D_3=0,\\ \pi_4: A_4x+B_4y+C_4z+D_4=0.\end{cases}$$

在同一个平面上的充分必要条件是

$$\begin{vmatrix}A_1 & B_1 & C_1 & D_1\\ A_2 & B_2 & C_2 & D_2\\ A_3 & B_3 & C_3 & D_3\\ A_4 & B_4 & C_4 & D_4\end{vmatrix}=0.$$

证　因为通过 l_1 的任意平面为

$$\lambda_1(A_1x+B_1y+C_1z+D_1)+\lambda_2(A_2x+B_2y+C_2z+D_2)=0, \tag{3}$$

其中，λ_1，λ_2 是不全为零的任意实数；而通过 l_2 的任意平面为

$$\lambda_3(A_3x+B_3y+C_3z+D_3)+\lambda_4(A_4x+B_4y+C_4z+D_4)=0, \tag{4}$$

其中 λ_3，λ_4 是不全为零的任意实数. 因此两条直线 l_1 与直线 l_2 在同一平面上的充分必要条件是存在不全为零的实数 λ_1，λ_2 与 λ_3，λ_4 使式(3)与式(4)代表同一平面，也就是式(3)与式(4)的左端仅差一个不为零的数因子 m，即

$$\lambda_1(A_1x+B_1y+C_1z+D_1)+\lambda_2(A_2x+B_2y+C_2z+D_2)\equiv$$
$$m[\lambda_3(A_3x+B_3y+C_3z+D_3)+\lambda_4(A_4x+B_4y+C_4z+D_4)].$$

化简整理，得

$$(\lambda_1A_1+\lambda_2A_2-m\lambda_3A_3-m\lambda_4A_4)x+(\lambda_1B_1+\lambda_2B_2-m\lambda_3B_3-m\lambda_4B_4)y+$$
$$(\lambda_1C_1+\lambda_2C_2-m\lambda_3C_3-m\lambda_4C_4)z+(\lambda_1D_1+\lambda_2D_2-m\lambda_3D_3-m\lambda_4D_4)\equiv 0,$$

所以

$$\begin{aligned}\lambda_1A_1+\lambda_2A_2-m\lambda_3A_3-m\lambda_4A_4&=0,\\ \lambda_1B_1+\lambda_2B_2-m\lambda_3B_3-m\lambda_4B_4&=0,\\ \lambda_1C_1+\lambda_2C_2-m\lambda_3C_3-m\lambda_4C_4&=0,\\ \lambda_1D_1+\lambda_2D_2-m\lambda_3D_3-m\lambda_4D_4&=0.\end{aligned}$$

因为 λ_1，λ_2，λ_3，λ_4 不全为零，所以得

$$\begin{vmatrix}A_1 & A_2 & -mA_3 & -mA_4\\ B_1 & B_2 & -mB_3 & -mB_4\\ C_1 & C_2 & -mC_3 & -mC_4\\ D_1 & D_2 & -mD_3 & -mD_4\end{vmatrix}=0,$$

而 $m\neq 0$，因此两直线 l_1，l_2 共面的充分必要条件为

$$\begin{vmatrix}A_1 & B_1 & C_1 & D_1\\ A_2 & B_2 & C_2 & D_2\\ A_3 & B_3 & C_3 & D_3\\ A_4 & B_4 & C_4 & D_4\end{vmatrix}=0.$$

习　题　2.4

1. 求通过平面 $4x-y+3z-1=0$ 和 $x+5y-z+2=0$ 的交线且满足下列条件之一的平面：(1) 通过原点；(2) 与 y 轴平行；(3) 与平面 $2x-y+5z-3=0$ 垂直.

2. 求通过直线 $\begin{cases}x+5y+z=0\\ x-z+4=0\end{cases}$ 且与平面 $x-4y-8z+12=0$ 成 $\dfrac{\pi}{4}$ 角的平面.

3. 求通过直线 $\dfrac{x+1}{0}=\dfrac{y+2}{2}=\dfrac{z-2}{-3}$ 且与点 $P(4,1,2)$ 的距离等于 3 的平面.

4. 求与平面 $x-2y+3z-4=0$ 平行，且满足下列条件之一的平面：(1) 通过点 $(1,-2,3)$；(2) 在 y 轴上的截距等于 -3；(3) 与原点距离等于 1.

5. 直线方程 $\begin{cases}A_1x+B_1y+C_1z+D_1=0\\ A_2x+B_2y+C_2z+D_2=0\end{cases}$ 的系数应满足什么条件才能使该直线在坐标平面 xOz 内.

复习题二

1. 求下列平面的方程：

（1）通过点 $M_1(0,0,1)$ 和点 $M_2(3,0,0)$ 且与坐标面 xOy 成 $60°$ 角的平面；

（2）过 z 轴且与平面 $2x+y-\sqrt{5}z-7=0$ 成 $60°$ 角的平面.

2. 设三平行平面 $\pi_i: Ax+By+Cz+D_i=0$，$(i=1,2,3)$，L，M，N 是分别属于平面 π_1，π_2，π_3 的任意点，求 ΔLMN 的重心的轨迹.

3. 试验证直线 $l: \frac{x}{-1}=\frac{y-1}{1}=\frac{z-1}{2}$ 与平面 $\pi: 2x+y-z-3=0$ 相交，并求出它们的交点和交角.

4. 确定 l，m 的值使

（1）直线 $\frac{x-1}{4}=\frac{y+2}{3}=\frac{z}{1}$ 与平面 $lx+3y-5z+1=0$ 平行；

（2）直线 $\begin{cases} x=2t+2 \\ y=-4t-5 \\ z=3t-1 \end{cases}$ 与平面 $lx+my+6z-7=0$ 垂直.

5. 决定直线 $\begin{cases} A_1x+B_1y+C_1z=0 \\ A_2x+B_2y+C_2z=0 \end{cases}$ 和平面 $(A_1+A_2)x+(B_1+B_2)y+(C_1+C_2)z=0$ 的相互位置.

6. 直线方程 $\begin{cases} A_1x+B_1y+C_1z+D_1=0 \\ A_2x+B_2y+C_2z+D_2=0 \end{cases}$ 的系数满足什么条件才能使

（1）直线与 x 轴相交；（2）直线与 x 轴平行；（3）直线与 x 轴重合.

7. 确定 λ 值使下列两直线相交：

（1）$\begin{cases} 3x-y+2z-6=0 \\ x+4y+\lambda z-15=0 \end{cases}$ 与 z 轴；

（2）$\frac{x-1}{1}=\frac{y+1}{2}=\frac{z-1}{\lambda}$ 与 $x+1=y-1=z$.

8. 判别下列各对直线的相对位置，如果是相交的或平行的两直线，求出它们所在的平面；如果是异面直线，求出它们之间的距离.

（1）$\begin{cases} x-2y+2z=0 \\ 3x+2y-6=0 \end{cases}$ 与 $\begin{cases} x+2y-z-11=0 \\ 2x+z-14=0 \end{cases}$；

（2）$\frac{x-3}{3}=\frac{y-8}{-1}=\frac{z-3}{1}$ 与 $\frac{x+3}{-3}=\frac{y+7}{2}=\frac{z-6}{4}$；

（3）$\begin{cases} x=t \\ y=2t+1 \\ z=-t-2 \end{cases}$ 与 $\frac{x-1}{4}=\frac{y-4}{7}=\frac{z+2}{-5}$.

9. 给定两异面直线 $\frac{x-3}{2}=\frac{y}{1}=\frac{z-1}{0}$ 与 $\frac{x+1}{1}=\frac{y-2}{0}=\frac{z}{1}$，试求它们的公垂线的方程.

10. 求下列各对直线间的夹角：

（1）$\frac{x-1}{3}=\frac{y+2}{6}=\frac{z-5}{2}$ 与 $\frac{x}{2}=\frac{y-3}{9}=\frac{z+1}{6}$；（2）$\begin{cases} 3x-4y-2z=0, \\ 2x+y-2z=0 \end{cases}$ 与 $\begin{cases} 4x+y-6z-2=0, \\ y-3z+2=0. \end{cases}$

11. 设 d 和 d' 分别是坐标原点到点 $M(a,b,c)$ 和点 $M'(a',b',c')$ 的距离，证明当 $aa'+bb'+cc'=dd'$ 时直线 MM' 通过原点.

12. 求通过点 $P(1, 0, -2)$ 而与平面 $3x-y+2z-1=0$ 平行且与直线 $\frac{x-1}{4}=\frac{y-3}{-2}=\frac{z}{1}$ 相交的直线方程.

13. 求过点 $P(2, 1, 0)$ 且与直线 $\frac{x-5}{3}=\frac{y}{2}=\frac{z+25}{-2}$ 垂直相交的直线.

14. 证明三个平面 $2x-y+5=0$, $x-2y+z+2=0$ 和 $3x-3y+z+7=0$ 属于同一个平面束.

15. 设一平面与平面 $x+3y+2z=0$, 且与三坐标平面围成的四面体体积等于 6, 求这平面的方程.

16. 设从坐标原点射出的光线经平面 $x+y-z+1=0$ 和 $x-y+2z-1=0$ 两次反射后仍通过原点, 求光线与两平面的交点.

17. 求两相交直线 $L_1:\begin{cases} x=\sqrt{2}t, \\ y=-1+t, \\ z=1-t, \end{cases}$ 和 $L_2:\frac{x-\sqrt{2}}{\sqrt{2}}=\frac{y}{1}=\frac{z-2}{1}$ 所构成的钝角的平分线的方程.

18. 已知直线

$$L_1:\begin{cases} \frac{y}{b}+\frac{z}{c}=1, \\ x=0, \end{cases} \qquad L_2:\begin{cases} \frac{x}{a}-\frac{z}{c}=1, \\ y=0. \end{cases}$$

(1)　求含直线 L_1 且平行于直线 L_2 的平面方程;

(2)　若 L_1 与 L_2 的距离为 $2d$, 试证明: $\frac{1}{d^2}=\frac{1}{a^2}+\frac{1}{b^2}+\frac{1}{c^2}$.

第3章 常见曲面

本章研究几种常见曲面，即柱面、锥面、旋转曲面和二次曲面（包括椭球面、双曲面和抛物面）．在这些曲面中，柱面、锥面、旋转曲面的图形都具有明显的几何特征，我们就从图形入手去建立它们的方程；而椭球面、双曲面和抛物面在适当的坐标系下它们的方程都表现出特殊的简单形式，我们从标准方程出发去讨论它们的图形的几何性质和形态.

3.1 空间曲面与曲线的方程

在解析几何中研究的空间曲面 S 一般都可以被描述为一个三元函数的零点集，即满足以下方程的点的集合：

$$F(x, y, z)=0 \tag{3.1}$$

这个方程称为曲面 S 的一般方程．曲面的方程必须满足以下条件：对于任意的点 $M_0 \in S$，如果 M_0 的坐标是 (x_0, y_0, z_0)，则 $F(x_0, y_0, z_0)=0$；反之，如果三元组 (x_0, y_0, z_0) 满足方程 $F(x_0, y_0, z_0)=0$，则以此三元组作为坐标的点 M_0 必在曲面 S 上．简而言之就是：曲面上的点满足方程，满足方程的点都在曲面上.

如果函数 $F(x, y, z)$ 是多项式，那么由方程 $F(x, y, z)=0$ 定义的曲面称为代数曲面，否则称为超越曲面．多项式 $F(x, y, z)$ 的次数称为代数曲面的次数．解析几何研究的是一次和二次代数曲面．高次代数曲面是代数几何的研究对象，而超越曲面则是微分几何的研究对象.

曲面也可以用如下的参数方程来描述：

$$\begin{cases} x=x(u, v), \\ y=y(u, v), \\ z=z(u, v). \end{cases} \tag{3.2}$$

其中参数 u，v 的定义域是平面的某个区域，称（3.2）式为曲面的参数方程．方程 $z=f(x, y)$ 也可看作参数方程的特殊形式.

例 3.1 求球心在原点 O，半径等于 R 的球面的方程.

解 因为点 $P(x, y, z)$ 在球面上的充分必要条件是 $|\overrightarrow{OP}|^2=R^2$，由向量的长度公式可得

$$x^2+y^2+z^2=R^2.$$

再求球面的参数方程．（如图 3.1 所示）过点 P 作坐标平面 xOy 的垂线，设垂足为 M．把从 x 轴正向到 OM 的角记为 θ，从 z 轴正向到 OP 的角记为 φ，则球面的参数方程是

$$\begin{cases} x=R\sin\varphi\cos\theta, \\ y=R\sin\varphi\sin\theta,\ 0\leqslant\theta<2\pi,\ 0\leqslant\varphi\leqslant\pi. \\ z=R\cos\varphi. \end{cases} \tag{3.3}$$

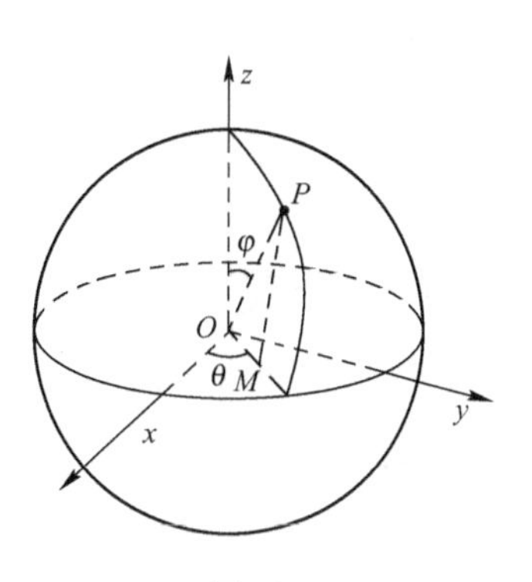

图 3.1

类似于例 3.1，以 $M_0(x_0, y_0, z_0)$ 为球心，以 R 为半径的球面方程是

$$(x-x_0)^2+(y-y_0)^2+(z-z_0)^2=R^2$$

展开后得

$$x^2+y^2+z^2-2x_0x-2y_0y-2z_0z+(x_0^2+y_0^2+z_0^2-R^2)=0$$

这个方程的特点是：(1) 平方项系数相等，都是非零实数；(2) 不含乘积项．那么反过来如何呢？

例 3.2　方程

$$x^2+y^2+z^2+2b_1x+2b_2y+2b_3z+c=0$$

确定的曲面是怎样的？

解　经配方后可得

$$(x+b_1)^2+(y+b_2)^2+(z+b_3)^2+(c-b_1^2-b_2^2-b_3^2)=0$$

因此当 $b_1^2+b_2^2+b_3^2>c$ 时，这是一个球心在 $(-b_1, -b_2, -b_3)$，半径为 $\sqrt{b_1^2+b_2^2+b_3^2-c}$ 的球面；当 $b_1^2+b_2^2+b_3^2=c$ 时，退化为一个点 $(-b_1, -b_2, -b_3)$；当 $b_1^2+b_2^2+b_3^2<c$ 时，方程的零点集是空集，称它表示一个虚球面.

空间的曲线一般可以被表示成含两个方程的联立方程组的零点集：

$$\begin{cases}F(x, y, z)=0,\\ G(x, y, z)=0.\end{cases} \tag{3.4}$$

即空间中的曲线可以看成是两个曲面的交线，这样的方程组称为曲线的一般方程.

曲线的参数方程则是只含一个参数的方程组：

$$\begin{cases}x=x(t),\\ y=y(t), \quad a\leqslant t\leqslant b\\ z=z(t).\end{cases} \tag{3.5}$$

例 3.3　xOy 平面上以原点为圆心，以 R 为半径的圆可以看作是球面 $x^2+y^2+z^2=R^2$ 与坐标平面 $z=0$ 的交线，因此它的方程是

$$\begin{cases}x^2+y^2+z^2=R^2,\\ z=0.\end{cases}$$

例 3.4　一个质点一方面绕 z 轴做匀速圆周运动，一方面又平行于 z 轴的正向做匀速直线运动，求这个质点运动的轨迹方程.

解　如图 3.2 所示，设质点运动起点是 $A(a, 0, 0)$，质点做圆周运动的角速度是 ω，质点作匀速直线运动的速度是 v，如果经 t 秒后运动到点 P，P 点在平面上的投影是 M. 则

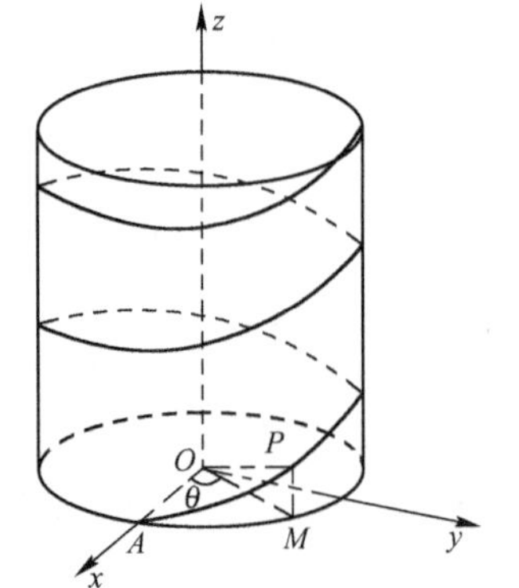

图 3.2

$$\theta=\angle AOM=\omega t \cdot \overrightarrow{MP}=vt\boldsymbol{k}.$$

因而

$$\overrightarrow{OP}=a\cos\omega t\boldsymbol{i}+a\sin\omega t\boldsymbol{j}+vt\boldsymbol{k}.$$

写成坐标形式就是

$$\begin{cases}x=a\cos\omega t,\\ y=a\sin\omega t, \quad -\infty<t<+\infty\\ z=vt.\end{cases} \tag{3.6}$$

这条曲线称为**圆柱螺旋线**.

把参数方程中的参数 t 消去后可以得到曲线的一般方程.

习　题　3.1

1. 分别就下列条件求球面方程：

（1）一直径的两端点为 $A(2,\ -3,\ 5)$ 和 $B(4,\ 1,\ -3)$；

（2）球心在直线 $\frac{x-4}{2}=\frac{y+8}{-4}=\frac{z-2}{1}$ 上，且过点 $(2,\ -3,\ 6)$ 和点 $(6,\ 3,\ -2)$；

（3）过点 $(-1,\ 2,\ 5)$，且与 3 个坐标平面相切；

（4）过点 $(\sqrt{2},\ \sqrt{2},\ 2)$，且包含圆：$\begin{cases} x^2+y^2=4, \\ z=0. \end{cases}$

2. 求下列圆的圆心及半径：

（1）$\begin{cases} x^2+y^2+z^2=4, \\ x+y+z-3=0; \end{cases}$

（2）$\begin{cases} x^2+y^2+z^2=5, \\ x^2+y^2+z^2+x+2y+3z-7=0. \end{cases}$

3. 求证：

$$\begin{cases} x=a\cos^2 t, \\ y=a\sin^2 t, \\ z=a\sqrt{2}\sin t\cos t, \end{cases} \qquad a>0,\ 0\leqslant t<\pi$$

表示一圆，求此圆的圆心和半径.

4. 求证：两个球面

$$S_i: x^2+y^2+z^2+A_i x+B_i y+C_i z+D_i=0\ (i=1,\ 2),$$

交线圆所在平面为

$$(A_1-A_2)x+(B_1-B_2)y+(C_1-C_2)z+(D_1-D_2)=0.$$

3.2　柱　　面

3.2.1　柱面的定义

定义 3.1　在空间，由平行于某一定方向的动直线沿一条定曲线 Γ 移动所产生的曲面叫做**柱面**，定曲线叫做柱面的**准线**，平行移动中的每条直线 L 叫做柱面的**母线**，定方向叫做柱面的方向（或称**母线的方向**）.

由定义知，柱面由它的准线和母线的方向完全确定，但是柱面的准线不是唯一的，而且也不一定是平面曲线. 凡是在柱面上且与每一条母线都相交的曲线都可以作为这个柱面的准线.

3.2.2　柱面的方程

1. 一般位置下的柱面方程

设柱面的准线为

$$\Gamma:\begin{cases}F_1(x, y, z)=0,\\ F_2(x, y, z)=0.\end{cases} \tag{1}$$

母线的方向向量为 $\boldsymbol{v}=(l, m, n)$，我们来求这柱面的方程.

在母线 Γ 上任取一点 $P_1(x_1, y_1, z_1)$，则过 P_1 的母线方程为

$$\frac{x-x_1}{l}=\frac{y-y_1}{m}=\frac{z-z_1}{n} \tag{2}$$

且有

$$F_1(x_1, y_1, z_1)=0, F_2(x_1, y_1, z_1)=0. \tag{3}$$

当点 P_1 取遍 Γ 上的点，即 x_1, y_1, z_1 取遍满足式(3) 的值时，式(2) 就构成生成柱面的一族直母线．所以由式(2)、式(3) 消去参数 x_1, y_1, z_1，就得到柱面的方程 $F(x, y, z)=0$.

例 3.5 设柱面的准线为

$$\Gamma:\begin{cases}x^2+y^2+z^2=1,\\ 2x^2+2y^2+z^2=2.\end{cases}$$

母线的方向数为 -1, 0, 1，求这柱面的方程.

解 设 $P_1(x_1, y_1, z_1)$ 为准线 Γ 上的任意一点，则过 P_1 的母线为

$$\frac{x-x_1}{-1}=\frac{y-y_1}{0}=\frac{z-z_1}{1}$$

且有

$$x_1^2+y_1^2+z_1^2=1 \tag{4}$$

$$2x_1^2+2y_1^2+z_1^2=2. \tag{5}$$

再设

$$\frac{x-x_1}{-1}=\frac{y-y_1}{0}=\frac{z-z_1}{1}=t,$$

则

$$x_1=x+t, y_1=y, z_1=z-t. \tag{6}$$

将式(6) 代入 式(4)、式(5)得

$$(x+t)^2+y^2+(z-t)^2=1, \tag{7}$$

$$2(x+t)^2+2y^2+(z-t)^2=2. \tag{8}$$

由式(7)、式(8) 消去 t 就得所求柱面的方程为

$$(x+z)^2+y^2=1.$$

2. 母线平行于坐标轴的柱面的方程（直角坐标系下）

定理 3.1 母线平行于 z 轴的柱面的方程是

$$F(x, y)=0. \tag{9}$$

证 设柱面的准线为 $\Gamma:\begin{cases}F_1(x, y, z)=0,\\ F_2(x, y, z)=0.\end{cases}$

因为母线平行于 z 轴，所以 z 轴的坐标向量 $\boldsymbol{k}=(0, 0, 1)$ 可作为母线的方向，任取 $P_1\in\Gamma$，则

$$\frac{x-x_1}{0}=\frac{y-y_1}{0}=\frac{z-z_1}{1} \tag{10}$$

$$F_1(x_1, y_1, z_1)=0, F_2(x_2, y_2, z_1)=0 \tag{11}$$

由式（10）得：$x_1=x$，$y_1=y$. 代入式（11）得

$$F_1(x,\ y,\ z_1)=0,\ F_2(x,\ y,\ z_1)=0.$$

从中消去 z_1，便得到柱面的方程

$$F(x,\ y)=0.$$

反过来，以方程(9)为方程的曲面一定是母线平行于 z 轴的柱面. 事实上，设 $P(x,\ y,\ z)$ 的坐标满足方程（9），即 $F(x,\ y)=0$，则 P 点在 xOy 平面上的射影点 $P'(x,\ y,\ 0)$ 的坐标必然满足方程 $F(x,\ y)=0$，$z=0$. 所以 $P(x,\ y,\ z)$ 就在平行于 z 轴并且和 xOy 平面交于 $P'(x,\ y,\ 0)$ 的直线上. 因此方程（9）可作为以 $F(x,\ y)=0$，$z=0$ 为准线，母线平行于 z 轴的柱面方程.

类似的，母线分别平行于 x 轴和 y 轴的柱面方程为 $g(y,\ z)=0$ 或 $h(x,\ z)=0$.

由以上的讨论知，若一曲面方程缺少一个变数，则此曲面必是一柱面，它的母线平行于所缺变数的同名坐标轴.

例如在空间，方程

$$\frac{x^2}{a^2}+\frac{y^2}{b^2}=1, \tag{3.7}$$

$$\frac{x^2}{a^2}-\frac{y^2}{b^2}=1, \tag{3.8}$$

$$x^2=2py. \tag{3.9}$$

都表示母线平行于 z 轴的柱面. 它们在 xOy 平面上的准线分别是

椭圆 $\frac{x^2}{a^2}+\frac{y^2}{b^2}=1,\ z=0$；

双曲线 $\frac{x^2}{a^2}-\frac{y^2}{b^2}=1,\ z=0$；

抛物线 $x^2=2py,\ z=0$.

因此，以上三个柱面分别叫做**椭圆柱面**、**双曲柱面**和**抛物柱面**. 因为它们的方程都是二次的，所以它们统称为**二次柱面**.

3.2.3　空间曲线的射影柱面

为了认识空间曲线的性质和形态，常常需要简化空间曲线的方程. 因此，有时要用到射影柱面的概念.

定义 3.2　以空间曲线 Γ 为准线，以垂直于平面 π 的方向为母线方向的柱面，叫做曲线 Γ 对平面 π 的**射影柱面**. 射影柱面与平面 π 的交线叫做曲线 Γ 在平面 π 上的**射影**.

下面我们只考虑空间曲线在直角坐标系下关于三坐标面的射影柱面，以及空间曲线在坐标面上的射影.

设空间曲线 Γ 的方程为

$$\Gamma:\begin{cases}F_1(x,\ y,\ z)=0,\\F_2(x,\ y,\ z)=0.\end{cases} \tag{12}$$

则从方程组（12）消去变数 z，即得曲线关于 xOy 面的射影柱面

$$\Phi(x,\ y)=0. \tag{13}$$

事实上，由方程（13）所表示的曲面一定通过曲线 Γ，而曲面（13）是一个柱面，它的母线平行于 z 轴. 所以，曲面（13）是空间曲线 Γ 对 xOy 面的射影柱面，而曲线在 xOy 面上的

射影为

$$\begin{cases}\Phi(x, y)=0, \\ z=0.\end{cases}$$

同样，从方程组（12）消去变数 y 或 x，就得到曲线 Γ 对 xOz 面或 yOz 面的射影柱面 $H(x, z)=0$ 或 $G(y, z)=0$. 而 Γ 在 xOz 和 yOz 面上的射影分别是

$$\begin{cases}H(x, z)=0, \\ y=0;\end{cases} \qquad \begin{cases}G(y, z)=0, \\ x=0.\end{cases}$$

例 3.6 求曲线

$$\Gamma:\begin{cases}2x^2+z^2+4y=4z \\ x^2+3z^2-8y=12z\end{cases} \tag{14}$$

对三个坐标面的射影柱面与在三个坐标面上的射影曲线.

解 从 Γ 的方程组（14）中分别消去 z，y，x，便得曲线 Γ 关于坐标 xOy，xOz，yOz 坐标的射影柱面分别为

$$x^2+4y=0;x^2+z^2=4z;z^2-4y-4z=0.$$

进而得到曲线 Γ 在三个坐标面上的射影曲线分别是

$$\begin{cases}x^2+4y=0, \\ z=0;\end{cases} \quad \begin{cases}x^2+z^2=4z, \\ y=0;\end{cases} \quad \begin{cases}z^2-4y-4z=0, \\ x=0.\end{cases}$$

习 题 3.2

1. 柱面的准线为 $x^2+y+z=0$，$x+y=0$. 求母线满足下列条件的柱面方程：

（1）母线的方向向量为 $\boldsymbol{v}=(0, 1, 1)$；

（2）母线平行于直线 $x=2+t$，$y=3$，$z=5-t$；

（3）母线平行于 y 轴；

（4）母线垂直于平面 $x+2y-3z-2=0$.

2. 求下列曲线关于三坐标面的射影柱面方程及射影曲线方程：

（1）$x^2+y^2+z^2=25$，$x^2+4y^2-z^2=0$；

（2）$x^2+y^2-z-1=0$，$x^2-y^2-z+1=0$.

3. 已知圆柱面的轴为 $\frac{x}{1}=\frac{y-1}{-2}=\frac{z+1}{-2}$，点 $P_1(1, -2, 1)$ 在圆柱面上，求圆柱面方程.

4. 求过三条平行直线 $L_1:\frac{x}{0}=\frac{y-1}{1}=\frac{z+1}{1}$，$L_2:\frac{x}{0}=\frac{y}{1}=\frac{z-2}{1}$与 $L_3:\frac{x-\sqrt{2}}{0}=\frac{y-1}{1}=\frac{z-1}{1}$的圆柱面的方程.

5. 已知椭圆柱面$\frac{x^2}{a^2}+\frac{y^2}{b^2}=1(a>b>0)$，试求过 x 轴且与椭圆柱面交线是圆的平面的方程.

3.3 锥　　面

3.3.1 锥面的定义

定义 3.3 在空间，通过定点 A 且沿着定曲线 Γ 移动的动直线 L 所产生的曲面称为锥

面，定点 A 叫做锥面的**顶点**，定曲线 Γ 叫做锥面的**准线**，移动中的每一条动直线 L 叫做锥面的**母线**.

由定义知，锥面由顶点和准线唯一确定，但是锥面的准线也不是唯一的，锥面上与每一条母线都相交的曲线都可以作为锥面的准线.

3.3.2　锥面的方程

1. 一般位置的锥面方程

设锥面的准线为

$$\Gamma:\begin{cases}F_1(x,y,z)=0,\\F_2(x,y,z)=0.\end{cases}\tag{1}$$

顶点为 $A(x_0,y_0,z_0)$，求这锥面的方程.
在准线上任取一点 $P_1(x_1,y_1,z_1)$，则过 P_1 的锥面的母线为

$$\frac{x-x_0}{x_1-x_0}=\frac{y-y_0}{y_1-y_0}=\frac{z-z_0}{z_1-z_0},\tag{2}$$

且有

$$F_1(x_1,y_1,z_1)=0,\tag{3}$$

$$F_2(x_1,y_1,z_1)=0.\tag{4}$$

当 P_1 取遍 Γ 上的点，即 x_1，y_1，z_1 取遍满足方程（3）、方程(4）的值时，方程(2)就是生成锥面的一族直母线的方程．因此由方程(2）、方程(3）及方程(4）消去参数 x_1，y_1，z_1，最后得到的关于 x，y，z 的方程

$$F(x,y,z)=0.$$

就是所求的锥面方程.

2. 齐次方程与锥面

例 3.7　求顶点在原点，准线为

$$\Gamma:\begin{cases}\dfrac{x^2}{a^2}+\dfrac{y^2}{b^2}=1,\\z=c.\end{cases}\tag{5}$$

的锥面的方程.

解　设 $P_1(x_1,y_1,z_1)$ 为准线 Γ 上任意一点，则过 P_1 的母线方程为

$$\frac{x}{x_1}=\frac{y}{y_1}=\frac{z}{z_1},\tag{6}$$

且有

$$\frac{x_1^2}{a^2}+\frac{y_1^2}{b^2}=1,\tag{7}$$

$$z_1=c,\tag{8}$$

式(8）代入式(6)得

$$x_1=\frac{cx}{z},\ y_1=\frac{cy}{z},\tag{9}$$

式(9)代入式(7)得

$$\frac{1}{a^2}\left(\frac{cx}{z}\right)^2+\frac{1}{b^2}\left(\frac{cy}{z}\right)^2=1$$

整理即得所求锥面的方程为

$$\frac{x^2}{a^2}+\frac{y^2}{b^2}-\frac{z^2}{c^2}=0 \tag{3.10}$$

这个锥面叫做**二次锥面**.

由例3.7知，顶点在坐标原点的锥面方程是一个关于x，y，z的**齐次方程**（当函数$F(x, y, z)$满足$F(tx, ty, tz)=t^nF(x, y, z)$，这里的$t$为任意实数，那么函数$F(x, y, z)$叫做$n$次齐次函数，方程$F(x, y, z)=0$叫做$n$次齐次方程）. 并且不难验证如下结论：

以Γ :$F(x, y)=0$，$z=c$为准线，原点为顶点的锥面方程是

$$F\left(\frac{cx}{z}, \frac{cy}{z}\right)=0.$$

同理以$G(y, z)=0$，$x=a$和$H(z, x)=0$，$y=b$为准线，原点为顶点的锥面方程分别是$G\left(\frac{ay}{x}, \frac{az}{x}\right)=0$和$H\left(\frac{bz}{y}, \frac{bx}{y}\right)=0$.

下面讨论一个方程具备什么特点时它所表示的曲面是锥面.

定理3.2 若$F(x, y, z)=0$是一个关于x，y，z的n次齐次方程，则它表示以原点为顶点的锥面.

证 因为$F(x, y, z)=0$是齐次方程，所以原点坐标$(0, 0, 0)$满足方程，故原点在曲面上.

设$P_1(x_1, y_1, z_1)$是曲面$F(x, y, z)=0$上异于原点的任意一点，则$F_1(x_1, y_1, z_1)=0$，连接OP_1，在直线OP_1上任取一点$P(x, y, z)$，因为$\overrightarrow{OP}=t\,\overrightarrow{OP_1}$，所以有

$$x=tx_1,\ y=ty_1,\ z=tz_1,$$

把点P的坐标带入原方程的左边，根据方程的齐次性，就有

$$F(x, y, z)=F(tx_1, ty_1, tz_1)=t^nF(x_1, y_1, z_1)=0.$$

所以直线OP_1上任意一点P也在曲面上，即直线OP_1在曲面上，这说明齐次方程$F(x, y, z)=0$所表示的曲面是通过原点O的动直线组成. 故曲面是以原点为顶点的锥面.

推论 关于$x-x_0$，$y-y_0$，$z-z_0$的齐次方程

$$F(x-x_0, y-y_0, z-z_0)=0.$$

表示以(x_0, y_0, z_0)为顶点的锥面.

例3.8 求顶点在坐标原点的锥面方程，它们的准线分别为

(1) $\begin{cases}\dfrac{x^2}{a^2}-\dfrac{y^2}{b^2}=1,\\ z=c;\end{cases}$

(2) $\begin{cases}y^2=2px,\\ z=c.\end{cases}$

解 (1) 所求的锥面方程是$\frac{1}{a^2}\left(\frac{cx}{z}\right)^2-\frac{1}{b^2}\left(\frac{cy}{z}\right)^2=1$，

即

$$\frac{x^2}{a^2}-\frac{y^2}{b^2}-\frac{z^2}{c^2}=0. \tag{3.11}$$

（2）所求锥面方程为$\left(\frac{cy}{z}\right)^2=2p\frac{cx}{z}$,

即

$$cy^2=2pxz. \tag{3.12}$$

上述二次锥面的方程都是齐次方程，那么，任何一个顶点在原点的锥面的方程是否也一定是齐次方程呢？答案是肯定的，但是，在这里证明这个结论是困难的，我们只得把它略去.

最后还要指出，在特殊情况下，一个关于x，y，z的齐次方程所表示的锥面可能是一个过原点的平面，如$x+y+z=0$；也可能只表示一个点，如$\frac{x^2}{a^2}+\frac{y^2}{b^2}+\frac{z^2}{c^2}=0$只表示原点，有时也称它为具有实顶点$O$的虚锥面.

习 题 3.3

1. 求顶点为原点的锥面方程：

（1）准线为$x^2-2z+1=0$，$y-z+1=0$；

（2）准线为$x^2-2xy-2=0$，$z=1$.

2. 求顶点在（0，0，5），且与球面$x^2+y^2+z^2=16$相切的锥面方程.

3. 求顶点为（1，2，4），轴与平面$2x+2y+z=0$垂直，且过点B（3，2，1）的圆锥面的方程.

4. 求顶点在原点，通过三条坐标轴的直圆锥面的方程.

5. 求以原点为顶点，z轴为轴，θ为半顶角的圆锥面的方程.

6. 一直线垂直于一平面，求到此直线与到平面距离之比等于定数a的点的轨迹方程，并说明形状.

7. 若一个关于$x-x_0$，$y-y_0$，$z-z_0$的曲面方程是齐次的，则此曲面是以（x_0，y_0，z_0）为顶点的锥面，试证明.

8. 求证以原点为顶点，以$\begin{cases}x^2+y^2+z^2=1,\\xy=0.\end{cases}$为准线的锥面没有平面准线.

3.4 旋转曲面

3.4.1 旋转曲面的定义

定义3.4 在空间，一条动曲线Γ绕着一条定直线L旋转一周所产生的曲面叫做**旋转曲面**，或称**回旋曲面**．这条动曲线Γ叫做旋转曲面的**母线**，定直线L叫做旋转曲面的**旋转轴**，简称**轴**.

显然，旋转曲面的母线Γ上的任意一点P在旋转过程中形成一个圆，这个圆也就是通过点P且垂直于轴L的平面与旋转曲面的交线，我们把它叫做**纬圆**或**纬线**．在通过旋转轴L的平面上，以L为界的每一个半平面与旋转曲面的交线叫做**径线**．径线在旋转过程中能彼此重合，通常取它们为母线（如图 3.3 所示）.

由上面的知识可以看出任何一个旋转曲面既可以看成是它的所有纬圆的集合，也可以看成是由它的一条经线（平面曲线）绕轴旋转而成.

3.4.2　旋转曲面的方程

1. 一般情形下的旋转曲面的方程

在直角坐标系下，设旋转曲面的母线为空间曲线

$$\Gamma:\begin{cases}F_1(x,\ y,\ z)=0,\\F_2(x,\ y,\ z)=0.\end{cases}\tag{1}$$

旋转轴为直线

$$L:\frac{x-x_0}{l}=\frac{y-y_0}{m}=\frac{z-z_0}{n}.$$

下面来建立这旋转曲面的方程.

设 $P_1(x_1,\ y_1,\ z_1)$ 为母线 Γ 上的任意一点（如图 3.4 所示），那么过 P_1 的纬圆总可以看做是过 P_1 且垂直于轴 L 的平面与以直线 L 上的定点 P_0 为中心，$|\overrightarrow{P_0P_1}|$ 为半径的球面的交线. 所以过 P_1 的纬圆方程是

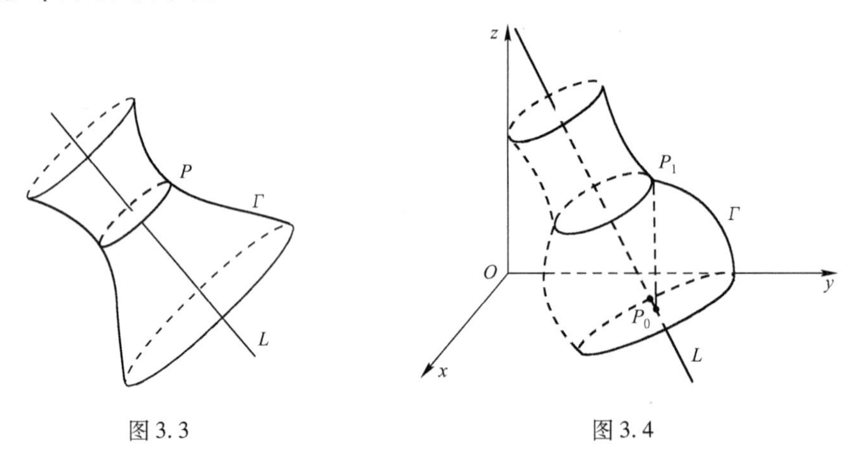

图 3.3　　图 3.4

$$\begin{cases}l\ (x-x_1)+m\ (y-y_1)+n\ (z-z_1)=0,\\(x-x_0)^2+\ (y-y_0)^2+\ (z-z_0)^2\\=\ (x_1-x_0)^2+\ (y_1-y_0)^2+\ (z_1-z_0)^2.\end{cases}\tag{2}$$

因为 P_1 在 Γ 上，所以有

$$\begin{cases}F_1(x_1,\ y_1,\ z_1)=0,\\F_2(x_1,\ y_1,\ z_1)=0.\end{cases}\tag{3}$$

当 P_1 取遍 Γ 上的点，即 x_1，y_1，z_1 取遍满足方程(3) 的值时，方程(2)就构成形成旋转曲面的一族纬圆，因此由方程(2) 、方程(3)消去 x_1，y_1，z_1 得方程

$$F(x,\ y,\ z)=0.$$

这就是所求的旋转曲面的方程.

例 3.9　求直线 $L_1:\dfrac{x}{2}=\dfrac{y}{1}=\dfrac{z-1}{0}$绕直线 $L_2:x=y=z$ 旋转所得的旋转曲面的方程.

解 显然旋转曲面的母线为 L_1，旋转轴为 L_2. 设 $P_1(x_1, y_1, z_1)$ 是母线上的任一点，因为旋转轴通过原点且有方向向量 $\boldsymbol{v}=(1,1,1)$. 所以过 P_1 的纬圆方程是

$$\begin{cases}(x-x_1)+(y-y_1)+(z-z_1)=0,\\ x^2+y^2+z^2=x_1^2+y_1^2+z_1^2.\end{cases}\tag{4}$$

又因为 P_1 在 L_1 上，所以有

$$\frac{x_1}{2}=\frac{y_1}{1}=\frac{z_1-1}{0}.$$

即

$$x_1=2y_1,\ z_1=1.\tag{5}$$

由(4)、(5) 消去 x_1，y_1，z_1 得

$$x^2+y^2+z^2-1=\frac{5}{9}(x+y+z-1)^2.$$

即

$$2(x^2+y^2+z^2)-5(xy+yz+zx)+5(x+y+z)-7=0.$$

这就是所求的旋转曲面的方程.

定理 3.3 坐标面 yOz 上的一条曲线

$$\Gamma:\begin{cases}F(y,z)=0,\\ x=0.\end{cases}$$

绕 y 轴旋转生成的旋转曲面的方程是 $F(y,\pm\sqrt{x^2+z^2})=0$.

证 设 $P_1(0, y_1, z_1)$ 为母线 Γ 上的任意一点，则过 P_1 的纬圆方程为

$$\begin{cases}x^2+y^2+z^2=y_1^2+z_1^2,\\ y=y_1.\end{cases}\quad 或\quad \begin{cases}x^2+z^2=z_1^2,\\ y=y_1.\end{cases}\tag{6}$$

因为 P_1 在 Γ 上，所以又有

$$\begin{cases}F(y_1,z_1)=0,\\ x_1=0.\end{cases}\tag{7}$$

当 P_1 取遍母线 Γ 上的点，即 P_1 取遍满足方程组(7) 的值，那么方程组(6) 就是构成旋转曲面的纬圆族，因此，由 (6),(7) 式消去 y_1，z_1 所得的方程

$$F\left(y,\ \pm\sqrt{x^2+z^2}\right)=0.$$

就是所要求的旋转曲面的方程.

用同样的方法可以证明，曲线 Γ 绕 z 轴旋转所生成的旋转曲面的方程是

$$F\left(\pm\sqrt{x^2+y^2},\ z\right)=0.$$

对于其它坐标面上的曲线 Γ 绕这个坐标面内的一个坐标轴旋转所产生的旋转曲面的方程，均可以类似地求出，于是得到如下规律：

坐标面上的一条曲线 Γ 绕这个坐标面内的一条坐标轴旋转所产生的旋转曲面的方程，是可以利用曲线 Γ 在坐标面内的方程，通过保留其和坐标轴同名的坐标，而以其它两个坐标的平方和的平方根代替方程中的另一个坐标而得到.

2. 二次旋转曲面

二次曲线绕自己的对称轴旋转所得到的曲面叫做**二次旋转曲面**，下面给出这类曲面的

方程.

（1）一个圆绕它的直径旋转得到的曲面，叫做**球面**.
将圆 $\Gamma: y^2+z^2=a^2$，$x=0$ 绕 z 轴（或 y 轴）旋转，
所得旋转曲面的方程为

$$x^2+y^2+z^2=a^2. \tag{3.13}$$

此曲面即为球面.

（2）一椭圆绕其长轴旋转所得的曲面，叫做**长形旋转椭球面**，简称**长球面**（如图 3.5 所示）.

将椭圆 $\Gamma: \frac{x^2}{a^2}+\frac{y^2}{b^2}=1(a>b)$，$z=0$ 绕 x 轴旋转，所得旋转曲面的方程为

$$\frac{x^2}{a^2}+\frac{y^2+z^2}{b^2}=1. \tag{3.14}$$

此曲面即为长球面.

（3）一椭圆绕其短轴旋转所得的曲面，叫做**扁形旋转椭球面**，简称**扁球面**.

将椭圆 $\Gamma: \frac{x^2}{a^2}+\frac{y^2}{b^2}=1(a>b)$，$z=0$ 绕 y 轴旋转，所得旋转曲面的方程为

$$\frac{x^2+z^2}{a^2}+\frac{y^2}{b^2}=1. \tag{3.15}$$

此曲面即为扁球面（如图 3.6 所示）.

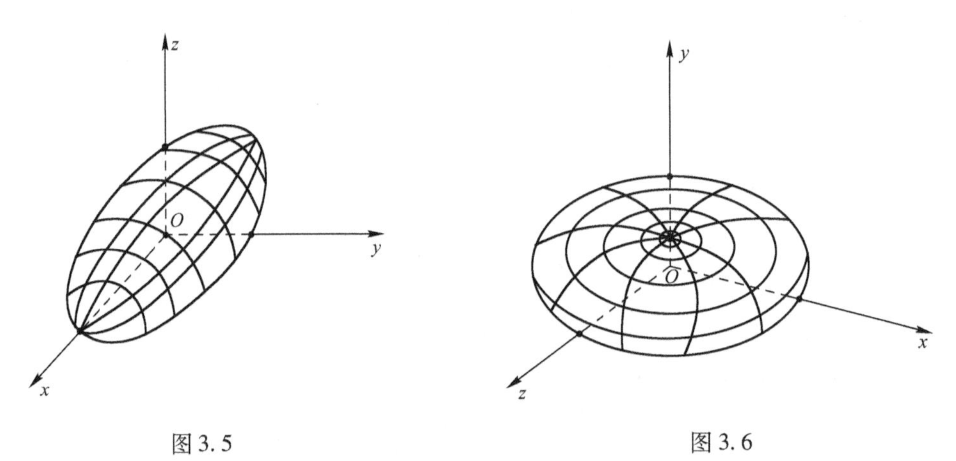

图 3.5　　　　图 3.6

（4）一双曲线绕其虚轴旋转所得的曲面，叫做**旋转单叶双曲面**.

将双曲线 $\Gamma: \frac{y^2}{b^2}-\frac{z^2}{c^2}=1$，$x=0$ 绕 z 轴旋转，得旋转曲面的方程

$$\frac{x^2+y^2}{b^2}-\frac{z^2}{c^2}=1 \tag{3.16}$$

此曲面即为旋转单叶双曲面（如图 3.7 所示）.

（5）一双曲线绕其实轴旋转所得的曲面，叫做**旋转双叶双曲面**.

将双曲线 $\Gamma: \frac{y^2}{b^2}-\frac{z^2}{c^2}=1$，$x=0$ 绕 y 轴旋转得旋转曲面的方程

$$\frac{y^2}{b^2}-\frac{x^2+z^2}{c^2}=1 \tag{3.17}$$

此曲面即为旋转双叶双曲面（如图3.8所示）.

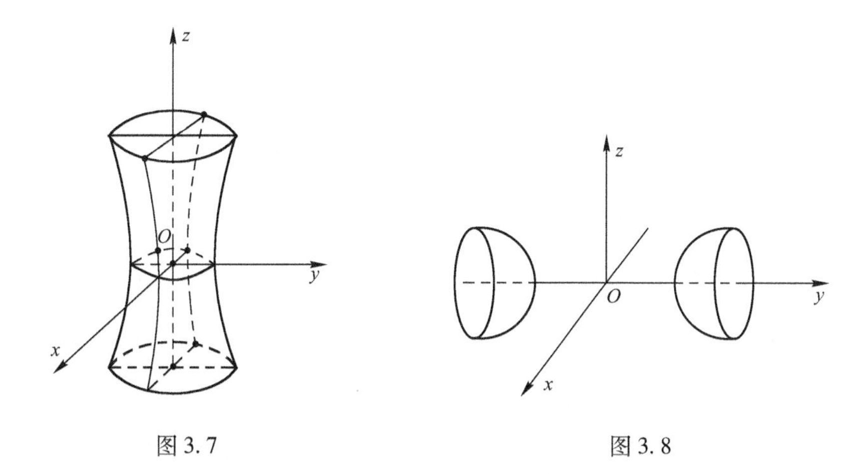

图3.7　　　　图3.8

（6）一抛物线绕其对称轴旋转所得的旋转曲面，叫做**旋转抛物面**.

将抛物线 $\Gamma: y^2=2pz$，$x=0$ 绕 z 轴旋转，得旋转曲面的方程

$$x^2+y^2=2pz \tag{3.18}$$

此曲面即为旋转抛物面（如图3.9所示）.

（7）有两条平行线，以其中一直线为旋转轴，另一直线围绕它旋转所得的旋转曲面，叫做**旋转二次柱面**，或称**直圆柱面**.

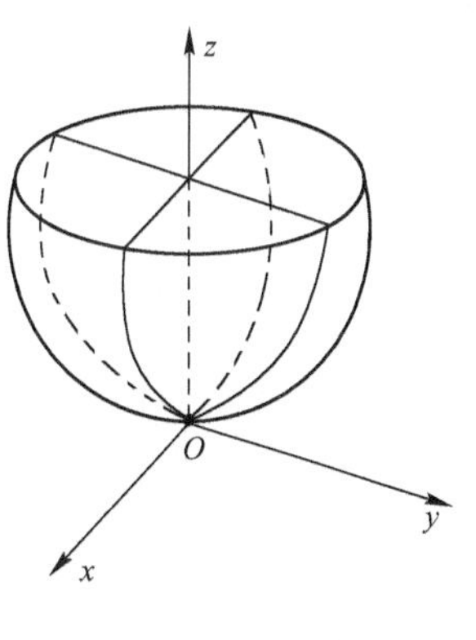

图3.9

将直线 $y=a$，$x=0$（或 $y=-a$，$x=0$）绕 z 轴旋转，得旋转曲面的方程

$$x^2+y^2=a^2 \tag{3.19}$$

此曲面即为直圆柱面.

（8）两条相交直线，以其中一直线为旋转轴，另一直线围绕它旋转所得的旋转曲面，叫做**旋转二次锥面**，或称**直圆锥面**.

将直线 $\frac{y}{b}+\frac{z}{c}=0$，$x=0$（或 $\frac{y}{b}-\frac{z}{c}=0$，$x=0$）绕 z 轴旋转，得旋转曲面的方程为

$$\frac{x^2+y^2}{b^2}-\frac{z^2}{c^2}=0 \tag{3.20}$$

此曲面即为直圆锥面.

习　题　3.4

1. 说明下列旋转曲面是怎样产生的：

（1）$\frac{x^2}{4}+\frac{y^2}{9}+\frac{z^2}{9}=1$；　　（2）$x^2+y^2+z^2=16$；

（3）$2x^2+2y^2=z$；　　（4）$x^2-\frac{y^2}{4}+z^2=1$.

2. 试求下列曲线绕 x 轴与 y 轴旋转所生成的曲面方程：

(1) $\frac{x^2}{a^2}-\frac{y^2}{b^2}=1$, $z=0$;

(2) $y^2=8x$, $z=0$;

(3) $y=2x$, $z=0$.

3. 求下列旋转曲面的方程：

(1) $\frac{x-1}{1}=\frac{y+1}{-1}=\frac{z-1}{2}$绕$\frac{x}{1}=\frac{y}{-1}=\frac{z-1}{2}$旋转；

(2) $\frac{x}{2}=\frac{y}{1}=\frac{z-1}{-1}$绕$\frac{x}{1}=\frac{y}{-1}=\frac{z-1}{2}$旋转；

(3) $\frac{x-1}{1}=\frac{y}{-3}=\frac{z}{3}$绕 z 轴；

(4) $z=x^2$, $x^2+y^2=1$ 绕 z 轴旋转.

4. 建立适当的坐标系，求适合下列条件的直线 L_1 绕直线 L_2 旋转所生成的曲面方程：

(1) $L_1 /\!/ L_2$，且 L_1 与 L_2 之间的距离为 a；

(2) L_1 与 L_2 相交，且其交角为 θ.

5. 将直线$\frac{x}{\alpha}=\frac{y-\beta}{0}=\frac{z}{1}$绕 z 轴旋转，求此旋转曲面的方程，并就 α 与 β 的值讨论为何曲面.

3.5　椭　球　面

3.5.1　讨论二次曲面的基本方法

一个二次方程所表示的曲面叫做**二次曲面**. 在本章，我们将介绍几种常见的二次曲面，它们是椭球面、双曲面和抛物面. 这些曲面的方程在适当的坐标系下都表现出特殊的简单形式，即所谓标准方程的形式. 因此，我们就从这些曲面的标准方程出发去讨论它们的形状和性质，作出图形. 在空间，要认识方程所代表的曲面的形状，常常运用**平行截割法**. 所谓平行截割法就是用一族平行平面去截割曲面，通过讨论截口线（平面曲线）的形状和变化规律，进而想象出曲面的整体形状. 为了方便，常取与坐标面平行的一组平面去截割曲面. 平行截割法的基本思想就是把复杂的空间图形分割成比较简单的平面曲线来认识. 在利用平行截割法研究方程所代表的曲面的同时，应从代数上尽可能地分析方程的一些特点，这项工作叫做曲面方程的讨论. 一般情形需要讨论的有以下几项：曲面的对称性、曲面在坐标轴上的截距（即曲面与坐标轴实交点的非零坐标）、曲面的存在范围、曲面与坐标面的交线（称为主截线）、曲面与平行于坐标面的平面的的交线（称为平截线）. 通过对以上几点的讨论，我们就能推出方程所表示的曲面的大致形状，然后利用主截线、平截线及轮廓线作出曲面的图形.

3.5.2　椭球面的定义

定义 3.5　在直角坐标系下，由方程

$$\frac{x^2}{a^2}+\frac{y^2}{b^2}+\frac{z^2}{c^2}=1\ (a>0,\ b>0,\ c>0) \tag{3.21}$$

所表示的曲面叫做**椭球面**，或称**椭圆面**，方程（3.21）叫做椭球面的标准方程.

3.5.3　椭球面的形状和简单性质

对称性：因为在方程（3.21）中只含有变数 x，y，z 的平方项，所以当点（x，y，z）满足时，点（$\pm x$，$\pm y$，$\pm z$）也一定满足，其中正负号可以任意选取．因此椭球面（3.21）关于三个坐标面、三条坐标轴与坐标原点都对称，椭球面的对称平面、对称轴与对称中心称为椭球面的主平面、主轴与中心.

截距：分别用 $y=z=0$，$z=x=0$，$x=y=0$ 代入方程(3.21）中可得椭球面在三坐标轴上的截距为 $x=\pm a$，$y=\pm b$，$z=\pm c$；而六个交点（$\pm a$，0，0），(0，$\pm b$，0），(0，0，$\pm c$）叫做椭球面的顶点；同一条坐标轴上两顶点间的线段以及它们的长度 $2a$，$2b$，$2c$ 叫做椭球面的轴，它的一半叫做半轴；当 $a>b>c$ 时，$2a$，$2b$，$2c$ 分别叫做椭球面的长轴、中轴和短轴．而 a，b，c 分别叫做椭球面的长半轴、中半轴和短半轴.

图形范围：由方程(3.21）知椭球面位于六个平面 $x=\pm a$，$y=\pm b$，$z=\pm c$ 所围成的长方体内.

主截线：用坐标平面 $z=0$，$y=0$，$x=0$ 分别截椭球面（3.21）所得的截线依次为

$$\begin{cases}\dfrac{x^2}{a^2}+\dfrac{y^2}{b^2}=1,\\ z=0;\end{cases}\tag{1}$$

$$\begin{cases}\dfrac{x^2}{a^2}+\dfrac{z^2}{c^2}=1,\\ y=0;\end{cases}\tag{2}$$

$$\begin{cases}\dfrac{y^2}{b^2}+\dfrac{z^2}{c^2}=1,\\ x=0;\end{cases}\tag{3}$$

方程组(1)、方程组(2）和方程组(3）分别为 xOy，xOz，yOz 坐标面上的椭圆，它们叫做椭球面（3.21）的**主椭圆**或**主截线**.

平截线：用平行于 xOy 坐标面的平面 $z=h$ 截割椭球面（3.21），得截线的方程为

$$\begin{cases}\dfrac{x^2}{a^2}+\dfrac{y^2}{b^2}=1-\dfrac{h^2}{c^2},\\ z=h;\end{cases}\tag{4}$$

当 $|h|>c$ 时，式(4）无图形，这表明平面 $z=h$ 与椭球面（3.21）不相交；当 $|h|=c$ 时，式(4)表示两个点（0，0，$\pm c$）；当 $|h|<c$ 时，式(4）表示一个椭圆，这个椭圆的两半轴长分别为

$$a\sqrt{1-\frac{h^2}{c^2}}\text{与}\ b\sqrt{1-\frac{h^2}{c^2}}.$$

它的两轴的端点分别为

$$\left(\pm a\sqrt{1-\frac{h^2}{c^2}},\ 0,\ h\right)\text{与}\left(0,\ \pm b\sqrt{1-\frac{h^2}{c^2}},\ h\right).$$

显然，这两双顶点分别在主椭圆（2）和主椭圆(3）上．这样，如果把式(4)中的 h 看作参变数，式(4)就表示一族椭圆．椭球面（3.21）就可以看作是由一个椭圆的变动（大小位置都改变）而生成的．这个椭圆在变动中始终保持所在的平面与坐标面 xOy 平行，且两轴的端点始终分别沿主椭圆（2）和主椭圆(3）滑动.

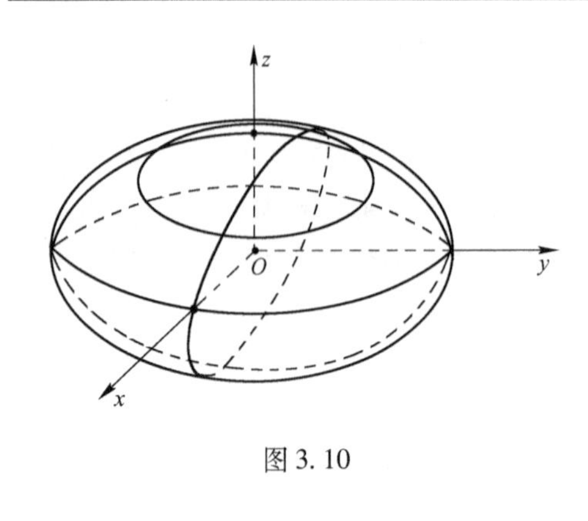

图 3.10

用平行于其他坐标面的平面来截割椭球面(3.21)，可得到类似的结论(如图 3.10 所示).

椭球面的几种特殊情况如下。

当 $a=b=c$ 时，方程(3.21)变为椭球面(3.13)的形式，它表示球面；当 $a=c>b$ 时，方程(3.21)变为方程(3.15)，它表示扁形旋转椭球面；当 $a>b=c$ 时，方程(3.21)变为方程(3.14)，它表示长形旋转椭球面. 另外，由方程 $\frac{x^2}{a^2}+\frac{y^2}{b^2}+\frac{z^2}{c^2}=-1$ 表示的曲面叫做**虚椭球面**，虚椭球面没有图形.

例 3.10　已知椭球面的三轴分别与三坐标轴重合，且通过椭圆 $\frac{x^2}{9}+\frac{y^2}{16}=1$，$z=0$ 与点 $M(1, 2, \sqrt{23})$，求这个椭球面的方程.

解　因为所求椭球面的三轴分别与三坐标轴重合，所以可设椭球面的方程为

$$\frac{x^2}{a^2}+\frac{y^2}{b^2}+\frac{z^2}{c^2}=1.$$

它与坐标面 $z=0$ 的交线是椭圆

$$\begin{cases}\frac{x^2}{a^2}+\frac{y^2}{b^2}=1,\\ z=0.\end{cases}$$

与已知椭圆比较得

$$a^2=9,\ b^2=16.$$

又因为所求椭球面通过点 $M(1, 2, \sqrt{23})$，所以又有

$$\frac{1}{9}+\frac{4}{16}+\frac{23}{c^2}=1.$$

即

$$c^2=36.$$

故所求椭球面的方程为

$$\frac{x^2}{9}+\frac{y^2}{16}+\frac{z^2}{36}=1.$$

习　题　3.5

1. 设动点与点 $A(1, 0, 0)$ 的距离等于从这点到平面 $x=4$ 的距离的一半，试求此动点轨迹.

2. 试求平面 $z=1$ 与椭球面 $\frac{x^2}{9}+\frac{y^2}{16}+\frac{z^2}{4}=1$ 相交所得的椭圆的半轴和顶点坐标.

3. 一直线交坐标平面 yOz, zOx, xOy 于三点 A, B, C，当直线变动时，保持 A, B, C 三点分别在坐标平面上变动. 若直线上有第四点 P，且 $PA=a$, $PB=b$, $PC=c$. 当直线按规定变动时，求 P 点的轨迹.

4. 已知椭球面$\frac{x^2}{a^2}+\frac{y^2}{b^2}+\frac{z^2}{c^2}=1$（$c<a<b$），试求过 x 轴并与曲面的交线是圆的平面方程.

5. 验证椭球面的参数方程是

$$\begin{cases} x = a\sin\theta\cos\varphi, \\ y = b\sin\theta\sin\varphi, \ (0\leqslant\theta\leqslant\pi,\ 0\leqslant\varphi\leqslant 2\pi) \\ z = c\cos\theta. \end{cases}$$

式中 θ, φ 是参数.

3.6　双　曲　面

3.6.1　单叶双曲面的定义

定义 3.6　在直角坐标系下，由方程

$$\frac{x^2}{a^2}+\frac{y^2}{b^2}-\frac{z^2}{c^2}=1\ (a>0,\ b>0,\ c>0) \tag{3.22}$$

所表示的曲面叫做**单叶双曲面**，方程（3.22）叫做单叶双曲面的标准方程.

3.6.2　单叶双曲面的形状和性质

对称性：显然单叶双曲面(3.22)与椭球面（3.21）一样，它关于三坐标面、三坐标轴和坐标原点都对称，并且三坐标面、三坐标轴和坐标原点分别叫做单叶双曲面的主平面、主轴和中心.

图形范围：由方程（3.22）知$\frac{x^2}{a^2}+\frac{y^2}{b^2}\geqslant 1$，即曲面存在于椭圆柱面$\frac{x^2}{a^2}+\frac{y^2}{b^2}=1$ 的外部，从而曲面与 z 轴无交点，并且在 xOy 面的上、下半空间伸延到无穷远.

截距：分别用 $y=z=0$，$z=x=0$ 代入方程（3.22）得曲面在 x 轴与 y 轴上的截距分别是 $x=\pm a$，$y=\pm b$；在 z 轴上则没有截距．四个交点（$\pm a$, 0, 0），(0, $\pm b$, 0) 叫做单叶双曲面的顶点.

主截线：用三个坐标平面 $z=0$，$y=0$，$x=0$ 分别截单叶双曲面（3.22)，得三条主截线，其方程依次是

$$\begin{cases} \frac{x^2}{a^2}+\frac{y^2}{b^2}=1, \\ z=0; \end{cases} \tag{1}$$

$$\begin{cases} \frac{x^2}{a^2}-\frac{z^2}{c^2}=1, \\ y=0; \end{cases} \tag{2}$$

$$\begin{cases} \frac{y^2}{b^2}-\frac{z^2}{c^2}=1, \\ x=0; \end{cases} \tag{3}$$

方程组(1) 为 xOy 面上的椭圆，叫做单叶双曲面的**腰椭圆**；方程组(2) 和方程组（3）分别为 xOz 与 yOz 面上的双曲线，这两条双曲线有共同的虚轴和虚轴长.

平截线：用平行于 xOy 面的平面 $z=h$ 截割单叶双曲面（3.22），得平截线方程

$$\begin{cases}\dfrac{x^2}{a^2}+\dfrac{y^2}{b^2}=1+\dfrac{h^2}{c^2},\\ z=h;\end{cases} \tag{4}$$

（4）表示一个椭圆，它的两半轴的长分别是

$$a\sqrt{1+\frac{h^2}{c^2}} \quad 与 \quad b\sqrt{1+\frac{h^2}{c^2}}.$$

两轴的端点分别是 $\left(\pm a\sqrt{1+\dfrac{h^2}{c^2}},\ 0,\ h\right)$ 与 $\left(0,\ \pm b\sqrt{1+\dfrac{h^2}{c^2}},\ h\right)$，并且它们分别在双曲线（2）和（3）上．这样如果把方程组（4）中的 h 看成参变数，（4）就表示一族椭圆，单叶双曲面（3.22）就可以看成是由一个椭圆的变动（大小位置都改变）而生成的．这个椭圆在变动中始终保持所在平面与 xOy 面平行，且两轴的端点分别在两个定双曲线（2）和双曲线（3）上滑动（如图 3.11 所示是单叶双曲面（3.12）的图形）.

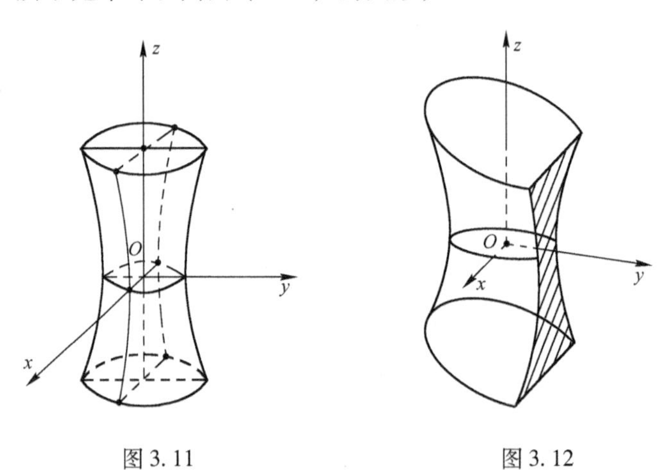

图 3.11　　　　图 3.12

用平行于 xOz 面的平面 $y=k$ 截割单叶双曲面（3.22），得平截线的方程为

$$\begin{cases}\dfrac{x^2}{a^2}-\dfrac{z^2}{c^2}=1-\dfrac{k^2}{b^2},\\ y=k.\end{cases} \tag{5}$$

当 $|k|<b$ 时，截线（5）为实轴平行于 x 轴，虚轴平行于 z 轴的双曲线（图 3.12 所示）；当 $|k|>b$ 时，截线（5）为实轴平行于 z 轴，虚轴平行于 x 轴的双曲线（如图 3.13 所示）；当 $|k|=b$ 时，方程组(5) 变为

$$\begin{cases}\dfrac{x^2}{a^2}-\dfrac{z^2}{c^2}=0,\\ y=b;\end{cases} \quad 或 \quad \begin{cases}\dfrac{x^2}{a^2}-\dfrac{z^2}{c^2}=0,\\ y=-b.\end{cases}$$

这是两条直线

$$\begin{cases}\dfrac{x}{a}\pm\dfrac{z}{c}=0,\\ y=b;\end{cases} \quad 或 \quad \begin{cases}\dfrac{x}{a}\pm\dfrac{z}{c}=0,\\ y=-b.\end{cases}$$

若 $k=b$，则两直线相交于（0，b，0）；若 $k=-b$，则两直线相交于（0，$-b$，0）（如图 3.14 所示）.

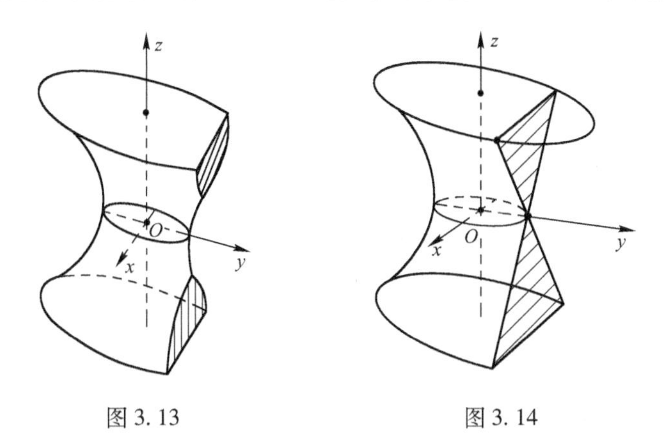

图 3.13　　　　图 3.14

若用平行于 yOz 面的平面截割单叶双曲面（3.22），则与用平行于 xOz 面的平面截割所得的结果完全类似.

当 $a=b$ 时，方程（3.22）变为方程（3.16）的形式，它表示单叶旋转双曲面.

方程$\frac{x^2}{a^2}-\frac{y^2}{b^2}+\frac{z^2}{c^2}=1$ 与 $-\frac{x^2}{a^2}+\frac{y^2}{b^2}+\frac{z^2}{c^2}=1$ 的图形都是单叶双曲面，而且也称它们为单叶双曲面的标准方程.

3.6.3 双叶双曲线的定义

定义 3.7 在直角坐标系下，由方程

$$\frac{x^2}{a^2}+\frac{y^2}{b^2}-\frac{z^2}{c^2}=-1\ (a>0,\ b>0,\ c>0) \tag{3.23}$$

所表示的曲面叫做**双叶双曲面**，方程（3.23）叫做双叶双曲面的标准方程.

3.6.4 双叶双曲面的形状和性质

对称性：方程（3.23）只含有变数 x，y，z 的平方项，所以双叶双曲面关于三坐标面、三坐标轴和坐标原点都对称．三坐标面、三坐标轴和坐标原点分别叫做单叶双曲面的主平面、主轴和中心.

图形范围：把方程（3.23）改写为$\frac{x^2}{a^2}+\frac{y^2}{b^2}=\frac{z^2}{c^2}-1$. 因而，曲面上点的坐标总有$\frac{z^2}{c^2}-1\geqslant 0$，即 $z\geqslant c$ 或 $z\leqslant -c$. 所以，曲面分为两叶，一叶存在于平面 $z=c$ 的上方，另一叶存在于平面 $z=-c$ 的下方，而且曲面在 xOy 面的上、下半空间伸延到无穷远.

截距：分别用 $x=y=0$ 代入方程（3.23）得曲面在 z 轴上的截距是 $z=\pm c$，两交点 $(0,0,\pm c)$ 叫做双叶双曲面的顶点．曲面与 x 轴、y 轴都不相交，所以曲面在这两轴上都没有截距.

主截线：曲面与 xOy 面无交点，而曲面与坐标面 xOz，yOz 的截线均为双曲线

$$\begin{cases}-\frac{x^2}{a^2}+\frac{z^2}{c^2}=1,\\ y=0;\end{cases} \tag{6}$$

$$\begin{cases}-\frac{y^2}{b^2}+\frac{z^2}{c^2}=1,\\ x=0;\end{cases} \tag{7}$$

这两条双曲线的实轴都是 z 轴，实轴长都等于 $2c$.

平截线：用平行于 xOy 面的平面 $z=h$（$|h|\geqslant c$）截割双曲面（3.23），得平截线方程

$$\begin{cases}\dfrac{x^2}{a^2}+\dfrac{y^2}{c^2}=\dfrac{h^2}{c^2}-1,\\ z=h.\end{cases}\tag{8}$$

当 $|h|=c$ 时，方程组(8) 表示一个点；当 $|h|>c$ 时，截线为椭圆，它的两半轴的长分别为

$$a\sqrt{\frac{h^2}{c^2}-1}\quad 与\quad b\sqrt{\frac{h^2}{c^2}-1}.$$

这两个椭圆的两双顶点为

$$\left(\pm a\sqrt{\frac{h^2}{c^2}-1},\ 0,\ h\right)\quad 与\quad \left(0,\ \pm b\sqrt{\frac{h^2}{c^2}-1},\ h\right).$$

显然它们分别在双曲线（6）和（7）上．这样，如果把方程组（8）中的 h 看成参变数，方程组(8)就表示一族椭圆，双叶双曲面（3.23）就可以看作是由一个椭圆变动（大小位置都变动）而生成的，这个椭圆在变动中始终保持所在平面与 xOy 面平行，且两轴的端点分别在双曲线（6）和双曲线(7) 上滑动（如图 3.15）.

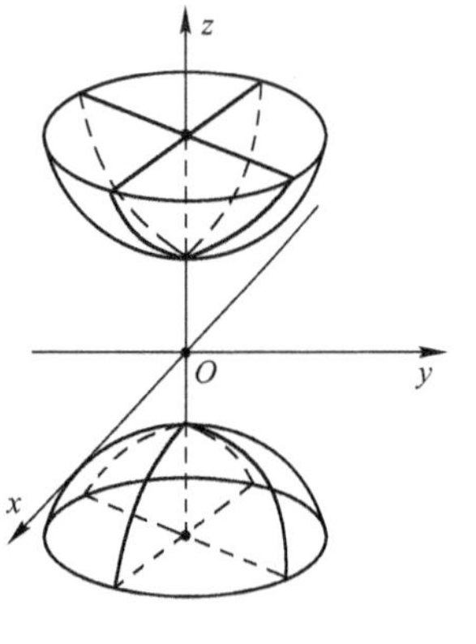

图 3.15

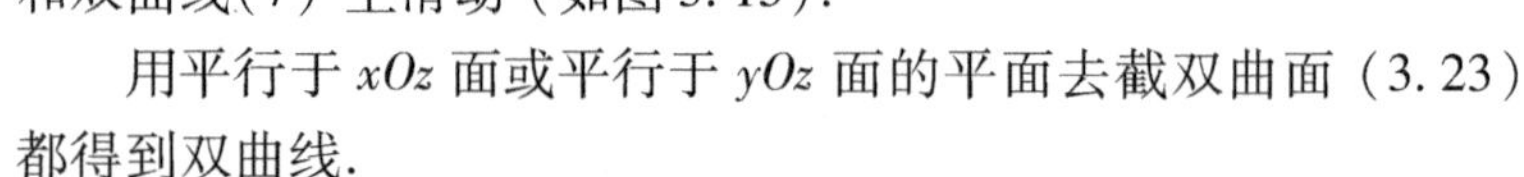

用平行于 xOz 面或平行于 yOz 面的平面去截双曲面（3.23）都得到双曲线.

在方程（3.23）中，若 $a=b$，则曲面是一个双叶旋转双曲面.

$$\frac{x^2}{a^2}-\frac{y^2}{b^2}+\frac{z^2}{c^2}=-1\ 与\quad -\frac{x^2}{a^2}+\frac{y^2}{b^2}+\frac{z^2}{c^2}=-1$$

的图形都是双叶双曲面，而且也称它们为双叶双曲面的标准方程.

在单叶双曲面和双叶双曲面的三组平截线中，都有两组是双曲线，一组是椭圆．因而把这两种曲面统称为双曲面．但由于双叶双曲面是由两叶互不连通的曲面构成的，而单叶双曲面则是整个连成一体，因而便有单叶双曲面和双叶双曲面的命名之别.

椭球面与双曲面都有一个对称中心，所以又都叫做**中心二次曲面**.

例 3.11 用一族平行平面 $z=h$（h 为参数）截割双曲面 $\dfrac{x^2}{a^2}-\dfrac{y^2}{b^2}-\dfrac{z^2}{c^2}=1$ 得一族双曲线，求这些双曲线焦点的轨迹.

解 所截割的双曲线族方程为

$$\begin{cases}\dfrac{x^2}{a^2}-\dfrac{y^2}{b^2}=1+\dfrac{h^2}{c^2},\\ z=h;\end{cases}$$

即

$$\begin{cases}\dfrac{x^2}{a^2\left(1+\dfrac{h^2}{c^2}\right)}-\dfrac{y^2}{b^2\left(1+\dfrac{h^2}{c^2}\right)}=1,\\ z=h.\end{cases}$$

所以它的焦点坐标为

$$\begin{cases} x = \pm\sqrt{(a^2+b^2)\left(1+\dfrac{h^2}{c^2}\right)}, \\ y = 0, \\ z = h. \end{cases}$$

消去参数 h 得焦点的轨迹方程为

$$\begin{cases} \dfrac{x^2}{a^2+b^2} - \dfrac{z^2}{c^2} = 1, \\ y = 0. \end{cases}$$

这是一条 xOz 面上的双曲线，实轴为 x 轴，虚轴为 z 轴.

3.6.5　双曲面的渐近锥面

现在来考虑一般的二次锥面

$$\frac{x^2}{a^2} + \frac{y^2}{b^2} - \frac{z^2}{c^2} = 0, \tag{9}$$

与单叶双曲面、双叶双曲面

$$\frac{x^2}{a^2} + \frac{y^2}{b^2} - \frac{z^2}{c^2} = 1, \tag{10}$$

$$\frac{x^2}{a^2} + \frac{y^2}{b^2} - \frac{z^2}{c^2} = -1 \tag{11}$$

的关系（三方程中的 a，b，c 都是相同的）（如图 3.16 所示）.

用平面 $z=h$ 分别截曲面（9）、(10）、(11)，其截线分别是

$$\begin{cases} \dfrac{x^2}{a^2} + \dfrac{y^2}{b^2} = \dfrac{h^2}{c^2}, \\ z = h; \end{cases} \tag{12}$$

$$\begin{cases} \dfrac{x^2}{a^2} + \dfrac{y^2}{b^2} = 1 + \dfrac{h^2}{c^2}, \\ z = h; \end{cases} \tag{13}$$

$$\begin{cases} \dfrac{x^2}{a^2} - \dfrac{y^2}{b^2} = \dfrac{h^2}{c^2} - 1, \\ z = h, \end{cases} \tag{14}$$

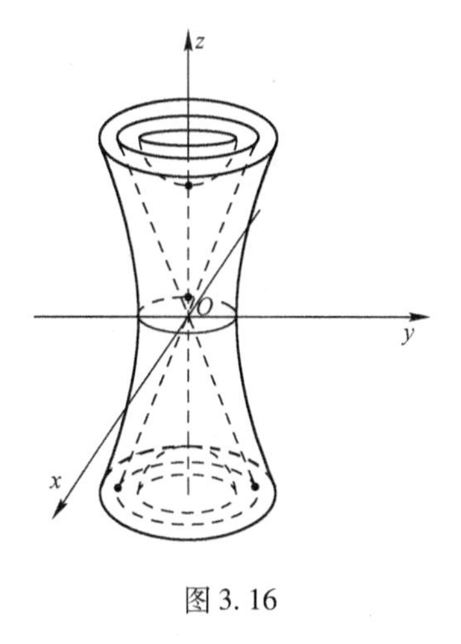

图 3.16

当 $|h|>c$ 时，方程组(12)、方程组(13)、方程组(14) 都表示椭圆，它们的两半轴长分别是

$$a_1 = \frac{a}{c}|h|,\ b_1 = \frac{b}{c}|h|;$$

$$a_2 = \frac{a}{c}\sqrt{c^2+h^2},\ b_2 = \frac{b}{c}\sqrt{c^2+h^2};$$

$$a_3 = \frac{a}{c}\sqrt{h^2-c^2},\ b_3 = \frac{b}{c}\sqrt{h^2-c^2}.$$

由此可见，无论 h 取什么值（$|h|>c$），总有

$$a_1:a_2:a_3 = b_1:b_2:b_3,\ a_3 < a_1 < a_2,\ b_3 < b_1 < b_2.$$

这说明三条截线是相似椭圆，并且椭圆（12）总是介于椭圆（13）和椭圆(14)之间，三曲面（9）、(10）、(11）无公共交点，当$|h|\to\infty$时，又有，

$$\lim_{|h|\to\infty}(a_2-a_3)=\lim_{|h|\to\infty}\frac{a}{c}\left(\sqrt{c^2+h^2}-\sqrt{h^2-c^2}\right)$$
$$=\lim_{|h|\to\infty}\frac{2ac}{\sqrt{c^2+h^2}+\sqrt{h^2-c^2}}=0$$
$$\lim_{|h|\to\infty}(b_2-b_3)=\lim_{|h|\to\infty}\frac{b}{c}\left(\sqrt{c^2+h^2}-\sqrt{h^2-c^2}\right)$$
$$=\lim_{|h|\to\infty}\frac{2bc}{\sqrt{c^2+h^2}+\sqrt{h^2-c^2}}=0.$$

所以当截面$z=h$无限远离平面xOy时，三曲面（9）、(10）、(11）相互无限地逼近，我们称锥面（9）为双曲面（10）和双曲面(11）的**渐近锥面**，而双曲面（10）和双曲面(11）叫做一对相互共轭的双曲面，**共轭双曲面**有公共的渐近锥面.

习　题　3.6

1. 用动平面$z=k$截单叶双曲面$\frac{x^2}{a^2}+\frac{y^2}{b^2}-\frac{z^2}{c^2}=1(a>b)$，得一组相似椭圆，求这些椭圆焦点的轨迹.

2. 已知单叶双曲面$\frac{x^2}{32}+\frac{y^2}{2}-\frac{z^2}{18}=1$.

（1）试证平面$y=1$与$x=4$与这曲面的交线都是双曲线，并求这两双曲线的半轴长与顶点坐标.

（2）求平行于xOz坐标面且与这单叶双曲面的交线是一对相交直线的平面.

3. 设动点与（4，0，0）的距离等于这点到平面$x=1$的距离的两倍，试求动点的轨迹.

4. 已知双曲线的方程为$\frac{x^2}{a^2}-\frac{z^2}{c^2}=1$，$y=0$. 设有长短轴长之比是常数的一族椭圆，它们的中心在z轴上，它们所在的平面与z轴垂直，它们长轴的两端在已知双曲线上．试求这族椭圆所形成的轨迹.

5. 试求单叶双曲面$\frac{x^2}{16}+\frac{y^2}{4}-\frac{z^2}{5}=1$与平面$x-2z+3=0$的交线对$xOy$平面的射影柱面.

6. 求分别与三条直线$\frac{x-1}{0}=\frac{y}{1}=\frac{z}{1}$，$\frac{x+1}{0}=\frac{y}{1}=\frac{z}{-1}$，$\frac{x-2}{-3}=\frac{y+1}{4}=\frac{z+2}{5}$都共面的直线所产生的曲面.

7. 已知双曲面的渐近锥面的方程为$x^2+y^2-z^2=0$，试求过点（2，1，3）的双曲面方程.

3.7　抛　物　面

3.7.1　椭圆抛物面的定义

定义 3.8　在直角坐标系下，由方程

$$\frac{x^2}{a^2}+\frac{y^2}{b^2}=2z(a>0,\ b>0) \tag{3.24}$$

所表示的曲面叫做**椭圆抛物面**，方程（3.24）叫做椭圆抛物面的标准方程.

3.7.2 椭圆抛物面的形状和性质

对称性：从方程（3.24）看出，椭圆抛物面关于 xOz 和 yOz 坐标面都对称，这两个平面称为主平面；关于 z 轴对称，z 轴称为主轴；而关于 xOy 面、x 轴、y 轴及原点都不对称，且没有对称中心.

图形范围：由（3.24）得 $z=\frac{1}{2}\left(\frac{x^2}{a^2}+\frac{y^2}{b^2}\right)\geqslant 0$，所以曲面全部在 $z\geqslant 0$ 的一侧，并且在 xOy 面的上半空间伸延至无穷远.

截距：椭圆抛物面（3.24）在 x 轴、y 轴、z 轴上的截距都是零，所以曲面经过坐标原点且称它为椭圆抛物面的顶点.

主截线：用三个坐标面 $z=0$，$y=0$，$x=0$ 分别截椭圆抛物面（3.24），得主截线方分别为

$$\begin{cases}\frac{x^2}{a^2}+\frac{y^2}{b^2}=0,\\ z=0;\end{cases} \tag{1}$$

$$\begin{cases}x^2=2a^2z,\\ y=0;\end{cases} \tag{2}$$

$$\begin{cases}y^2=2b^2z,\\ x=0.\end{cases} \tag{3}$$

显然方程（1）表示一点（0，0，0）；方程组（2）与方程组(3) 分别表示坐标面 xOz 与 yOz 上的抛物线，它们有相同的顶点和相同的对称轴即 z 轴，开口都向着 z 轴的正方向，抛物线（2）与（3）叫做椭圆抛物面（3.24）的主抛物线.

平截线：用平行于坐标面 xOy 的平面 $z=h$（$h>0$）截割椭圆抛物面（3.24），截线总是椭圆

$$\begin{cases}\frac{x^2}{2a^2h}+\frac{y^2}{2b^2h}=1,\\ z=h;\end{cases} \tag{4}$$

这个椭圆的两半轴分别为 $a\sqrt{2h}$，$b\sqrt{2h}$，两双顶点为（$\pm a\sqrt{2h}$，0，h），（0，$\pm b\sqrt{2h}$，h），且它们分别在主抛物线（2）与主抛物线(3) 上. 因此，如果把方程组(4) 中的 h 看作参变数. 方程组(4) 就表示一族椭圆，椭圆抛物面就可以看成是由一个椭圆的变动（大小位置都改变）而产生的. 这个椭圆在变动中始终保持所在平面与 xOy 面平行，而两双顶点分别在主抛物线（2）与主抛物线(3) 上滑动（如图 3.17 所示）.

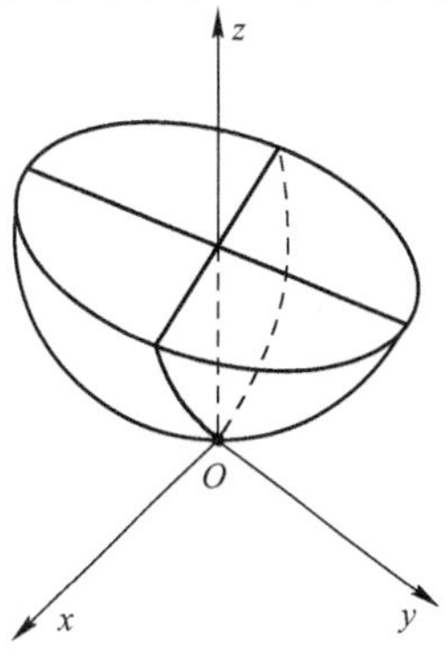

图 3.17

用平行于坐标面 xOz，yOz 的平面截割椭圆抛物面（3.24）所得平截线都是抛物线，方程分别为

$$\begin{cases}x^2=2a^2\left(z-\frac{h'^2}{2b^2}\right),\\ y=h';\end{cases} \tag{5}$$

$$\begin{cases} y^2 = 2b^2\left(z - \dfrac{h''^2}{2a^2}\right), \\ x = h''. \end{cases} \tag{6}$$

显然，抛物线（5）与主抛物线（2）有相同的焦参数和开口方向，且其顶点$\left(0,\ h',\ \dfrac{h'^2}{2b^2}\right)$在主抛物线（3）上；同样，抛物线（6）与主抛物线（3）有相同的焦参数和开口方向，且其顶点$\left(h'',\ 0,\ \dfrac{h''^2}{2b^2}\right)$在主抛物线（2）上，所以椭圆抛物面还可以看成是由动抛物线所产生的曲面，即如果取两条这样的抛物线，它们所在的平面互相垂直，有公共的顶点和轴，且有相同的开口方向，让其中一条抛物线平行自己（即与抛物线所在的平面平行），使其顶点在另一抛物线上滑动，那么这一抛物线的运动轨迹便是一个椭圆抛物面.

3.7.3 双曲抛物面的定义

定义 3.9 在直角坐标系下，由方程

$$-\frac{x^2}{a^2} + \frac{y^2}{b^2} = 2z(a>0,\ b>0) \tag{3.25}$$

所表示的曲面叫做**双曲抛物面**，方程（3.25）叫做双曲抛物面的标准方程.

3.7.4 双曲抛物面的形状和性质

对称性：由方程看出，双曲抛物面关于 xOz 和 yOz 坐标面都对称，这两个平面称为主平面；关于 z 轴对称，z 轴称为主轴；而关于 xOy 面，x 轴，y 轴及坐标原点均不对称，且没有对称中心.

截距：曲面（3.25）在 x 轴、y 轴及 z 轴上的截距都是零，所以曲面经过坐标原点，并将原点叫做顶点.

主截线：曲面（3.25）在三坐标面 xOy，xOz，yOz 上的主截线分别为

$$\begin{cases} -\dfrac{x^2}{a^2} + \dfrac{y^2}{b^2} = 0, \\ z = 0; \end{cases} \tag{7}$$

$$\begin{cases} x^2 = -2a^2z, \\ y = 0; \end{cases} \tag{8}$$

$$\begin{cases} y^2 = 2b^2z, \\ x = 0. \end{cases} \tag{9}$$

方程组（7）表示 xOy 面上过原点的两条相交直线

$$\begin{cases} \dfrac{x}{a} + \dfrac{y}{b} = 0, \\ z = 0; \end{cases} \quad 与 \begin{cases} -\dfrac{x}{a} + \dfrac{y}{b} = 0, \\ z = 0. \end{cases}$$

方程组（8）、方程组(9) 分别表示坐标面 xOz、yOz 上的抛物线，它们有相同的顶点和对称轴，即 z 轴，但是两抛物线开口方向相反，这两条抛物线叫做双曲抛物面的主抛物线.

平截线：用平行于坐标面 xOy 面的平面 $z = h$（$h \neq 0$）截曲面（3.25）得双曲线

$$\begin{cases} -\dfrac{x^2}{2a^2h}+\dfrac{y^2}{2b^2h}=1, \\ z=h. \end{cases} \tag{10}$$

当 $h>0$ 时，双曲线（10）的实轴与 y 轴平行，虚轴与 x 轴平行，顶点 $(0, \pm b\sqrt{-2h}, h)$ 在抛物线（9）上；当 $h<0$ 时，双曲线（10）的实轴平行于 x 轴，虚轴平行 y 轴，顶点 $(\pm a\sqrt{2h}, 0, h)$ 在主抛物线（8）上.

用平行于坐标平面 xOz 与 yOz 的平面 $y=h'$ 与 $x=h''$ 截割双曲抛物面（3.25），分别得抛物线

$$\begin{cases} x^2=-2a^2\left(z-\dfrac{h'^2}{2b^2}\right), \\ y=h'; \end{cases} \tag{11}$$

$$\begin{cases} y^2=2b^2\left(z+\dfrac{h''^2}{2a^2}\right), \\ x=h''. \end{cases} \tag{12}$$

显然抛物线（11）与主抛物线（8）有相同的焦参数和开口方向，且它的顶点 $\left(0, h', \dfrac{h'^2}{2b^2}\right)$ 在主抛物线（9）上；抛物线（12）与主抛物线（9）有相同的焦参数和开口方向，且它的顶点 $\left(h'', 0, -\dfrac{h''^2}{2a^2}\right)$ 在主抛物线（8）上，所以双曲抛物面也可以看作是由动抛物线所产生的曲面，即如果取两条这样的抛物线，它们所在的平面互相垂直，有公共的顶点和轴，而它们的开口方向相反，让其中一条抛物线平行于自己（即与抛物线所在平面平行），且使其顶点在另一条抛物线上滑动，那么前一条抛物线的运动轨迹便是一个双曲抛物面.

由以上的讨论可以推想出双曲抛物面的形状大体上像一只马鞍，所以双曲抛物面又叫做**马鞍面**（如图 3.18 所示）.

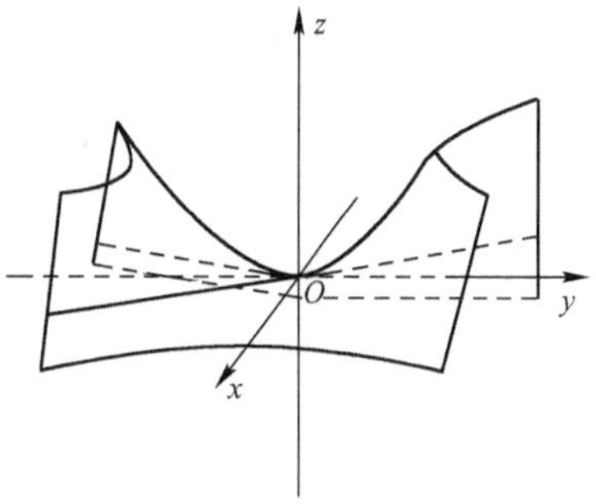

从椭圆抛物面和双曲抛物面的形状讨论中看出，在三组平截线中，他们都有两组截线是抛物线，因而这两种曲面统称为抛物面；但由于前者有一组平截线是椭圆，而后者有一组平截线是双曲线，因此便有椭圆抛物面与双曲抛物面的不同的命名.

图 3.18

方程

$$-\frac{x^2}{a^2}+\frac{y^2}{b^2}=-2z,\quad \frac{x^2}{a^2}-\frac{z^2}{c^2}=\pm 2y,\quad \frac{y^2}{b^2}-\frac{z^2}{c^2}=\pm 2x.$$

的图形也都是双曲抛物面，而且这些方程也都叫做双曲抛物面的标准方程.

椭圆抛物面和双曲抛物面都没有对称中心，所以又都叫做**无心二次曲面**.

3.7.5　一般二次方程的化简

前面介绍了常见二次曲面及其在直角坐标系下的标准方程，那么要知道一般二次方程代表什么曲面就先要将方程化成标准方程的形式，然后再进行判断.

设二次曲面方程的一般形式为三元二次方程

$$a_{11}x^2+a_{22}y^2+a_{33}z^2+2a_{12}xy+2a_{13}xz+2a_{23}yz+b_1x+b_2y+b_3z+c=0. \tag{1}$$

令

$$A=\begin{bmatrix}a_{11}&a_{12}&a_{13}\\a_{21}&a_{22}&a_{23}\\a_{31}&a_{32}&a_{33}\end{bmatrix},\quad 其中\ a_{ij}=a_{ji},\ i,\ j=1,\ 2,\ 3,$$

$$X=(x,\ y,\ z)^T,\ B=(b_1,\ b_2,\ b_3),$$

则方程（1）可写作

$$X^TAX+BX+c=0 \tag{2}$$

因为 A 是实对称矩阵，所以存在正交矩阵 Q，使

$$Q^TAQ=\mathrm{diag}\,(\lambda_1,\ \lambda_2,\ \lambda_3).$$

其中，λ_1，λ_2，λ_3 为实对称矩阵 A 的全部特征值．通过正交变换 $X=QY$，$Y=(x_1,\ y_1,\ z_1)^T$，有

$$Y^T\mathrm{diag}(\lambda_1,\ \lambda_2,\ \lambda_3)Y+BQY+c=0 \tag{3}$$

令 $BQ=(d_1,\ d_2,\ d_3)$，则式（3）为

$$\lambda_1x_1^2+\lambda_2y_1^2+\lambda_3z_1^2+d_1x_1+d_2y_1+d_3z_1+c=0 \tag{4}$$

式(4) 的二次项中不含变量的混合项，再作一次平移变换就能把方程化成易于判断形状的标准方程.

例 3. 12　化简二次方程

$$x^2+2y^2+2z^2-4yz-2x+2\sqrt{2}y-6\sqrt{2}z+5=0. \tag{5}$$

并判断它是什么曲面.

解　令 $A=\begin{bmatrix}1&0&0\\0&2&-2\\0&-2&2\end{bmatrix}$，$X=\begin{bmatrix}x\\y\\z\end{bmatrix}$，$B=(-2,\ 2\sqrt{2},\ -6\sqrt{2})$.

式(5) 可写做

$$X^TAX+BX+5=0 \tag{6}$$

求 A 的特征值及相应的特征向量，得到

$$\lambda_1=0,\ \xi_1=(0,\ 1,\ 1)^T,$$
$$\lambda_2=1,\ \xi_2=(1,\ 0,\ 0)^T,$$
$$\lambda_3=4,\ \xi_3=(0,\ 1,\ -1)^T.$$

取正交矩阵

$$Q=\begin{pmatrix}1&0&0\\0&\frac{1}{\sqrt{2}}&\frac{1}{\sqrt{2}}\\0&-\frac{1}{\sqrt{2}}&\frac{1}{\sqrt{2}}\end{pmatrix},$$

有

$$Q^TAQ=\mathrm{diag}(1,\ 4,\ 0).$$

作正交替换 $X = QY$, 其中 $Y = (x_1, y_1, z_1)^T$, 代入式 (6) , 就有

$$Y^T Q^T A Q Y + B Q Y + 5 = 0.$$

计算得到

$$x_1^2 + 4y_1^2 - 2x_1 + 8y_1 - 4z_1 + 5 = 0.$$

配方, 有

$$(x_1 - 1)^2 + 4(y_1 + 1)^2 = 4z_1 . \tag{7}$$

作可逆线性变换:

$$\begin{cases} x_1 - 1 = x_2, \\ y_1 + 1 = y_2, \\ z_1 = z_2. \end{cases}$$

或

$$\begin{cases} x_1 = x_2 + 1, \\ y_1 = y_2 - 1, \\ z_1 = z_2. \end{cases}$$

代入式 (7), 有

$$x_2^2 + 4y_2^2 = 4z_2$$

或

$$\frac{x_2^2}{4} + y_2^2 = z_2$$

这是一个椭圆抛物面.

习 题 3.7

1. 求满足下列条件椭圆抛物面的标准方程: 原点为顶点, 对称面为 xOz 面与 yOz 面, 且过$(1, 2, 6)$和$\left(\frac{1}{3}, -1, 1\right)$两点.

2. 求抛物线 $x^2 = -2a^2 z$, $y = 0$, 顶点沿抛物线 $y^2 = 2b^2 z$, $x = 0$ 平行滑动而产生的曲面.

3. 已知椭圆抛物面 $x^2 + \frac{y^2}{2} = 2z$ 和平面 $x = kz(k < 0)$的交线是圆, 试求圆的半径.

4. 证明曲线: $3y = 4z$, $\frac{x^2}{25} + \frac{y^2}{16} = 2z$ 表示一个空间圆, 并求圆心及半径.

3.8 直纹二次曲面

3.8.1 直纹曲面的定义

定义 3.10 由一族直线构成的曲面叫做**直纹曲面**, 构成直纹曲面的那族直线叫做直纹曲面的一族**直母线**.

我们已经知道, 柱面、锥面都是由直母线构成的, 无疑它们都是直纹曲面. 又由 3.6、

3.7 知，单叶双曲面与双曲抛物面上都包含有直线，下面我们来证明，这两种曲面不仅含有直线，而且它们也是直纹曲面.

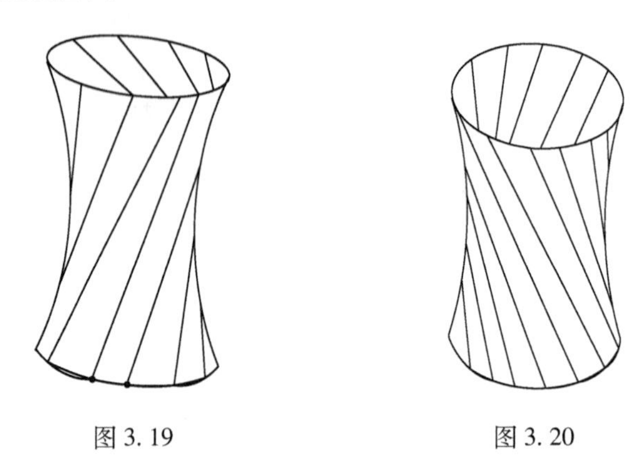

图 3.19　　　　图 3.20

3.8.2 单叶双曲面的直纹性

定理 3.4 单叶双曲面是直纹曲面，它上面有两族直母线.

证 设单叶双曲面的方程为

$$\frac{x^2}{a^2}+\frac{y^2}{b^2}-\frac{z^2}{c^2}=1(a>0,\ b>0,\ c>0), \tag{1}$$

把（1）改写为

$$\frac{x^2}{a^2}-\frac{z^2}{c^2}=1-\frac{y^2}{b^2}.$$

或者

$$\left(\frac{x}{a}+\frac{z}{c}\right)\left(\frac{x}{a}-\frac{z}{c}\right)=\left(1+\frac{y}{b}\right)\left(1-\frac{y}{b}\right). \tag{2}$$

现在引进不全为零的两个参数 u_1 与 u_2，显然，对于 u_1 与 u_2 的每一个值，方程组

$$\begin{cases}u_2\left(\dfrac{x}{a}+\dfrac{z}{c}\right)=u_1\left(1+\dfrac{y}{b}\right),\\ u_1\left(\dfrac{x}{a}-\dfrac{z}{c}\right)=u_2\left(1-\dfrac{y}{b}\right).\end{cases} \tag{3.26}$$

代表一条直线，当 u_1，u_2 取所有可能的不全为零的值时，就得到一族直线．下面证明直线族（3.26）中的每一条直线全在曲面（1）上.

当 u_1，u_2 全不为零时，将式（3.26）中的两个方程的左边与左边相乘，右边与右边相乘，再消去参数 u_1，u_2，就得式（2），进而得式（1）．因此由式（3.26）表示的任意一条直线上的每一点都在曲面（1）上.

当 u_1，u_2 中有一个为零时，例如若 $u_1=0$（$u_2\neq0$），则式（3.26）变为

$$\begin{cases}\dfrac{x}{a}+\dfrac{z}{c}=0,\\ 1-\dfrac{y}{b}=0.\end{cases} \tag{3}$$

若 $u_2=0(u_1\neq0)$，则式（3.26）变为

$$\begin{cases}1+\dfrac{y}{b}=0,\\ \dfrac{x}{a}-\dfrac{z}{c}=0.\end{cases} \tag{3'}$$

式(3) 与式 (3′) 都表示一条直线，显然这两直线上的每一点，即凡是适合式 (3) 或式 (3′) 的点，一定适合式 (2)，进而适合式 (1). 这就是说直线式 (3) 或式 (3′) 上的点都在曲面 (1) 上.

综合以上可知，式(3.26) 表示的任意一条直线都在曲面 (1) 上.

反过来证明，曲面 (1) 上的每一点一定在直线族 (3.26) 的某一条直线上.

设 (x_0, y_0, z_0) 是曲面 (1) 上的点，从而有

$$\frac{x_0^2}{a^2}+\frac{y_0^2}{b^2}-\frac{z_0^2}{c^2}=1,$$

因此

$$\left(\frac{x_0}{a}+\frac{z_0}{c}\right)\left(\frac{x_0}{a}-\frac{z_0}{c}\right)=\left(1+\frac{y_0}{b}\right)\left(1-\frac{y_0}{b}\right), \tag{4}$$

显然 $1+\dfrac{y_0}{b}$ 与 $1-\dfrac{y_0}{b}$ 不能同时为零，不妨设 $1+\dfrac{y_0}{b}\neq 0$.

如果 $\dfrac{x_0}{a}+\dfrac{z_0}{c}\neq 0$，则取 u_1，u_2 使

$$u_2\left(\frac{x_0}{a}+\frac{z_0}{c}\right)=u_1\left(1+\frac{y_0}{b}\right),$$

由于 (x_0, y_0, z_0) 适合式 (4)，u_1，u_2 都不为零，所以也有

$$u_1\left(\frac{x_0}{a}-\frac{z_0}{c}\right)=u_2\left(1-\frac{y_0}{b}\right).$$

因此点 (x_0, y_0, z_0) 就在对应直线 (3.26) 上.

如果 $\dfrac{x_0}{a}+\dfrac{z_0}{c}=0$，由于 $1+\dfrac{y_0}{b}\neq 0$，则由 (4) 知 $1-\dfrac{y_0}{b}=0$，所以点 (x_0, y_0, z_0) 在 (3.26) 当 $u_1=0$，$u_2\neq 0$ 时的直线 (3) 上.

如果设 $1-\dfrac{y_0}{b}\neq 0$，那么类似上面的讨论我们可得点 (x_0, y_0, z_0) 在直线 (3.26) 上，或者在式 (3.26) 当 $u_1\neq 0$，$u_2=0$ 时的直线(3′)上.

这就证明了单叶双曲面 (1) 是直纹曲面，而且式 (3.26) 是它的一族直母线，称为单叶双曲面的 u 族直母线.

同样可以证明，直线族

$$\begin{cases}v_2\left(\dfrac{x}{a}+\dfrac{z}{c}\right)=v_1\left(1-\dfrac{y}{b}\right),\\ v_1\left(\dfrac{x}{a}-\dfrac{z}{c}\right)=v_2\left(1+\dfrac{y}{b}\right).\end{cases} \tag{3.27}$$

也是单叶双曲面 (1) 上的一族直母线，称为单叶双曲面的 v 族直母线（其中 v_1，v_2 是不全为零的参数).

所以，单叶双曲面上有两族 (u 族与 v 族) 不同的直母线.

推论 对于单叶双曲面上的任一点，两族直母线中各有一条直母线通过这点.

3.8.3 双曲抛物面的直纹性

定理 3.5 双曲抛物面是直纹曲面，且有两族直母线.

对于双曲抛物面

$$\frac{x^2}{a^2}-\frac{y^2}{b^2}=2z$$

同样可以证明它也是直纹曲面．并且在它上面也有两族直母线，它们的方程分别为

$$u\text{ 族：}\begin{cases}\dfrac{x}{a}+\dfrac{y}{b}=2u,\\ u\left(\dfrac{x}{a}-\dfrac{y}{b}\right)=z;\end{cases}\quad(u\text{ 为参数})\tag{3.28}$$

$$v\text{ 族：}\begin{cases}v\left(\dfrac{x}{a}+\dfrac{y}{b}\right)=z,\\ \dfrac{x}{a}-\dfrac{y}{b}=2v.\end{cases}\quad(v\text{ 为参数})\tag{3.29}$$

图 3.21 和图 3.22 表示了双曲抛物面上两族直母线的大概分布情况.

图 3.21　　　　图 3.22

推论 对于双曲抛物面上的任一点，两族直母线中各有一条直母线通过这一点.

3.8.4 单叶双曲面与双曲抛物面的直母线性质

定理 3.6 单叶双曲面上异族的任意两条直母线必共面，而双曲抛物面上异族的任意两条直母线必相交.

证 由式（3.26）与式（3.27）的四个方程的系数和常数项所组成的行列式为

$$\begin{vmatrix}\dfrac{u_2}{a} & -\dfrac{u_1}{b} & \dfrac{u_2}{c} & -u_1\\ \dfrac{u_1}{a} & \dfrac{u_2}{b} & -\dfrac{u_1}{c} & -u_2\\ \dfrac{v_2}{a} & \dfrac{v_1}{b} & \dfrac{v_2}{c} & -v_1\\ \dfrac{v_1}{a} & -\dfrac{v_2}{b} & -\dfrac{v_1}{c} & -v_2\end{vmatrix}=-\frac{1}{abc}\begin{vmatrix}u_2 & -u_1 & u_2 & u_1\\ u_1 & u_2 & -u_1 & u_2\\ v_2 & v_1 & v_2 & v_1\\ v_1 & -v_2 & -v_1 & v_2\end{vmatrix}$$

$$=-\frac{4}{abc}\begin{vmatrix}u_2 & 0 & u_2 & u_1\\ 0 & u_2 & -u_1 & u_2\\ v_2 & v_1 & v_2 & v_1\\ 0 & 0 & -v_1 & v_2\end{vmatrix}=-\frac{4}{abc}\begin{vmatrix}u_2 & 0 & 0 & u_1\\ 0 & u_2 & -u_1 & 0\\ v_2 & v_1 & 0 & 0\\ 0 & 0 & -v_1 & v_2\end{vmatrix}$$

$$=-\frac{4}{abc}\cdot(u_1u_2v_1v_2-u_1u_2v_1v_2)=0.$$

由两直线共面的充要条件是四平面方程系数行列式等于0知，单叶双曲面上异族的任意两条直母线必共面.

类似地可以证明双曲抛物面上异族的任意两条直母线不但共面，而且相交.

定理3.7　单叶双曲面上同族的任意两直母线必异面；双曲抛物面上同族的任意两直母线也必异面且同族的全体直母线平行于同一平面.

本定理的证明留给读者.

综上所述可知，在我们学过的二次曲面中，属于直纹曲面的有二次柱面、二次锥面、单叶双曲面和双曲抛物面这四种曲面.

例3.13　求单叶双曲面$\frac{x^2}{4}+\frac{y^2}{9}-z^2=1$上通过点$(2,\ -3,\ 1)$的直母线方程.

解　这个单叶双曲面的两族直母线方程是

$$\begin{cases}u_2\left(\frac{x}{2}+z\right)=u_1\left(1+\frac{y}{3}\right),\\ u_1\left(\frac{x}{2}-z\right)=u_2\left(1-\frac{y}{3}\right).\end{cases}$$

与

$$\begin{cases}v_2\left(\frac{x}{2}+z\right)=v_1\left(1-\frac{y}{3}\right),\\ v_1\left(\frac{x}{2}-z\right)=v_2\left(1+\frac{y}{3}\right).\end{cases}$$

把点$(2,\ -3,\ 1)$代入上面的两组方程得

$$u_2=0 \text{ 与 } v_2:v_1=1:1.$$

再代入直母线族的方程，得过$(2,\ -3,\ 1)$的两条直母线为

$$\begin{cases}1+\frac{y}{3}=0,\\ \frac{x}{2}-z=0.\end{cases} \quad \text{与} \quad \begin{cases}\frac{x}{2}+z=1-\frac{y}{3},\\ \frac{x}{2}-z=1+\frac{y}{3}.\end{cases}$$

即

$$\begin{cases}y+3=0,\\ x-2z=0.\end{cases} \quad \text{与} \quad \begin{cases}3x+2y+6z-6=0,\\ 3x-2y-6z-6=0.\end{cases}$$

习　题　3.8

1. 求下列直纹曲面的直母线方程：

(1) $x^2+y^2-z^2=0$；　　(2) $z=axy$.

2. 求下列直线族所生成的曲面方程：

(1) $\frac{x-\lambda^2}{1}=\frac{y}{-1}=\frac{z-\lambda}{0}$；

(2) $\begin{cases}\mu x+2\lambda y+4\mu z=4\lambda,\\ \lambda x-2\mu y-4\lambda z=4\mu.\end{cases}$（式中$\lambda$，$\mu$为参数）.

3. 求满足下列条件的二次曲面的直母线方程.

(1) 单叶双曲面 $x^2+y^2-z^2=1$ 上通过点 (0, 1, 0) 的直母线;

(2) 双曲抛物面 $x^2-y^2=2z$ 上通过点 (1, 1, 0) 的直母线.

4. 在双曲抛物面 $\frac{x^2}{16}-\frac{y^2}{4}=z$ 上求平行于平面 $3x+2y-4z=0$ 的直母线.

5. 求与两直线 $\frac{x-6}{3}=\frac{y}{2}=\frac{z-1}{1}$ 与 $\frac{x}{3}=\frac{y-8}{2}=\frac{z+4}{-2}$ 相交，而且与平面 $2x+3y-5=0$ 平行的直线的轨迹.

6. 求与下列三直线：$\frac{x-1}{0}=\frac{y}{1}=\frac{z}{1}$，$\frac{x+1}{0}=\frac{y}{1}=\frac{z}{-1}$，$\frac{x-2}{-3}=\frac{y+1}{4}=\frac{z+2}{5}$ 都共面的直线所产生的曲面.

复习题三

1. (1) 试证 $g\left(y-\frac{m}{l}x,\ z-\frac{n}{l}x\right)=0$ 表示以 $g(y, z)=0$, $x=0$ 为准线，l, m, n 为母线方向数的柱面.

(2) 试证下列方程所表示的曲面是柱面.

① $(x+z)(y+z)=a^2$; ② $(x-z)^2+(y+z-a)^2=a^2$.

2. 给定方程

$$\frac{x^2}{a^2-\lambda}+\frac{y^2}{b^2-\lambda}+\frac{z^2}{c^2-\lambda}=1\ (a>b>c>0,\ \lambda\ 为参数),$$

试求参数 λ 的取值范围. 又当 λ 为何值时，这方程表示椭球面、单叶双曲面、双叶双曲面.

3. 给定方程 $\frac{x^2}{a^2-\lambda}+\frac{y^2}{b^2-\lambda}=z$ ($a>b>0$, λ 为参数).

试求参数 λ 为何值时，这方程表示椭圆抛物面、双曲抛物面.

4. 已知空间两异面直线间的距离为 $2a$，夹角为 2α，过这两条异面直线分别作平面，并使这两平面互相垂直，求这样的两平面交线的轨迹.

5. 试判断 m 为何值时，平面 $x+my-2=0$ 与椭圆抛物面 $\frac{x^2}{2}+\frac{z^2}{3}=y$ 相交成椭圆和抛物线.

6. 试确定 m 的值，使平面 $x+mz-1=0$ 与单叶双曲面 $x^2+y^2-z^2=1$ 相交成椭圆和双曲线.

7. 已知双曲抛物面 $\frac{x^2}{a^2}-\frac{y^2}{b^2}=4z$ 的两条直母线通过点 $(x_0, 0, z_0)$，试证明这两条直母线的夹角的余弦是 $\frac{a^2-b^2+z_0}{a^2+b^2+z_0}$.

8. 试证单叶双曲面 $\frac{x^2}{a^2}+\frac{y^2}{b^2}-\frac{z^2}{c^2}=1$ 的任意一条直母线在 xOy 平面上的射影，一定是它的腰椭圆的切线.

9. 试求单叶双曲面上互相垂直的两条直母线交点的轨迹.

10. 试证双曲抛物面$\frac{x^2}{a^2}-\frac{y^2}{b^2}=2z(a\neq b)$上的直母线直交时，其交点必在一双曲线上.

11. 证明双曲抛物面上两组直母线各平行于一定平面.

12. 证明对于单叶双曲面，经过一条直母线的每一个平面，也经过属于另一族的一条直母线．对于双曲抛物面呢？

13. 证明单叶双曲面（或双曲抛物面）的两族直母线无公共直线.

第 4 章　仿射坐标与仿射平面

本章介绍仿射变换，给出透视仿射对应和仿射对应的定义，介绍共线三点的单比，以及仿射对应的不变性质与不变量等.

4.1　透视仿射与仿射对应

4.1.1　直线间的仿射对应

先来考虑平面内两条直线之间的透视仿射对应.设 a 与 a' 是平面内两条直线(如图 4.1 所示)，l 是另一条直线，与 a,a' 不平行.

过 a 上点 $A,B,C\cdots$ 作与 l 平行的直线，交 a' 于 $A',B',C'\cdots$，这样得到 a 与 a' 上点之间的一一对应，称为从 a 到 a' 的**透视仿射对应**，或者**平行射影**. a 上的点称为原像点，a' 上对应点称为像点. l 是透视仿射对应的方向，记这个透视仿射对应为 T，则写为 $A'=T(A),\cdots$. 显然透视仿射对应与方向有关，方向变了，就得出另外的透视仿射对应.

若 P 是 a 与 a' 的交点，则 P 是透视仿射对应的自对应点，即 $P=T(P)$，P 也称为透视仿射对应的**二重点**或者**自对应点**.

定义 4.1　设 $a_1,a_2,\cdots,a_n$ 是平面内 n 条直线(如图 4.2 所示)，$T_1,\cdots,T_{n-1}$ 分别是 a_1 到 a_2，a_2 到 $a_3,\cdots,a_{n-1}$ 到 a_n 的透视仿射对应，这些透视仿射对应的复合，即

$$T=T_{n-1}\cdot T_{n-2}\cdot\cdots\cdot T_2\cdot T_1:a_1\to a_n,$$

是 a_1 到 a_n 的一个一一对应，我们称这个一一对应为直线 a_1 到直线 a_n 的**仿射对应**.

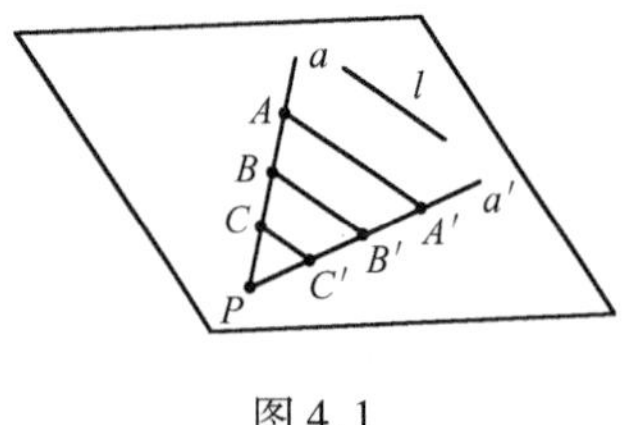

图 4.1

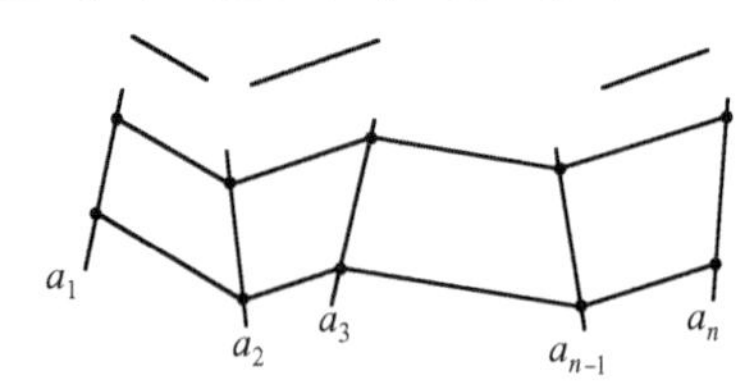

图 4.2

换句话讲，有限次透视仿射对应的复合就是一个仿射对应，特别当 $a_1=a_n$ 时，仿射对应称为仿射变换.

4.1.2　平面间的仿射对应

与上面类似，可以考虑平面之间的透视仿射对应和仿射对应，以及仿射变换.

定义 4.2　设 π 与 π' 是两个平面(见图 4.3)，l 是 π 与 π' 的交线，直线 g 不与 π 平行，也不与 π' 平行，过 π 上每点作平行于 g 的直线，交 π' 于一个对应点，这样得到空间两个平面 π 到 π' 的一一对应关系，称为从 π 到 π' 的**透视仿射对应**或**平行射影**，记为 T. π 中的点称为**原像点**，π' 中的对应点称为**像点**.

设 π 与 π' 的交线为 l，l 上的点都是自对应点，都是透视仿射对应下的不动点，称为二重

点，直线 l 叫做**透视轴**.

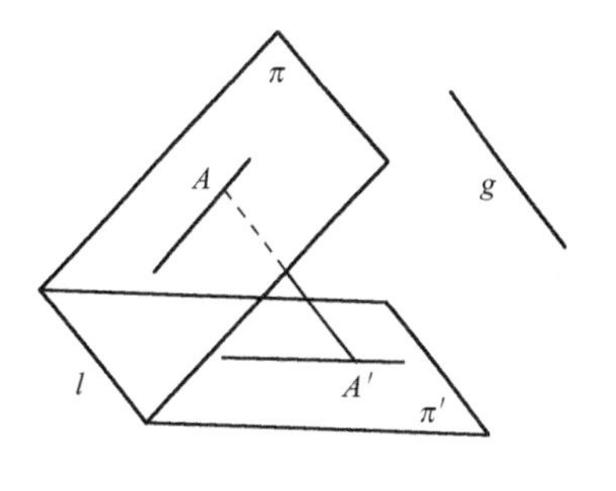

图 4.3

透视仿射对应把点映成点，直线映成直线．比如点 A 的像是点 A'，直线 a 的像是直线 a'，透视仿射对应的这个性质叫做保持同素性. 所谓同素性，是指这同一对应下，几何元素保持同一个类而不改变的性质(例如，点不能变成直线). 并且若点 A 在直线 a 上，那么它的像点 A'也在像直线 a'上，透视仿射对应的这个性质叫做保持结合性. 点与线的结合性在透视仿射对应下也保持不变.

设 $\pi_1,\pi_2,\cdots,\pi_n$ 是空间中 n 个平面，$T_1,\cdots,T_{n-1}$分别是 π_1 与 π_2，π_2 与 $\pi_3,\cdots,\pi_{n-1}$与 π_n 之间的透视仿射对应，这些映射的复合：

$$T = T_{n-1} \cdot T_{n-2} \cdot \ldots \cdot T_2 \cdot T_1 : \pi_1 \to \pi_n ,$$

是 π_1 与 π_n 之间的一一对应，称为从 π_1 到 π_n 的仿射对应，特别当 $\pi_1 = \pi_n$ 时，称为仿射变换.

透视仿射对应保持同素性和结合性，所以仿射对应也保持同素性与结合性．也就是说，仿射对应把点对应成点，直线对应成直线．并且,如果点 A 在直线 a 上，那么像点 A'也在像直线 a'上.

注：一般说来，透视仿射对应一定是仿射对应，当然反过来，仿射对应不一定是透视仿射对应，即原像点与像点之间的连线不一定平行．

4.1.3　共线三点的单比

定义 4.3　设 A,B,C 是直线上三点(如图 4.4 所示)，有向线段的比$\frac{AC}{BC}$,称为这三点的**单比**(或**简比**)，记做(ABC)，即

$$(ABC) = \frac{AC}{BC}.$$

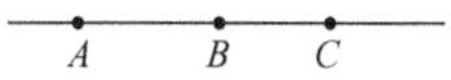

显然：(1) 当 C 在 A,B 之间时，$(ABC) < 0$；

(2) 当 C 在 A,B 之外时，$(ABC) > 0$；

(3) 当 $C = A$ 时，$(ABC) = 0$；

(4) 当 $C = B$ 时，$(ABC) = \infty$；

(5) 当 C 为 AB 中点时，$(ABC) = -1$；

(6) 当 C 趋向无穷远时，$(ABC) = 1$.

A　B　C

图 4.4

4.1.4　仿射不变性与不变量

仿射对应除保持同素性与结合性外，还有如下结论：

定理 4.1　二直线间的平行性是仿射不变性质.

证　如图 4.5 所示，设 a 与 b 是平面 π 内的两条平行线，a'与 b'是它们在平面 π'内的仿射对应下的像. 下面证明 a'与 b'平行. 若 a'与 b'不平行，交于 P'点，那 P'有原像点 P，P 在 a 上，又在 b 上，于是 a 与 b 相交于 P，即 a 与 b 不平行，矛盾，于是 a'与 b'平行.

由上面的结果可知：

推论　平行四边形在仿射对应下的像还是平行四边形.

思考题：菱形在仿射对应下的像是不是菱形?

定理 4.2　共线三点的单比是仿射不变量(如图 4.6 所示).

读者自己证明.

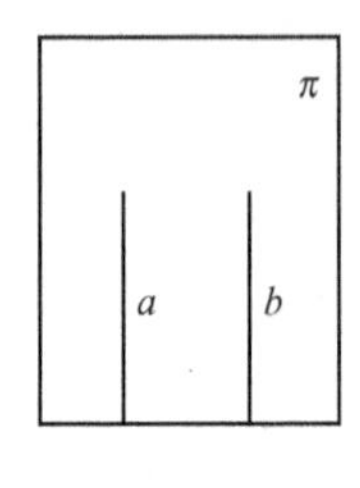

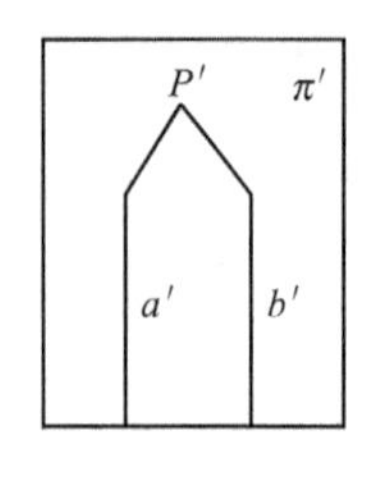

图 4. 5

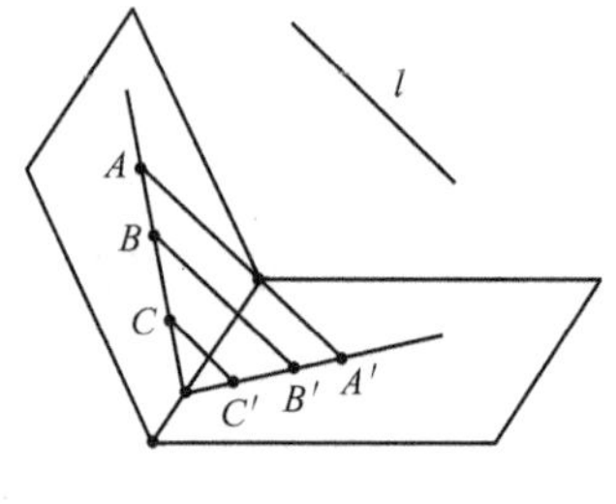

图 4. 6

定理 4. 3　两条平行线段长度的比是仿射不变量.

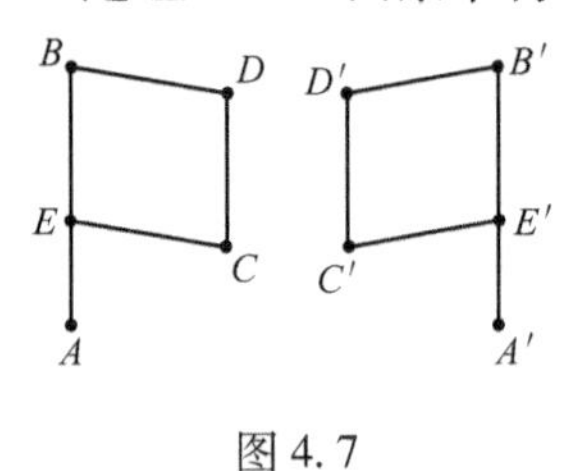

图 4. 7

证　设 AB 与 CD 是两条平行的线段(如图 4. 7 所示),在 AB 上取点 E,使 $BDCE$ 是平行四边形,它们在仿射对应下的像是 $B'D'C'E'$. 由上面定理 4. 1 的推论可知,$B'D'C'E'$是平行四边形,$A'B'$平行于 $C'D'$,由于单比是仿射不变量,因此

$$\frac{AB}{CD}=\frac{AB}{EB}=(AEB)=(A'E'B')=\frac{A'B'}{E'B'}=\frac{A'B'}{C'D'}.$$

定理证毕.

思考题:一般地,任意两直线段长度之比,是不是仿射不变量?

习　题　4. 1

1. 试举例说明在一般仿射对应下,二直线上的对应点的连线不一定是平行的.
2. 在仿射对应下,若对应点之间连线相互平行,试问仿射对应是不是透视仿射对应?
3. 在仿射对应下,正方形对应什么?
4. 证明:三角形的重心有仿射不变性.
5. 证明:平行四边形的中心有仿射不变性.
6. 证明:梯形在仿射对应下仍为梯形.
7. 给定点 A,B,作出点 C 使:(1) $(ABC)=4$,(2) $(ABC)=-\frac{3}{4}$.

4. 2　仿射坐标系

4. 2. 1　仿射坐标系

在平面 π 内设直线 Ox 与直线 Oy 相交于 O 点,在直线之外取一点 E 作为单位点,由 E 向 Ox 上平行射影为 E_x,向 Oy 上平行射影为 E_y. 取 OE_x 为 Ox 的正向,OE_y 为 Oy 的正向,以线段 OE_x,OE_y 作为 Ox 轴和 Oy 轴上一个度量单位,得到的 π 上坐标系 xOy 称为 π 上仿射坐标系,如图 4. 8 所示,对于 π 上任一点 P,向 Ox 轴平行射影为 P_x,向 Oy 轴投影为 P_y,记

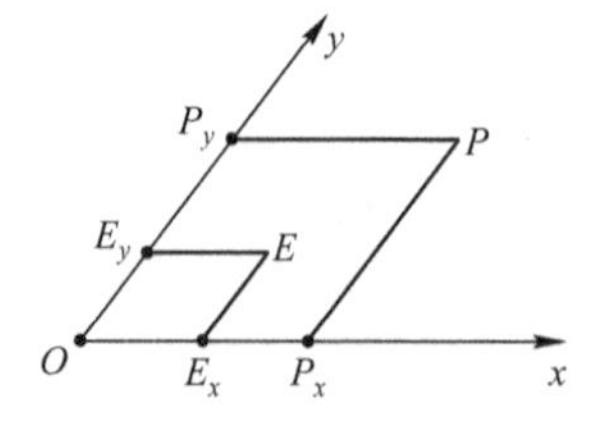

图 4. 8

$$x=\frac{OP_x}{OE_x},y=\frac{OP_y}{OE_y}.$$

有序数组(x,y)称为点 P 的仿射坐标，显然 E 点坐标为$(1,1)$.

思考：仿射坐标系与笛氏坐标系的区别?

注意：在仿射坐标系中，线段$|OE_x|$与线段$|OE_y|$不一定相等，而笛氏坐标系中，要求$|OE_x|=|OE_y|$，这是仿射坐标系与笛氏坐标系的区别，笛氏坐标系是特殊的仿射坐标系.

定理 4.4　在仿射坐标系下，共线三点 A,B,C 的坐标为(x_i,y_i)，$i=1,2,3$，则三点的单比为

$$(ABC)=\frac{y_3-y_1}{y_3-y_2}=\frac{x_3-x_1}{x_3-x_2}. \tag{4.1}$$

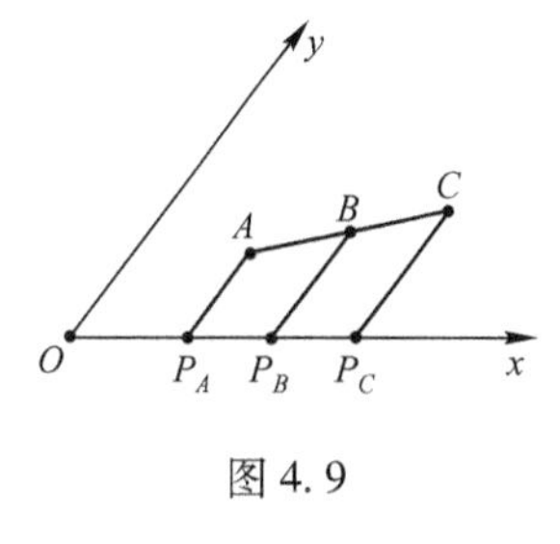

图 4.9

证　如图 4.9 所示，A,B,C 向 Ox 轴的平行投影为 P_A,P_B, P_C，单比

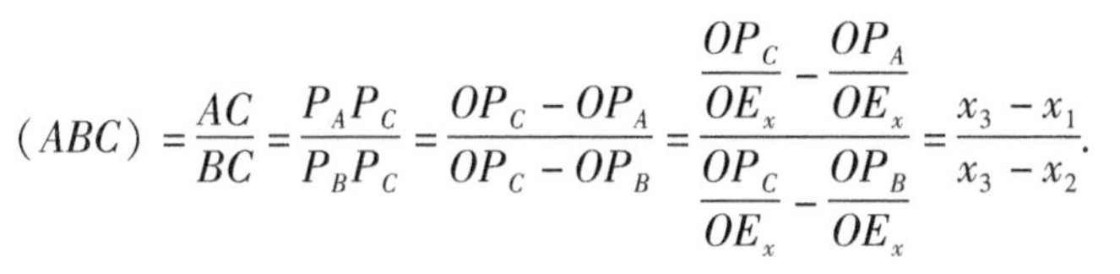

$$(ABC)=\frac{AC}{BC}=\frac{P_AP_C}{P_BP_C}=\frac{OP_C-OP_A}{OP_C-OP_B}=\frac{\dfrac{OP_C}{OE_x}-\dfrac{OP_A}{OE_x}}{\dfrac{OP_C}{OE_x}-\dfrac{OP_B}{OE_x}}=\frac{x_3-x_1}{x_3-x_2}.$$

同理可证另一个等式.

定理 4.5　在仿射坐标系下，经过两点 $P_1(x_1,y_1)$，$P_2(x_2,y_2)$的直线方程为

$$\begin{vmatrix} x & y & 1 \\ x_1 & y_1 & 1 \\ x_2 & y_2 & 1 \end{vmatrix}=0. \tag{4.2}$$

证　在直线 P_1P_2 上任取一点 $P(x,y)$，则有

$$\frac{x-x_1}{x-x_2}=\frac{y-y_1}{y-y_2}.$$

即

$$\begin{vmatrix} x & y & 1 \\ x_1 & y_1 & 1 \\ x_2 & y_2 & 1 \end{vmatrix}=0.$$

反之，凡满足方程(4.2)的 x,y，所对应的点 $P(x,y)$必在直线 P_1P_2 上.

所以方程(4.2)为经过两点 $P_1(x_1,y_1)$，$P_2(x_2,y_2)$的直线方程. 由此可知，在仿射坐标系下，直线的方程是一次方程

$$Ax+By+C=0 \quad (A^2+B^2\neq 0) \tag{4.3}$$

反之，一次方程 $Ax+By+C=0(A^2+B^2\neq 0)$的图形一定是直线，式(4.3)称为**直线的一般式方程**.

4.2.2　仿射变换的代数表示

前面已经讲到，平面 π 到自身的仿射对应，称为**仿射变换**，下面建立仿射变换在仿射坐标系下的表达形式. 在平面 π 上取定了一个仿射坐标系 xOy(如图 4.10 所示)，E 是它的单位点，现在设 $T:\pi\to\pi$ 是一个仿射变换，

$$T(O)=O',\ T(E)=E',\ T(E_x)=E'_x,\ T(E_y)=E'_y$$

P 为任意一点，$T(P)=P'$，显然 $x'O'y'$可以作为 π 内一个新的仿射坐标系，它的单位点为 E'. 若 P 点在 xOy 下坐标为(x,y)，则

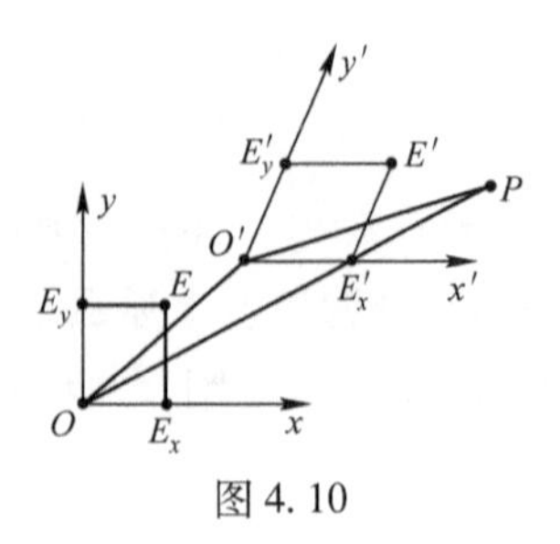

图 4.10

$$x=\frac{OP_x}{OE_x},\ y=\frac{OP_y}{OE_y},$$

由上面介绍仿射变换不改变平行线段的比，于是

$$x'=\frac{O'P'_x}{O'E'_x}=\frac{OP_x}{OE_x}=x,$$

$$y'=\frac{O'P'_y}{O'E'_y}=\frac{OP_y}{OE_y}=y.$$

即 P' 在仿射坐标系 $x'O'y'$ 中坐标 (x',y') 与 P 在 xOy 中的坐标一样.

接下来在同一个坐标系 xOy 下，建立仿射变换的表达形式，设 O' 在 xOy 中坐标为 (a,b)，即

$$OO'=aOE_x+bOE_y.$$

另外，设 E_x',E_y',P' 在 xOy 下坐标分别为 $(a_1,b_1),(a_2,b_2)$ 及 (x',y')，于是

$$\begin{aligned}OE_x'&=a_1OE_x+b_1OE_y\\OE_y'&=a_2OE_x+b_2OE_y\\OP'&=x'OE_x+y'OE_y\\&=OO'+O'P'\\&=aOE_x+bOE_y+xO'E_x'+yO'E_y',\end{aligned}$$

而

$$O'E_x'=OE_x'-OO',$$
$$O'E_y'=OE_y'-OO',$$

所以

$$\begin{aligned}O'E_x'&=a_1OE_x+b_1OE_y-aOE_x-bOE_y\\&=(a_1-a)OE_x+(b_1-b)OE_y\\O'E_y'&=a_2OE_x+b_2OE_y-aOE_x-bOE_y\\&=(a_2-a)OE_x+(b_2-b)OE_y\end{aligned}$$

故

$$x'=a+x(a_1-a)+y(a_2-a),$$
$$y'=b+x(b_1-b)+y(b_2-b),$$

令 $a_{11}=a_1-a$，$a_{12}=a_2-a$，$a_{21}=b_1-b$，$a_{22}=b_2-b$，

$$\begin{cases}x'=a_{11}x+a_{12}y+a\\y'=a_{21}x+a_{22}y+b\end{cases}\tag{4.4}$$

用矩阵写出

$$\begin{bmatrix}x'\\y'\end{bmatrix}=\begin{bmatrix}a_{11}&a_{12}\\a_{21}&a_{22}\end{bmatrix}\begin{bmatrix}x\\y\end{bmatrix}+\begin{bmatrix}a\\b\end{bmatrix}$$

注：

$$O'E_x'=a_{11}OE_x+a_{12}OE_y$$
$$O'E_y'=a_{21}OE_x+a_{22}OE_y$$

是线性无关的两个向量，于是

$$\begin{vmatrix}a_{11}&a_{12}\\a_{21}&a_{22}\end{vmatrix}\neq 0$$

式(4.4)给出了仿射变换下，像点 P' 的坐标 (x',y') 与原像点 P 的坐标 (x,y) 之间的关系.

从上面推导还可以看出，仿射变换由三对对应点 O 与 O'，E_x 与 E'_x，E_y 与 E'_y 唯一确定.

推论　不共线的三对对应点确定唯一一个仿射变换.

例 4.1　求仿射变换式使直线 $x+2y-1=0$ 上的每个点都不变，且使点 $(1,-1)$ 变为 $(-1,2)$.

解　设所求仿射变换为 $\begin{cases} x'=a_1x+b_1y+c_1 \\ y'=a_2x+b_2y+c_2 \end{cases}$，

在已知直线 $x+2y-1=0$ 上任取两点，例如取 $(1,0)$、$(3,-1)$，在仿射变换下，此二点不变．而点 $(1,-1)$ 变为 $(-1,2)$，把它们分别代入所设仿射变换式，得

$$\begin{cases} a_1+c_1=1 \\ a_2+c_2=0 \end{cases},$$

$$\begin{cases} 3a_1-b_1+c_1=3 \\ 3a_2-b_2+c_2=-1 \end{cases},$$

$$\begin{cases} a_1-b_1+c_1=-1 \\ a_2-b_2+c_2=2 \end{cases},$$

由以上方程联立解得

$$a_1=2,\ b_1=2,\ c_1=-1,\ a_2=-\frac{3}{2},\ b_2=-2,\ c_2=\frac{3}{2}.$$

故所求的仿射变换为

$$\begin{cases} x'=2x+2y-1 \\ y'=-\dfrac{3}{2}x-2y+\dfrac{3}{2} \end{cases}.$$

例 4.2　求一个仿射变换，将椭圆 $\frac{x^2}{a^2}+\frac{y^2}{b^2}=1$ 变成一个圆，并求该椭圆的面积.

解　如图 4.11 所示，设 $x'=\frac{x}{a}, y'=\frac{y}{b}$，则

$$\begin{cases} x'=\dfrac{x}{a} \\ y'=\dfrac{y}{b} \end{cases}$$

是仿射变换，椭圆经此变换后变为 $x'^2+y'^2=1$，这是一个圆.

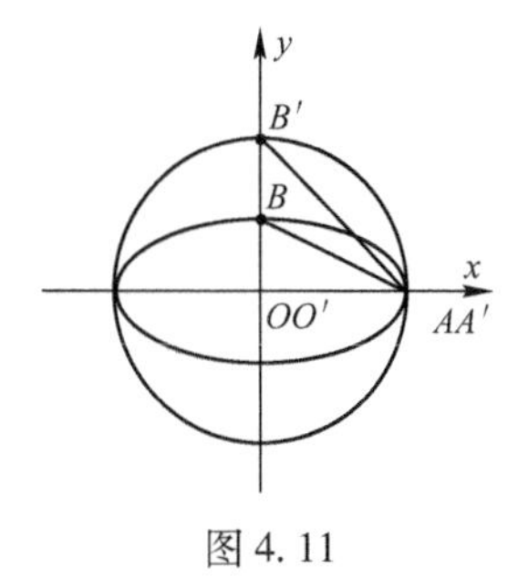

图 4.11

同理，经仿射变换 $\begin{cases} x'=x \\ y'=\dfrac{ay}{b} \end{cases}$ 也可将椭圆变为圆 $x'^2+y'^2=a^2$.

经仿射变换 $\begin{cases} x'=x \\ y'=\dfrac{ay}{b} \end{cases}$ 将 A 变为 A'，B 变为 B'，O 变为 O'，由仿射变换保持图形面积之比不变，所以

$$\frac{S_{椭}}{S_{\triangle AOB}}=\frac{S_{圆}}{S_{\triangle A'O'B'}}=\frac{S_{圆}}{S_{\triangle AOB'}},$$

因此

$$\frac{S_{\text{椭}}}{\frac{1}{2}ab}=\frac{\pi a^2}{\frac{1}{2}a^2}.$$

即 $S_{\text{椭}}=\pi ab.$

4.2.3 特殊的仿射变换

当变换式(4.4)的系数又满足一些特殊条件时，可得到几种特殊的仿射变换.

(1) 正交变换

当变换式(4.4)的系数满足

$$\begin{cases}a_{11}^2+a_{21}^2=1,\\a_{12}^2+a_{22}^2=1,\\a_{11}a_{12}+a_{21}a_{22}=0.\end{cases}$$

时,式(4.4)为正交变换.

(2) 位似变换

当变换式(4.4)的系数满足

$$\begin{cases}x'=kx+a,\\y'=ky+b.\end{cases}\quad k\neq 0$$

时,式(4.4)为位似变换，k 为位似比.

(3) 相似变换

当变换式(4.4)的系数满足

$$\begin{cases}x'=a_1x-\lambda b_1y+d_1,\\y'=b_1x+\lambda a_1y+d_2.\end{cases}\quad \lambda=\pm 1$$

时,式(4.4)为相似变换.

(4) 压缩变换

$$\begin{cases}x'=ax,\\y'=by.\end{cases}\quad ab\neq 0$$

前面已经证明了单比是仿射不变量，另外还有定理4.6.

定理4.6 两个三角形面积之比是仿射不变量.

证 设仿射变换为

$$\begin{cases}x'=a_1x+b_1y+c_1\\y'=a_2x+b_2y+c_2\end{cases}. \tag{1}$$

在笛卡儿坐标系下，已知不共线三点 $P_1(x_1,y_1)$，$P_2(x_2,y_2)$，$P_3(x_3,y_3)$经仿射变换(1)分别变为 $P_1'(x_1',y_1')$，$P_2'(x_2',y_2')$，$P_3'(x_3',y_3')$，于是

$$S_{\triangle P_1P_2P_3}=\frac{1}{2}\begin{vmatrix}x_1&y_1&1\\x_2&y_2&1\\x_3&y_3&1\end{vmatrix}\text{的绝对值} \tag{2}$$

$$S_{\triangle P_1'P_2'P_3'}=\frac{1}{2}\begin{vmatrix}x_1'&y_1'&1\\x_2'&y_2'&1\\x_3'&y_3'&1\end{vmatrix}\text{的绝对值} \tag{3}$$

将式(1)代入式(3)，得

$$S_{\triangle P_1'P_2'P_3'}=\frac{1}{2}\begin{vmatrix} a_1x_1+b_1y_1+c_1 & a_2x_1+b_2y_1+c_2 & 1 \\ a_1x_2+b_1y_2+c_1 & a_2x_2+b_2y_2+c_2 & 1 \\ a_1x_3+b_1y_3+c_1 & a_2x_3+b_2y_3+c_2 & 1 \end{vmatrix}\text{的绝对值}$$

$$=\frac{1}{2}\begin{vmatrix} x_1 & y_1 & 1 \\ x_2 & y_2 & 1 \\ x_3 & y_3 & 1 \end{vmatrix}\cdot\begin{vmatrix} a_1 & a_2 & 0 \\ b_1 & b_2 & 0 \\ c_1 & c_2 & 1 \end{vmatrix}\text{的绝对值}$$

$$=S_{\triangle P_1P_2P_3}\,|a_1b_2-a_2b_1|.$$

所以

$$\frac{S_{\triangle P_1'P_2'P_3'}}{S_{\triangle P_1P_2P_3}}=|a_1b_2-a_2b_1|.$$

同理，任一其他三角形 $Q_1Q_2Q_3$ 经过仿射变换式(1)后，得对应三角形 $Q_1'Q_2'Q_3'$，其面积比有

$$\frac{S_{\triangle Q_1'Q_2'Q_3'}}{S_{\triangle Q_1Q_2Q_3}}=|a_1b_2-a_2b_1|.$$

所以

$$\frac{S_{\triangle Q_1'Q_2'Q_3'}}{S_{\triangle Q_1Q_2Q_3}}=\frac{S_{\triangle P_1'P_2'P_3'}}{S_{\triangle P_1P_2P_3}}\Rightarrow\frac{S_{\triangle P_1P_2P_3}}{S_{\triangle Q_1Q_2Q_3}}=\frac{S_{\triangle P_1'P_2'P_3'}}{S_{\triangle Q_1'Q_2'Q_3'}}$$

即两三角形面积之比是仿射不变量.

推论 1　两个多变形的面积之比是仿射不变量.

推论 2　两个封闭图形的面积之比是仿射不变量.

应用举例

仿射变换是以无穷远直线为固定直线的特殊的射影变换，又是欧氏几何在较高层面上的推广和延伸. 仿射性质和仿射不变量是指在任何仿射变换下保持不变的性质和数量. 仿射对应图形是指在仿射变换下相互对应的图形. 正三角形与一般三角形、圆与椭圆、等腰梯形与一般梯形等均属于仿射对应图形. 对于涉及仿射性质和仿射不变量方面的初等几何问题，若用仿射几何的方法来解决，就显得简捷，可以收到事半功倍之功效.

例 4.3　已知平行四边形 $ABCD$ 的边 AB，BC 上各有一点 E、F，且 $EF//AC$，试证明 $\triangle AED$ 与 $\triangle CDF$ 的面积相等.

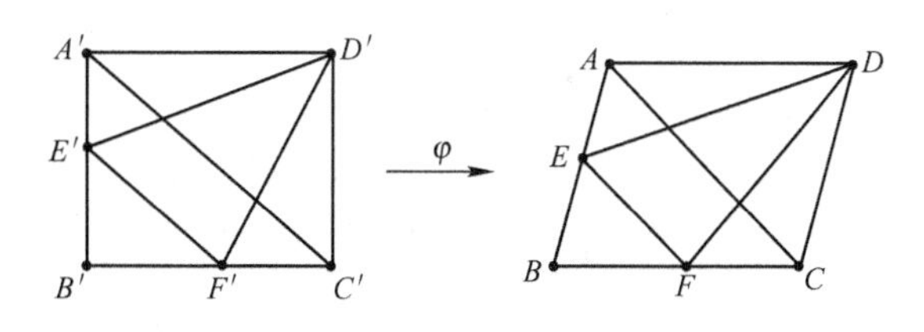

图 4.12

证　设已知的平行四边形 $ABCD$ 由一个正方形 $A'B'C'D'$ 经过一个仿射变换 φ 得到(如图 4.12 所示)，且 $E'\xrightarrow{\varphi}E$，$F'\xrightarrow{\varphi}F$，点 E'、F' 分别在边 $A'B'$ 与 $B'C'$ 上，$E'F'//A'C'$. 由于正方

形 $A'B'C'D'$ 中，$\triangle A'E'D' \cong \triangle C'F'D'$，即两三角形的面积之比为 1∶1. 根据仿射理论“仿射变换保持两封闭图形面积之比不变”，可知上述图形的仿射对应图形 $\triangle AED$ 与 $\triangle CDF$ 的面积之比也为 1∶1，从而得证 $\triangle AED$ 与 $\triangle CDF$ 的面积相等.

例 4.4 从三角形一个顶点到对边三等分点作线段，过第二顶点的中线被这些线段分成连比 $x:y:z$，设 $x \geqslant y \geqslant z$，求 $x:y:z$ 的值.

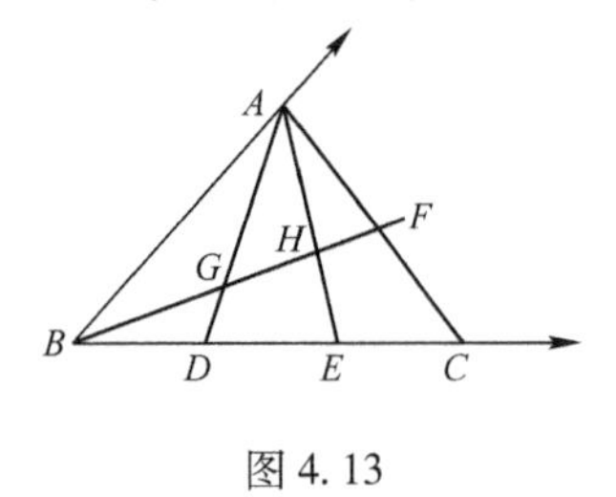

图 4.13

解 如图 4.13 所示，建立仿射坐标系，取 $A(0,1)$，$B(0,0)$，$D(1,0)$，$E(2,0)$，易知 $F\left(\frac{3}{2},\frac{1}{2}\right)$，直线 BF 的方程为 $y=\frac{1}{3}x$；直线 AD 的方程为 $y=-x+1$；直线 AE 的方程为 $y=-\frac{1}{2}x+1$. 于是，直线 BF 与 AD 的交点为 $G\left(\frac{3}{4},\frac{1}{4}\right)$；直线 BF 与 AE 的交点为 $H\left(\frac{6}{5},\frac{2}{5}\right)$. 设 $\frac{BG}{GH}=\lambda$，由有向线段定比分点公式有 $\frac{0+\frac{6}{5}\lambda}{1+\lambda}=\frac{3}{4}$，从而得 $\lambda=\frac{5}{3}$，即 $\frac{BG}{GH}=\frac{5}{3}$，又设 $\frac{GH}{HF}=\lambda'$，同样，由定比分点公式可得 $\lambda'=\frac{3}{2}$，即 $\frac{GH}{HF}=\frac{3}{2}$，所以，

$$x:y:z = BG:GH:HF = 5:3:2.$$

习 题 4.2

1. 经过 $A(-3,2)$ 和 $B(6,1)$ 的直线 AB 与直线 $x+3y-6=0$ 相交于点 P，求 (ABP).

2. 在仿射坐标系下，证明直线的方程是一次方程.

3. 求使三点 $(0,0)$，$(1,1)$，$(1,-1)$ 的对应点分别为 $(2,3)$，$(2,5)$，$(3,-7)$ 的仿射变换式.

4. 利用仿射变换的代数表达式证明：直线上三点的单比是仿射不变量.

复 习 题 四

1. 求仿射变换 $\begin{cases} x'=7x-y-1 \\ y'=4x+2y+4 \end{cases}$ 的不变点与不变直线.

2. 试给出求仿射变换不变点与不变直线的一般推导过程.

3. 证明：任意两个多边形面积之比是仿射不变量.

4. 已知平面上的一条定直线 l，p 为平面上的任意一点，p 点的对应点 p' 是点 p 关于直线 l 的对称点，这种变换称为反射变换，定直线叫做它的轴. 试证明：反射变换是仿射变换.

5. 证明：若直线 $Ax+By+C=0$ 与两点 $P_1(x_1,y_1)$，$P_2(x_2,y_2)$ 的连线段的交点是 P，则单比

$$(P_1P_2P)=\frac{Ax_1+By_1+C}{Ax_2+By_2+C}$$

6. 证明：不共线的三对对应点决定一个仿射变换.

7. 用仿射变换证明任意三角形三条中线所分成的六个三角形的面积相等.

8. 设梯形 $ABCD$，一仿射变换使 A,B,C 分别变为 A',B',C'，作 D 的对应点.

9. 不变直线上的点是否都是不变点？证明若一直线上有两个不变点，则直线上的点都是不变点，直线为不变直线.

第5章　射影平面

本章从中心投影出发,在平面上引进无穷远元素,把普通平面扩充成射影平面．介绍中心射影的基本性质、德萨格定理及齐次坐标等,由此建立射影几何的基础．

5.1　中心射影与无穷远元素

5.1.1　中心射影

直线之间的中心射影：设 l 与 l'是同一平面内两条不同的直线(如图5.1所示)，O 是此平面内不在 l 与 l'上一点．设 P 是 l 上任意一点，连接 OP 交 l'于 P',P'点叫做 P 点从 O 投影到 l'上的**中心射影**(或中心投影)，OP 叫做**投影线**，O 叫做**投影中心**．显然 P 也叫做 P'在 l 上的中心射影．投影显然与投影中心的位置有关．

若 l 与 l'相交于 Q,那么在中心射影下,Q 是自对应点,称为中心射影下的**二重点**．

平面之间的中心射影：设 π 与 π'是两个不同的平面(如图5.2所示)，在这两个平面之外选取一点 O，对 π 上任意一点 P，连接 OP 交平面 π'于 P'点，P'称为 P 在 π'内的**中心射影**，O 称为**投影中心**，OP 叫做**投影线**，中心投影与中心 O 的位置是有关的．

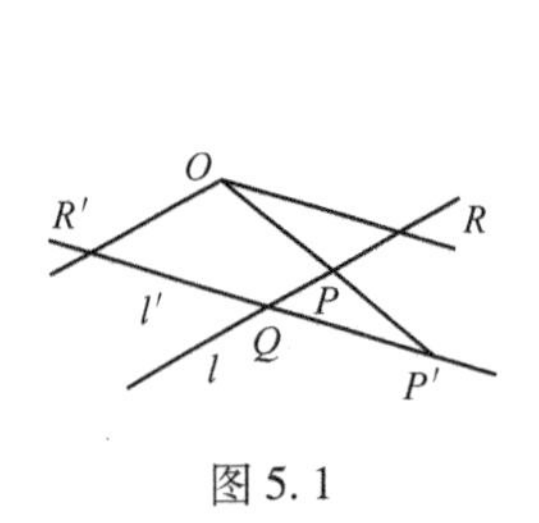

图5.1

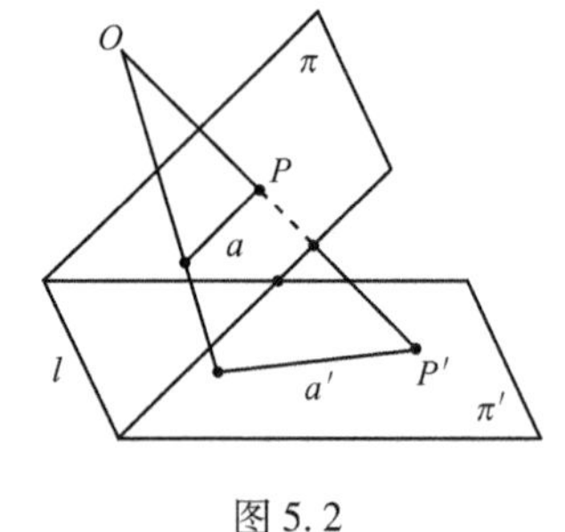

图5.2

容易看出，在中心射影之下，平面 π 内的直线对应 π'内的一条直线，当 π 与 π'相交 l 时，交线 l 上每一点都是自对应点，交线 l 称为中心射影下的**二重直线**．

在平面内两直线的中心射影中，l 上有一点 R，连线 OR 与 l'平行，因此 OR 与 l'没有交点，R 在 l'上没有中心投影，称 R 是**影消点**．同样在 l'上有一点 R'，连线 OR'与 l 平行，R'在 l 上也没有投影点，称为 l'上的**影消点**．因此，中心射影在 l 与 l'之间不是一一对应的．

类似地，在平面之间的中心射影中，过 O 点作平行于 π'的平面，与 π 有一条交线，则这条交线上的点，在 π'中都没有投影点，称之为 π 上的**影消线**．同样在 π'上也有一条直线，在 π 上没有投影点，称为 π'的影消线．因此，平面之间的中心射影，也不是一一对应的．

5.1.2　无穷远元素

上面已经看到，中心射影不是一一对应的，产生这个事实的原因是平行的直线没有交点.

下面在直线上引进一个新点，使得平行的直线有且只有一个交点．

无穷远点：在平面上，对任何一组平行直线，引入一个新点，叫做**无穷远点**．此点在这组平行线中每一条直线上，于是平行的直线交于无穷远点．无穷远点记为P_∞，平面内原有的点叫做**有穷远点**(普通点)．

无穷远直线：所有相互平行的直线上引入的无穷远点是同一个无穷远点，不同的平行直线组上，引入不同的无穷远点．

如图5.3所示，平面上直线的方向很多，因此引入的无穷远点也很多，这些无穷远点的轨迹是什么呢？由于每一条直线上只有一个无穷远点，于是这个轨迹与平面内每一直线有且只有一个交点．因此，我们规定这个轨迹是一条直线，称为**无穷远直线**．一般记为l_∞，为区别起见，平面内原有的直线叫做**有穷远直线(普通直线)**．

在欧氏直线上添加了一个无穷远点以后，便得到了一个新的直线，叫**仿射直线**．

仿射直线模型如图5.4所示．

图5.3　　　图5.4

若将直线上的有穷远点与无穷远点不加区别，等同看待，则这条仿射直线叫做**射影直线**．

反过来，在射影直线上，取定一点为无穷远点，其余的点叫有穷远点，这条直线叫**仿射直线**．若再把无穷远点去掉，就得到了通常的欧氏直线了．

射影直线的模型，取一个单位圆S与直线l相切于T(如图5.5所示)，任取$q\in S\backslash\{O\}$，连接Oq交l于P，这样就建立了$S\backslash\{O\}$与l之间的一一对应．可以看出，当P趋于P_∞时，q趋于O. 规定O对应于P_∞，从而可以认为射影直线l是封闭的，它上面的点与单位圆上的点一样多．同等看待有穷远点与无穷远点，就像同等看待圆周上的任何两点一样．

同样，上面的概念可拓广到平面上，平面上添加一条无穷远直线，得到的新的平面叫做**仿射平面**．类似地，可以用一个半球面模型来解释仿射平面．

设有以O为球心的球面，过O作平面交球面于大圆C，得到半球面S(如图5.6所示)．规定在大圆C上的点为无穷远点，大圆C过O的每一直径在C上的两个端点(对径点)当做一个无穷远点，S上的其他点为有穷远点．这样，大圆C就是无穷远直线，有穷远直线是半个大圆弧，但它与C的两个交点当做一个点，即为该直线上的无穷远点．在这种观点下，不管是无穷远直线还是有穷远直线都应该是封闭的，类似于欧氏平面上的圆．

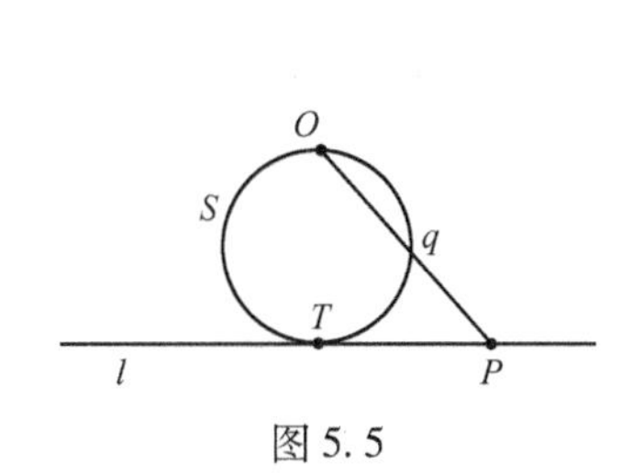

图5.5

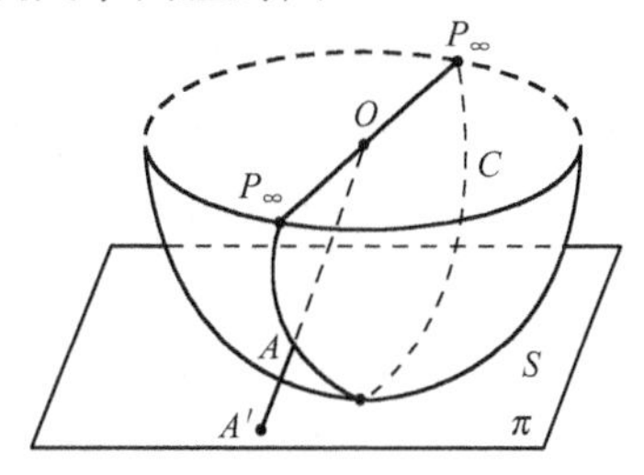

图5.6

若对仿射平面上无穷远元素(无穷远点、无穷远直线)与有穷远元素(有穷远点、有穷远直线)不加区别,同等对待,则称这个平面为**射影平面**.

在仿射平面模型中,当我们对有穷远元素与无穷远元素同等看待而不加区分时,就得到射影平面的半球面模型.

反过来,若在射影平面内取定一条直线为无穷远直线,其余的直线称为有穷远直线,则得到仿射平面.若把无穷远直线拿掉,得到通常的欧氏平面.

根据以上的设定,空间中的平行直线上引入的无穷远点是同一个点.事实上,任取一组平行线,取定其中一条,它上面只有一个无穷远点,组中其他任何一条线,都和这条取定的直线共面.按上面的规定,它们在这个平面内有唯一个公共点,即取定直线上无穷远点,于是组中任何一条直线上无穷远点,都与取定直线上无穷远点是同一个点.

空间中添加了很多无穷远点,所有这些无穷远点轨迹可以认为是一个平面,称为**无穷远平面**,记为π_∞.

平行的两个平面相交于一条无穷远直线,任何一个平面与无穷远平面相交于一条无穷远直线,一条直线与和它平行的平面相交于一个无穷远点.

在仿射平面上,任何两条直线有并且只有一个交点.两条有穷远直线若不平行则交于有穷远点,平行则交于无穷远点,一有穷远直线与无穷远直线交于无穷远点.

为描述射影直线上点之间关系,引入"**分离**"与"**不分离**"概念.

设A, B, C, D为射影直线l上不同四点,则当C, D分别处于l被A, B划分的不同部分上时,称**点偶C, D分离点偶**A, B(如图5.7所示);当C, D分别处于l被A, B划分的同一部分上时,称**点偶C, D不分离点偶**A, B.显然,两个点偶之间的分离与不分离关系是**相互的**(如图5.8所示).

图5.7　　图5.8

思考1:射影平面中的点、线数量和欧氏平面中的点、线数量关系怎样?

思考2:一点将射影直线分为几段?两点呢?三点在射影直线上有顺序吗?

思考3:一条直线将射影平面分为几部分?两条相交直线呢?两条平行直线呢?

习　题　5.1

1. 证明:单比不是射影不变量.

2. 设一平面内有n条直线l_1, l_2, …, l_n,用T_1, T_2, …, T_{n-1}分别表示l_1与l_2, l_2与l_3, …, l_{n-1}与l_n间的中心投影.这一串中心投影的复合$T=T_{n-1}\cdot T_{n-2}\cdot\cdots\cdot T_2\cdot T_1$把$l_1$上的点对应到$l_n$上的点,这种对应关系称为射影对应.举例说明对应点之间的连线一般不共点.

3. 设有两个相交平面π_1和π_2,如果以S为中心作π_1到π_2的投影(S不在π_1和π_2上),把π_1上一已知直线l_1投影到π_2上直线l_2.证明:当S变动时,已知直线l_1的像l_2总要通过一个定点,或与定直线平行.

4. 设σ: $\pi_1\to\pi_2$是平面π_1与π_2之间的中心投影.试讨论π_1上两条平行直线的像在π_2中是否还平行?不平行有什么性质?同样在π_2上两条平行直线在π_1中的原像是否为平行线?

5.2　图形的射影性质，德萨格定理

在引进无穷远元素之后，将直线上的影消点与另一直线上的无穷远点建立点的对应．如图 5.1 所示，通过中心投影，把 l 上影消点 R 投影到 l' 上无穷远点 P_∞，将 l 上无穷远点 P_∞ 投影到 l' 上影消点 R'．于是中心投影建立了直线之间的一一对应，称这个中心投影为**透视对应**．同理可以建立平面之间的透视对应．

中心投影把 π 上影消线 l 投影到 π' 上无穷远直线 l'_∞，同时把 π 上无穷远直线 l_∞ 投影到 π' 上影消线 l'．于是中心投影建立了平面之间的一一对应，称为平面 π 与 π' 之间的**中心透视**．

思考： 中心投影与透视仿射对应之间的关系如何？

事实上，透视仿射对应是特殊的中心投影，投影中心为一无穷远点．

5.2.1　射影性质

定义 5.1　图形在中心投影下不变的性质(不变的量)，叫做图形的**射影性质**(射影不变量)．

比如同素性、结合性都是射影不变性质．

例 5.1　平行性质不是射影性质．

如果中心射影把平面 π 上直线 m 投影成平面 π' 上的无穷远直线(如图 5.9 所示)，那么平面 π 上两条相交直线，若交点在影消线 m 上，则它们的像是 π' 上的两条平行线；反过来平面 π' 上两条平行线，它们的原像是 π 上两条相交点在 m 上的直线．

利用中心射影把一直线投影成无穷远直线，可以证明一些几何问题．

例 5.2　如图 5.10 所示，设 A，B 是直线 l 外两点．在直线 l 上任取两点 P 与 Q，AP 交 BQ 于 N，BP 交 AQ 于 M．则 MN 通过 AB 上一定点．

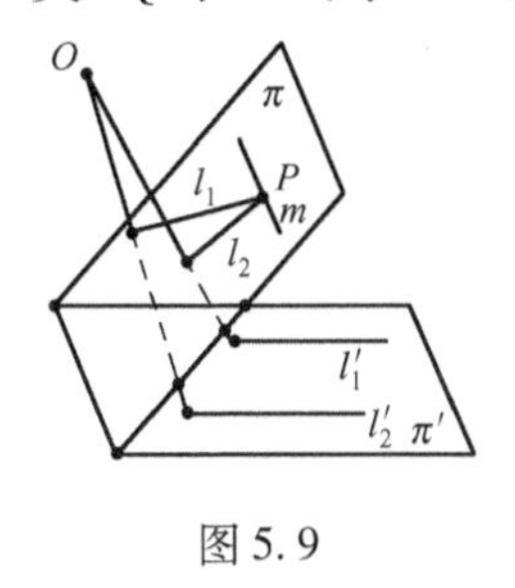

图 5.9

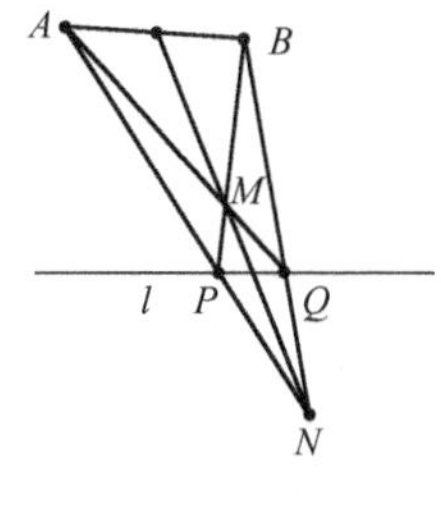

图 5.10

证　设 A，B 与 l 所在的平面为 π，选取平面 π'，做到 π' 的中心射影把 A，B 投到无穷远．设 P_1，Q_1 是直线 l 上的另外任意两点，M_1，N_1 是相应的交点．目的是证明 MN 与 M_1N_1 相交于 AB 上．

设 l 的像为 l'，M'，N'，P'，Q'，M'_1，N'_1，P'_1，Q'_1 是相应点的像．由于直线 QN，PM，Q_1N_1，P_1M_1 的公共交点 B 投到无穷远，所以它们的像 $Q'N'$，$P'M'$，$Q'_1N'_1$，$P'_1M'_1$ 是相互平行的直线．同样的道理，$Q'M'$，$P'N'$，$Q'_1M'_1$，$P'_1N'_1$ 也是相互平行的直线．所以直线 $M'N'$ 平行于直线 $M'_1N'_1$，由中心射影的性质知道，原像 MN 与 M_1N_1 是两条相交直线，交点在 AB 上．证毕．

5.2.2　德萨格定理

定义 5.2　平面上不共线三点与其中每两点的连线所组成的图形，称为**三点形**．平面内不共点的三条直线与其中每两条直线的交点所组成的图形叫做**三线形**(如图 5.11 所示)．

这两个图形都含有三个点，和其中任两点连成的三条直线，前者叫做**顶点**，后者叫做**边**. 其实，它们是同一种图形.

定理 5.1　德萨格(Desargues)定理

如果两个三点形对应顶点的连线交于一点(**透视中心**)，则对应边的交点在一条直线上(**透视轴**).

几何证明较为烦琐，后文我们将用代数方法证明之(读者可参阅相关教材).

德萨格定理的逆命题也成立，即定理 5.2.

定理 5.2　如图 5.12 所示，如果两个三点形对应边的交点共线(透视轴)，则对应顶点的连线共点(透视中心).

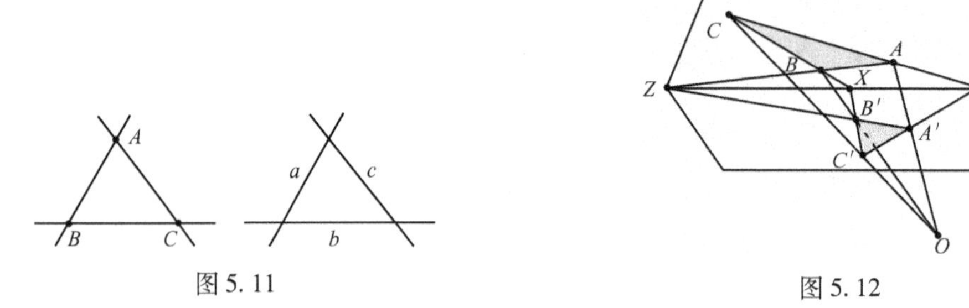

图 5.11　　　　图 5.12

证　若三点形 ABC 与 $A'B'C'$ 的对应边 BC 与 $B'C'$ 交点 X, AC 与 $A'C'$ 的交点 Y, AB 与 $A'B'$ 交点 Z 共线，考虑三点形 XBB', YAA', 由于 XY 与 AB, $A'B'$ 交于 Z, 由德萨格定理知，三组对应边的交点 C, C', O 共线，于是 AA', BB', CC' 共点.

推论　两个三点形有透视中心当且仅当有透视轴.

思考：如何画出德萨格定理及其逆定理的图形呢?

例 5.3　证明：三角形的三中线共点.

德萨格定理的逆定理的直接应用，略.

习　题　5.2

1. 求证：一直线与和它平行的平面交与一个无穷远点.

2. 证明：相交于影消线上的二直线，像为二平行直线.

3. 设 OX, OY, OZ 为三条定直线，A, B 为二定点，其连线过 O 点，点 R 为 OZ 上的动点，且直线 RA, RB 分别交 OX, OY 于点 P, Q. 求证：PQ 通过 AB 上一定点.

4. 在一平面内的影消线上取定两点 A, B, C 为该平面内的任何一点，求证：角度 $\angle ACB$ 投影后是一个常量.

5. 求证任意四边形可以射影成平行四边形.

6. 三角形 ABC 的顶点 A, B, C 分别在共点的三直线 α, β, γ 上移动. 证明：AB 和 BC 分别通过定点 P 与 Q 时，CA 也通过 PQ 上的一个定点.

7. 三角形 ABC 的二顶点 A 与 B 分别在定直线 α 与 β 上移动，三边 AB, BC, CA 分别通过共线的定点 P, Q, R. 试证：这时顶点 C 的轨迹是一条直线.

8. 设 A, B, C, D 为平面上四点，$AB \cap CD = R$(AB 与 CD 交点为 R)$BC \cap AD = P$, $AC \cap BD = Q$, 试证：BC 与 QR 的交点 A_1, CA 与 RP 的交点 B_1, AB 与 PQ 的交点 C_1 在同一直线上.

9. A, B, C, D 是四面体，点 X 在 BC 上，一直线通过 X 分别交 AB, AC 于 P, Q, 另一直线

通过 X，分别交 DB,DC 于 R,S，求证：PR 与 QS 及 AD 交于一点.

5.3 齐次坐标

5.3.1 点的齐次坐标

当欧氏直线上取定坐标后，每一个有穷远点与一个实数相对应，但无穷远点 p_∞ 就没有坐标，因 ∞ 不是数，不能作为坐标．为了刻画无穷远点，引进齐次坐标．

1. 一维齐次坐标

定义 5.3　设欧氏直线上有穷远点 P 的笛氏坐标 x，则满足 $\frac{x_1}{x_2}=x$ 的数对 (x_1,x_2) $(x_2\neq 0)$ 叫做 P 点的齐次坐标，记为 $P(x_1,x_2)$．若 $x_2=0$，$(x_1,0)$，$(x_1\neq 0)$ 或 $(1,0)$，规定为直线上无穷远点的齐次坐标．由定义可知

（1）不同时为 0 的实数 x_1,x_2 确定唯一一个点 $P(x_1,x_2)$

注：$(0,0)$ 不是点的齐次坐标．

（2）齐次坐标不是唯一的，若 $\rho\neq 0$，则 $(\rho x_1,\rho x_2)$ 与 (x_1,x_2) 是同一个点的齐次坐标．

（3）当 $x_2\neq 0$ 时，$P(x_1,x_2)$ 是有穷远点；当 $x_2=0$ 时，$P(x_1,x_2)$ 是无穷远点．$x=\frac{x_1}{x_2}$ $(x_2\neq 0)$ 称为 $P(x_1,x_2)$ 的非齐次坐标，无穷远点没有非齐次坐标．

2. 二维齐次坐标

为了刻画平面上的无穷远点，引进齐次坐标．

定义 5.4　设欧氏平面 π 内点 P 的笛氏坐标为 (x,y)，则满足 $\frac{x_1}{x_3}=x$，$\frac{x_2}{x_3}=y$ 的三元数组 (x_1,x_2,x_3)，$(x_3\neq 0)$ 叫做点 P 的**齐次坐标**，记为 $P(x_1,x_2,x_3)$.

由定义可知 π 内任一点齐次坐标有很多，$(\rho x_1,\rho x_2,\rho x_3)$，$(\rho\neq 0)$ 与 (x_1,x_2,x_3) 表示同一个点的齐次坐标，为区别起见 (x,y) 叫做点的**非齐次坐标**.

下面说明无穷远点的齐次坐标．平行的直线族，交于同一个无穷远点，一族平行的直线中一定有一条过坐标原点，设它的方程为 $y=kx$，k 是直线的斜率．取这组直线上无穷远点的齐次坐标为 $(1,k,0)$.

当 $k=0$ 时，$(1,0,0)$ 就是 x 轴上无穷远点的齐次坐标．当 $k=\infty$ 时，$(0,1,0)$ 表示 y 轴上无穷远点的齐次坐标．若 $\rho\neq 0$，$(\rho,\rho k,0)$ 与 $(1,k,0)$ 是同一个无穷远点的齐次坐标，无穷远点的齐次坐标为 $(x_1,x_2,0)$ $(x_1,x_2$ 不同时为 0).

注：$(0,0,0)$ 不表示一个点的齐次坐标，$(x_1,x_2,0)$ $(x_1,x_2$ 不同时为 0) 是一个无穷远点的齐次坐标．(x_1,x_2,x_3)，$(x_3\neq 0)$ 是一个有穷远点的齐次坐标．

5.3.2 直线方程

下面讨论直线在齐次坐标下的方程．在欧氏坐标下，直线的方程为

$$a_1x+a_2y+a_3=0,\ (a_1^2+a_2^2\neq 0).$$

(x,y) 是直线上点的非齐次坐标．设点 (x,y) 的齐次坐标为 (x_1,x_2,x_3)，则

$$x=\frac{x_1}{x_3},\ y=\frac{x_2}{x_3},$$

于是

$$a_1\frac{x_1}{x_3}+a_2\frac{x_2}{x_3}+a_3=0,$$

即

$$a_1x_1+a_2x_2+a_3x_3=0,\ (a_1^2+a_2^2\neq0).$$

上式就是直线的齐次方程．特别过原点的直线的齐次方程为

$$a_1x_1+a_2x_2=0,(a_1^2+a_2^2\neq0).$$

无穷远直线的齐次方程为

$$x_3=0.$$

注：无穷远直线无非齐次方程．

例 5.4 (1)求(2,3)，(0,4)，(−3,1)，(0,0)的齐次坐标：

(2) 求直线 $2x-y+1=0$ 与直线 $-3x_1+2x_2=0$ 上的无穷远点．

解 (1) 齐次坐标分别为(2,3,1)，(0,4,1)，(−3,1,1)，(0,0,1)；

(2) 两直线上的无穷远点分别为(1,2,0)，(2,3,0)．

5.3.3 齐次线坐标

在齐次点坐标中，直线的齐次方程为

$$u_1x_1+u_2x_2+u_3x_3=0,$$

其中，(x_1,x_2,x_3)是直线上点的齐次坐标，直线由三个系数 u_1，u_2，u_3 唯一确定．并且若 $\rho\neq0$，那么

$$\rho u_1x_1+\rho u_2x_2+\rho u_3x_3=0,$$

与上面方程表示同一条直线．于是引入如下定义

定义 5.5 直线的齐次方程中 x_1，x_2，x_3 的系数 u_1，u_2，u_3 叫做直线的**齐次线坐标**．显然，若 $\rho\neq0$，$[\rho u_1,\rho u_2,\rho u_3]$也是直线的齐次线坐标，记为$[u_1,u_2,u_3]$．

直线的线坐标不是唯一的．

例 5.5 [1,0,0]是 y 轴的齐次线坐标，[0,1,0]是 x 轴的齐次线坐标，[0,0,1]是无穷远直线的齐次线坐标．

定理 5.3 一点 $x=(x_1,x_2,x_3)$在一直线 $u=[u_1,u_2,u_3]$上的充分必要条件为

$$u_1x_1+u_2x_2+u_3x_3=0.$$

证 因为直线的方程为

$$u_1X_1+u_2X_2+u_3X_3=0,$$

其中，X_1，X_2，X_3 是直线上点的坐标，于是 $x=(x_1,x_2,x_3)$在直线上当且仅当上面等式成立．

若直线 $u=[u_1,u_2,u_3]$不通过原点，则 $u_3\neq0$，称

$$u=\frac{u_1}{u_3},\ v=\frac{u_2}{u_3},$$

为直线

$$u_1x_1+u_2x_2+u_3x_3=0$$

的**非齐次坐标**．所有不通过原点直线的方程都可以写成

$$ux+vy+1=0.$$

两个点 $a=(a_1,a_2,a_3)$，$b=(b_1,b_2,b_3)$ 的连线的方程为

$$\begin{vmatrix} x_1 & x_2 & x_3 \\ a_1 & a_2 & a_3 \\ b_1 & b_2 & b_3 \end{vmatrix}=0,$$

即

$$(a_2b_3-a_3b_2)x_1+(a_3b_1-a_1b_3)x_2+(a_1b_2-a_2b_1)x_3=0.$$

于是直线的坐标为 $u=a\times b$. 事实上设两点连线的方程为

$$u_1x_1+u_2x_2+u_3x_3=0,$$

于是

$$u_1a_1+u_2a_2+u_3a_3=0,$$
$$u_1b_1+u_2b_2+u_3b_3=0.$$

上面三个方程写成矩阵的形式为

$$\begin{pmatrix} a_1 & a_2 & a_3 \\ b_1 & b_2 & b_3 \\ x_1 & x_2 & x_3 \end{pmatrix}\begin{pmatrix} u_1 \\ u_2 \\ u_3 \end{pmatrix}=0.$$

由于连线的齐次坐标不为0，所以方程组有非零解. 于是系数行列式为零，即

$$\begin{vmatrix} x_1 & x_2 & x_3 \\ a_1 & a_2 & a_3 \\ b_1 & b_2 & b_3 \end{vmatrix}=0.$$

这就是连线的方程.

习 题 5.3

1. 试求出下面各点的齐次坐标.

(1) $(1,0)$，$(0,1)$，$\left(2,\frac{5}{3}\right)$.

(2) 以$\frac{3}{4}$为方向的无穷远点.

(3) $3x+y+1=0$ 上的无穷远点.

2. 求下列直线上的无穷远点.

(1) $x_1+x_2-4x_3=0$　　(2) $x_1+2x_2=0$

(3) $x_2-3x_3=0$　　(4) $x_1+5x_3=0$

3. 求直线 $a_1x_1+a_2x_2+a_3x_3=0$ 与 $b_1x_1+b_2x_2+b_3x_3=0$ 的交点与直线 $c_1x_1+c_2x_2+c_3x_3=0$ 和 $d_1x_1+d_2x_2+d_3x_3=0$ 的交点的连线方程，并求出此直线上的无穷远点.

4. 写出下面直线的坐标.

(1) x 轴. (2) y 轴. (3) 无穷远直线. (4) 过原点斜率为 2 的直线.

5. 设三点 $P_1(1,4,-3)$，$P_2(0,2,5)$，$P_3(3,8,-19)$.

(1) 证明 P_1,P_2,P_3 三点共线.

(2) 求所在直线的方程.

5.4 对偶原理

我们把点和直线称为射影平面上的对偶元素，点在直线上，或者直线通过点，称为点与直线结合．在射影平面内的几何命题，如果只涉及到结合关系，称为射影命题．因为在平面 π 上，点与直线的结合关系，经过中心投影后，到另一个平面 π' 上的像仍有相应的结合关系．所以射影的命题，经过中心射影仍保持原貌．在射影平面上，只用点与线的结合关系表达全部命题，构成平面射影几何学．

射影几何的命题是成对出现的，一个命题中，将点与线互相对调，并将结合关系按通常的理解来叙述，便得出另一个命题．比如：

1. 两点决定一直线．

1′. 两直线决定一点．

2. 含点坐标的一次方程．

$Ax_1+Bx_2+Cx_3=0$

表示一直线，其坐标为$[A,B,C]$．

2′. 含线坐标的一次方程

$Au_1+Bu_2+Cu_3=0$

表示一个点，其坐标为(A,B,C)．

3. 两点 A 与 B 连线的齐次坐标方程为

$$\begin{vmatrix} x_1 & x_2 & x_3 \\ a_1 & a_2 & a_3 \\ b_1 & b_2 & b_3 \end{vmatrix}=0.$$

直线的线坐标是

$$\left[\begin{vmatrix} a_2 & a_3 \\ b_2 & b_3 \end{vmatrix}, \begin{vmatrix} a_3 & a_1 \\ b_3 & b_1 \end{vmatrix}, \begin{vmatrix} a_1 & a_2 \\ b_1 & b_2 \end{vmatrix}\right].$$

3′. 直线 a 与 b 的交点方程为

$$\begin{vmatrix} u_1 & u_2 & u_3 \\ a_1 & a_2 & a_3 \\ b_1 & b_2 & b_3 \end{vmatrix}=0$$

这点的坐标是

$$\left(\begin{vmatrix} a_2 & a_3 \\ b_2 & b_3 \end{vmatrix}, \begin{vmatrix} a_3 & a_1 \\ b_3 & b_1 \end{vmatrix}, \begin{vmatrix} a_1 & a_2 \\ b_1 & b_2 \end{vmatrix}\right)$$

4. 三个点 $A(a_1,a_2,a_3)$

$B(b_1,b_2,b_3)$，$C(c_1,c_2,c_3)$

共线的充要条件为

$$\begin{vmatrix} a_1 & a_2 & a_3 \\ b_1 & b_2 & b_3 \\ c_1 & c_2 & c_3 \end{vmatrix}=0$$

4′. 三直线 $a=[a_1,a_2,a_3]$

$b=[b_1,b_2,b_3]$，$c=[c_1,c_2,c_3]$

共点的充要条件为

$$\begin{vmatrix} a_1 & a_2 & a_3 \\ b_1 & b_2 & b_3 \\ c_1 & c_2 & c_3 \end{vmatrix}=0$$

5. 三个不同点 $A(a_1,a_2,a_3)$，

$B(b_1,b_2,b_3)$，$C(c_1,c_2,c_3)$

共线的充要条件为存在不全为 0 的 p，q，r 使得 $pa+qb+rc=0$.

5′. 三条不同直线 $a=[a_1,a_2,a_3]$，

$b=[b_1,b_2,b_3]$，$c=[c_1,c_2,c_3]$

共点的充要条件为存在不全为 0 的 p，q，r 使得 $pa+qb+rc=0$.

完全四点形

由四个点(其中无三点共线)以及连接其中任意两点的六条直线所组成的图形叫完全四点形(如图 5.13(a)所示)这四个点叫点，六条直线叫边，没有公共顶点的两边叫对边，共有三对对边，三对对边的交点叫对边点，它们构成一个三点形叫**对边三点形**.

完全四线形

由四条直线(其中无三直线共点)以及其中任意两条直线的六个交点所组成的图形叫完全四线形(如图 5.13(b)所示)．这四条直线叫边，六个点叫顶点，不在公共边上的两顶点叫对顶，共有三对对顶，三对对顶点的连线叫对顶线，它们构成一个三线形，叫**对顶三线形**．

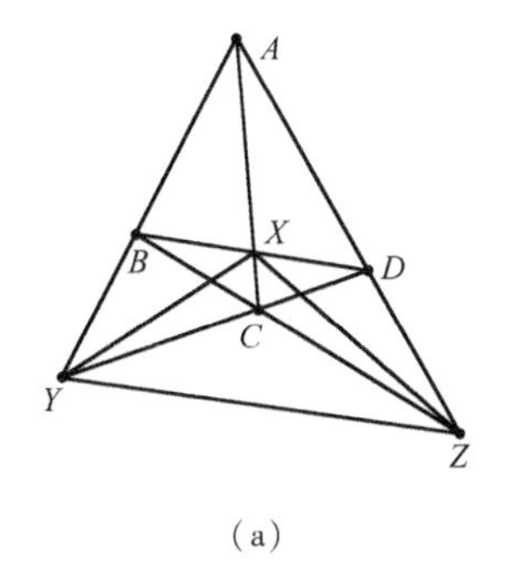

(a)

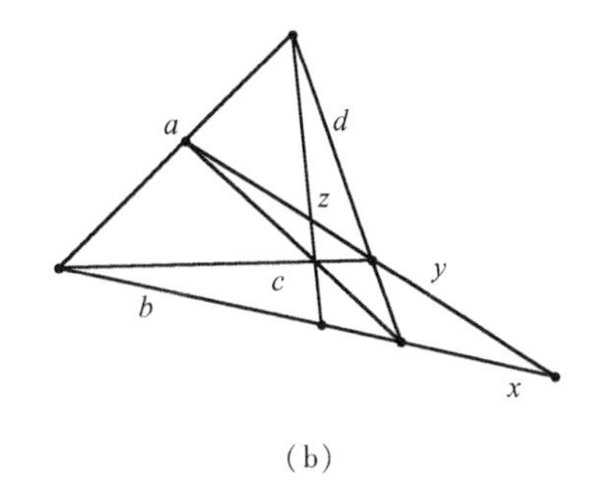

(b)

图5.13

互相对应的命题，在将“点”换为“直线”，“直线”换为“点”之后，便可互相推出．这样的命题称为**对偶命题**．如果两个命题一致，称为**自对偶命题**．通常命题A的对偶命题记为P_A.

平面射影几何对偶原理：射影平面上，点与直线的每一个射影命题，都对应着另一个对偶命题，如果两个命题之一成立，那么另一个也成立．

例5.6　A：若两个完全四点形的五对对应边的交点在同一直线上，则其第六对对应边的交点也在此直线上，其四对对应顶点连线必共点．

P_A：若两个完全四线形的五对对应顶点连线通过同一点，则其第六对对应顶点的连线也通过此点，其四对对应边的交点必共线．

利用德萨格定理及其逆定理可给出证明．

例5.7　用代数方法证明德萨格定理．

证　如图5.14所示，设有三点形ABC和$A'B'C'$对应点连线共点O，因为O,A,A'共线，存在不全为0的常数l,l'，使得

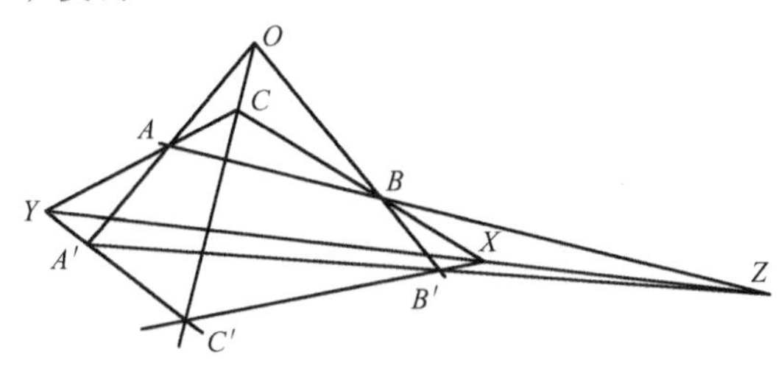

图5.14

$$O=lA+l'A'. \tag{1}$$

同理

$$O=mB+m'B'. \tag{2}$$

$$O=nC+n'C'. \tag{3}$$

由式(1)、式(2)得

$$lA-mB=-(l'A'-m'B')=Z. \tag{4}$$

同理

$$mB-nC=-(m'B'-n'C')=X, \tag{5}$$

$$nC-lA=-(n'C'-l'A')=Y, \tag{6}$$

由式(4)、式(5)、式(6)得

$$X+Y+Z=0.$$

即三点共线.

德萨格定理在初等几何中的应用

德萨格定理是平面射影几何的基础之一，是射影几何的一个重要命题. 在初等几何里，证明某些“点共线”、“线共点”问题，求轨迹、定点和作图等问题的解决中都有独到之处.

在运用德萨格定理或逆定理证明点共线或线共点时，准确找到两个三点形或两个三线形是十分重要的. 如果找到的两个三点形或三线形不能解决问题，一般应调整对应顶点的次序，以达到证明的目的.

例 5.8　已知 ABC 及其平面上一点 P(不在任一边上)，连 AP,BP,CP 与对边交于 A',B',C'，且 $A_1=BC\cap B'C'$，$B_1=CA\cap C'A'$，$C_1=BA\cap A'B'$. 求证：A_1,B_1,C_1 三点共线.

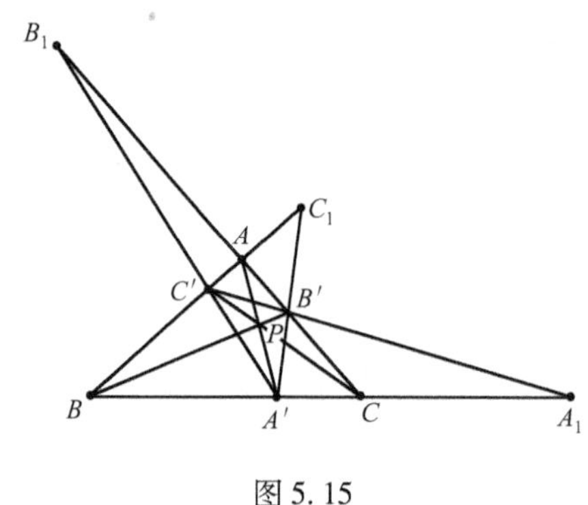

图 5.15

证　如图 5.15 所示，在△ABC 和△$A'B'C'$中，对应顶点联线 AA',BB',CC'共点 P，所以对应边的交点 $A_1=BC\cap B'C'$，$B_1=CA\cap C'A'$，$C_1=BA\cap B'A'$ ，三点共线.

习　题　5.4

1. 画出下面图形的对偶图形.

(1) 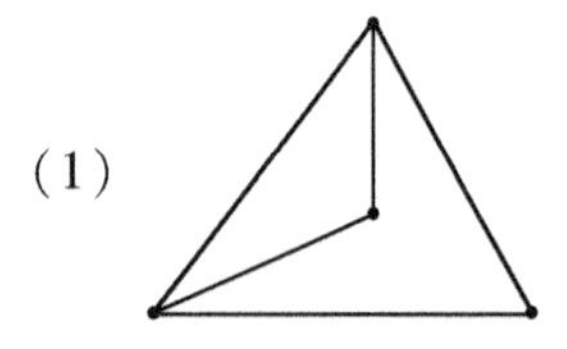　(2) 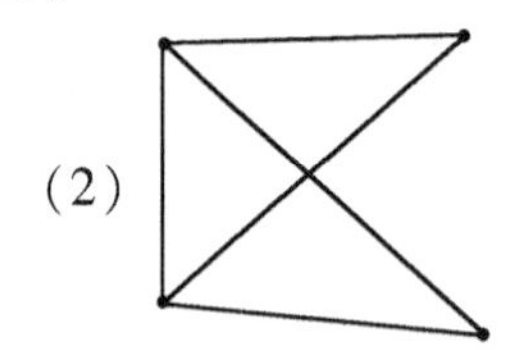

2. 写出下面命题的对偶命题.

设一个变动的三点形，它的两边各通过一个定点，且三顶点在共点的三条定直线上. 求证：第三边也通过一个定点.

3. 求两点 $3u_1+4u_2-11u_3=0$，$5u_1-3u_2+u_3=0$ 的连线的坐标.

4. 求通过两直线[1,1,1]，[2,1,3]交点与点 $2u_1+3u_2+u_3=0$ 的直线的坐标.

5. 以 $A_1(1,0,0)$，$A_2(0,1,0)$，$A_3(0,0,1)$为顶点的三点形称为坐标三点形，写出坐标三点形三边的方程.

6. 证明：对任何 k 的值，点 $P(1-k,2+k,-1+4k)$都在两点 $P_1(1,2,-1)$，$P_2(-1,1,4)$的连线上. 并求点 $A(1,3,0)$，$B(1,5,2)$所对应的 k 的值.

5.5 复元素

5.5.1 二维空间的复元素

复点：设有一对有序复数 $x=x'+x''\mathrm{i}$，$y=y'+y''\mathrm{i}$，如果 x，y 都是实数，则 (x, y) 为一普通点即实点；若 x 或 y 为复数或均为复数，则规定一个新点称为复点，仍以 (x, y) 为其坐标.

复点的齐次坐标：对于复点 (x, y) 引入 (x_1, x_2, x_3)，其中 $x_1=x_1'+x_1''\mathrm{i}, x_2=x_2'+x_2''\mathrm{i}, x_3=x_3'+x_3''\mathrm{i}$，如果 (x_1,x_2,x_3) 与三个不全为零的实数成比例，则为一实点的齐次坐标，例如 $(-1,0,2)$ 与 $(-\mathrm{i},0,2\mathrm{i})$ 及 $(-1+\mathrm{i},02-2\mathrm{i})$ 为同一实点的齐次坐标. 如果 (x_1,x_2,x_3) 不与任何三个不全为零的实数成比例，则 $(x_1,x_2\ x_3)$ 及 $(\rho x_1,\rho x_2,\rho x_3)$（其中 ρ 为任意非零实数）规定为复点的齐次坐标. 同样的，对于 (x_1,x_2,x_3)，$x_3\neq 0$ 时表示普通点；$x_3=0$ 时表示无穷远复点.

复直线的引入与此类似. 复点、复直线统称**复元素**.

显然，实直线上可以有虚点，虚直线上可以有实点；过实点可以有虚直线，过虚点可以有实直线.

5.5.2 共轭复元素

定义 5.6 若 (a_1, a_2, a_3) 为一元素（点或直线）的齐次坐标时，$(\bar{a}_1,\bar{a}_2,\bar{a}_3)$ 为另一同类元素（点或直线）的齐次坐标，则此二元素叫做**共轭复元素**.

注：两个非无穷远共轭复元素，非齐次坐标必为共轭复数；但齐次坐标不一定为共轭复数. 两个元素可能在相差一个非零比例常数的前提下共轭，例如点 $(2,\mathrm{i},1-\mathrm{i})$ 与 $(2+2\mathrm{i},1-\mathrm{i},2\mathrm{i})$ 为共轭复点.

5.5.3 几个结论

(1) 点 x 在直线 u 上 $\Leftrightarrow \bar{x}$ 在 $\bar{u}$ 上.　　(1′) 直线 u 过点 $x \Leftrightarrow \bar{u}$ 过 $\bar{x}$.

(2) 复点 x 在直线 u 上 $\Leftrightarrow \bar{x}$ 在 u 上.　(2′) 复直线 u 过点 $x \Leftrightarrow \bar{u}$ 过 x.

(3) 实直线上的点或为实点或为成对出现的共轭虚点.

(3′) 过实点的直线或为实直线或为成对出现的共轭虚直线.

(4) 两共轭复点连线为实直线.

(4′) 两共轭复直线交点为实点.

(5) 过一复点有且仅有一条实直线.

(5′) 在一条复直线上有且仅有一个实点.

例 5.9 求：(1) 过点 $(1,-\mathrm{i},2)$ 的实直线；(2) 直线 $[\mathrm{i},2,1-\mathrm{i}]$ 上的实点.

解：(1) 因为过点 $(1,-\mathrm{i},2)$ 的实直线必过其共轭复点 $(1,\mathrm{i},2)$，所以所求直线为：

$$\begin{vmatrix} x_1 & x_2 & x_3 \\ 1 & -\mathrm{i} & 2 \\ 1 & \mathrm{i} & 2 \end{vmatrix}=0,$$

即 $2x_1-x_3=0$.

(2) 直线 $[\mathrm{i},2,1-\mathrm{i}]$ 上的实点为此直线与其共轭复直线 $[-\mathrm{i},2,1+\mathrm{i}]$ 的交点，由方程

$$\begin{cases} ix_1+2x_2+(1-i)x_3=0 \\ -ix_1+2x_2+(1+i)x_3=0 \end{cases},$$

解得实点为：$(2,-1,2)$.

习　题　5.5

1. (1) 求连接两点$(1+i,2+i,1)$，$(1-i,2+i,1)$的直线方程.

   (2) 求直线$(2-i)x_1+5ix_2+(1+2i)x_3=0$上的实点.

2. 求证：三点$(1,-1,0)$，$(1,i,0)$，$(1,-i,0)$共线，并将最后一点的坐标表示为前两点的线性组合.

3. 证明：点$(2,i,1-i)$与$(2+2i,1-i,2i)$为共轭复点.

4. 求直线$[2,i,3-4i]$上的实点.

复习题五

1. 求两点(x_1,y_1)与(x_2,y_2)的连线与直线$[u,v]$的交点的坐标与方程.

2. 直线AB与CD交于U，直线AC与BD交于V，直线UV分别交AD，BC于F，G，直线BF与AC交于L. 求证：三直线LG,CF,AU交于一点(提示：考虑三点形AFL与UCG).

3. 证明：对任意四边形可选择中心射影，将其投影为梯形.

4. 试证明：中心投影不保持直线上两个线段之比.

5. 用代数法证明德萨格定理的逆定理.

6. 方程$u_1-u_2+2u_3=0$代表什么？$u_1^2-u_2^2=0$代表什么？

7. 将$2x-y+1$表示成$3x+y-2$，$7x-y$的线性组合，这说明什么几何意义？

8. 将点$(2,1,1)$表示成两点$(1,-1,1)$，$(1,0,0)$的线性组合，这说明什么几何意义？

9. 证明：对任何λ，点$C(1-\lambda,2+\lambda,-1+4\lambda)$在两点$A(1,2,-1)$，$B(-1,1,4)$的连线上，并求点$D(1,3,0)$，$E(1,5,2)$所对应的$\lambda$值.

10. 以$A_1(1,0,0)$，$A_2(0,1,0)$，$A_3(0,0,1)$为顶点的三角形称为坐标三点形，写出坐标三点形三边的方程.

第6章　射影变换与射影坐标

本章首先引入基本的射影不变量——交比.然后分别讨论一维与二维射影变换及其基本性质.

6.1　交　　比

6.1.1　点列中四点的交比

交比是最基本的射影不变量，其他所有射影不变量都与交比有关，下面我们将给出交比的定义、性质及其求解方法.

定义 6.1　共线四点 P_1，P_2，P_3，P_4 的**交比**等于单比$(P_1P_2P_3)$与单比$(P_1P_2P_4)$的比，记做：(P_1P_2, P_3P_4)，即

$$(P_1P_2, P_3P_4)=\frac{(P_1P_2P_3)}{(P_1P_2P_4)},$$

其中 P_1，P_2 叫**基点偶**，P_3，P_4 叫**分点偶**.

由交比和单比的定义，我们可以得到交比的另一种表示：

$$(P_1P_2, P_3P_4)=\frac{(P_1P_2P_3)}{(P_1P_2P_4)}=\frac{\dfrac{P_1P_3}{P_2P_3}}{\dfrac{P_1P_4}{P_2P_4}}=\frac{P_1P_3\cdot P_2P_4}{P_2P_3\cdot P_1P_4}, \tag{6.1}$$

其中 P_1P_3，P_2P_4，P_2P_3，P_1P_4 是有向线段的数量.

不难得出：

(1) 点偶 P_3，P_4 不分离点偶 P_1，P_2 时，交比$(P_1P_2, P_3P_4)>0$；

(2) 点偶 P_3，P_4 分离点偶 P_1，P_2 时，交比$(P_1P_2, P_3P_4)<0$；

(3) 当 P_3，P_4 或 P_1，P_2 重合时，$(P_1P_2, P_3P_4)=1$；

(4) 当 P_1，P_3 或 P_2，P_4 重合时，$(P_1P_2, P_3P_4)=0$.

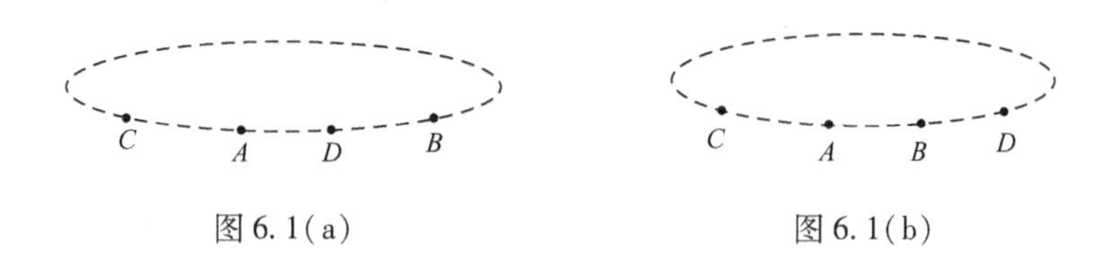

图 6.1(a)　　　　图 6.1(b)

由公式(6.1)可以看出，共线四点的交比值与点在交比符号中的顺序有关，改变顺序的时候，交比值有如下的变化规律：

定理 6.1　改变共线四点在交比符号中的位置时，四点的交比值的改变情况如下：

（1）基点偶与分点偶交换或者同时交换每个点偶里的字母，交比值不改变，即

$$(P_1P_2, P_3P_4) = (P_3P_4, P_1P_2) = (P_2P_1, P_4P_3).$$

（2）基点偶的两个字母交换或分点偶的两个字母交换，交比的值变成原来的交比值的倒数，即

$$(P_2P_1, P_3P_4) = (P_1P_2, P_4P_3) = \frac{1}{(P_1P_2, P_3P_4)}.$$

（3）交换中间的两个字母或两端的两个字母，交比的值等于 1 减去原来的交比值，即

$$(P_1P_3, P_2P_4) = (P_4P_2, P_3P_1) = 1-(P_1P_2, P_3P_4).$$

我们只证明(3)

证

$$\begin{aligned}(P_1P_3, P_2P_4) &= \frac{P_1P_2 \cdot P_3P_4}{P_3P_2 \cdot P_1P_4}\\ &= \frac{(P_1P_3+P_3P_2)\cdot(P_3P_2+P_2P_4)}{P_3P_2 \cdot P_1P_4}\\ &= \frac{P_3P_2 \cdot P_1P_4}{P_3P_2 \cdot P_1P_4} - \frac{P_1P_3 \cdot P_2P_4}{P_3P_2 \cdot P_1P_4}\\ &= 1-(P_1P_2, P_3P_4).\end{aligned}$$

共线四点 P_1，P_2，P_3，P_4 一共有 4！=24 种不同的排列，所以有 24 个交比，根据交比的运算性质，它们只有 6 个不同的交比值，即

$$(12, 34) = (34, 12) = (21, 43) = (43, 21) = m,$$

$$(21, 34) = (34, 21) = (43, 12) = (12, 43) = \frac{1}{m},$$

$$(13, 24) = (42, 31) = (31, 42) = (24, 13) = 1-m,$$

$$(31, 24) = (24, 31) = (13, 42) = (42, 13) = \frac{1}{1-m},$$

$$(14, 23) = (23, 14) = (41, 32) = (32, 41) = 1-\frac{1}{m},$$

$$(41, 23) = (23, 41) = (14, 32) = (32, 14) = \frac{m}{m-1}.$$

例 6.1　已知$(P_1P_2, P_3P_4)=3$，求(P_4P_3, P_2P_1)和(P_1P_3, P_2P_4)的值.

解

$$(P_4P_3, P_2P_1) = (P_2P_1, P_4P_3) = (P_1P_2, P_3P_4) = 3,$$

$$(P_1P_3, P_2P_4) = 1-(P_1P_2, P_3P_4) = 1-3 = -2.$$

下面研究交比的代数表示.

定理 6.2　一直线上的无穷远点分其上任何两点的单比等于 1.

证　设共线三点 P_1，P_2，P 的非齐次坐标为(x_1, y_1)，(x_2, y_2)，(x, y)，单比$(P_1P_2P)=\mu$，则

$$x = \frac{x_1-\mu x_2}{1-\mu}, \qquad y = \frac{y_1-\mu y_2}{1-\mu}.$$

于是得点 P 的齐次坐标为$(x_1-\mu x_2, y_1-\mu y_2, 1-\mu)$.

当 $\mu=1$ 时，点 P 的齐次坐标为$(x_1-x_2, y_1-y_2, 0)$，即直线 P_1P_2 上的无穷远点，所以$(P_1P_2P_\infty)=1$.

根据交比定义，不难得出$(P_1P_2, P_3P_\infty)=(P_1P_2P_3)$.

定理 6.3　已知两不同的有穷远点的齐次坐标为 $A(a)$, $B(b)$, $P(a+\lambda b)$为直线 AB 上点，且$(ABP)=\mu$，则$\mu=-\lambda\dfrac{b_3}{a_3}$.

证　(1) 如果 P 是直线 AB 上的无穷远点，则 $(ABP)=\mu=1$，而且 $a_3+\lambda b_3=0$，所以有

$$-\frac{\lambda b_3}{a_3}=1,$$

即

$$\mu=-\lambda\frac{b_3}{a_3}.$$

(2) 若 P 是普通点，则 A, B, P 的非齐次坐标分别为

$$\left(\frac{a_1}{a_3},\frac{a_2}{a_3}\right),\left(\frac{b_1}{b_3},\frac{b_2}{b_3}\right),\left(\frac{a_1+\lambda b_1}{a_3+\lambda b_3},\frac{a_2+\lambda b_2}{a_3+\lambda b_3}\right),$$

又有 $(ABP)=\mu$，所以有

$$\frac{a_1+\lambda b_1}{a_3+\lambda b_3}=\frac{\dfrac{a_2}{a_3}-\mu\dfrac{b_1}{b_3}}{1-\mu},\ \frac{a_2+\lambda b_2}{a_3+\lambda b_3}=\frac{\dfrac{a_2}{a_3}-\mu\dfrac{b_2}{b_3}}{1-\mu},$$

整理得

$$(a_3b_1-a_1b_3)(a_3\mu+b_3\lambda)=0,$$
$$(a_3b_2-a_2b_3)(a_3\mu+b_3\lambda)=0.$$

由于$(a_3b_1-a_1b_3)$与$(a_3b_2-a_2b_3)$不能同时为0，因此 $a_3\mu+b_3\lambda=0$，即

$$\mu=-\lambda\frac{b_3}{a_3}.$$

由定理 6.3，我们不难得出如下定理.

定理 6.4　若共线的四个不同点为 $P_1(a)$, $P_2(b)$, $P_3(a+\lambda_1b)$, $P_4(a+\lambda_2b)$，则

$$(P_1P_2, P_3P_4)=\frac{\lambda_1}{\lambda_2},\ \lambda_1\lambda_2(\lambda_1-\lambda_2)\neq0.$$

注：如果共线四点中有一为无穷远点时，可以把上式作为交比的定义.

推论　共线的四个不同点为 $P_i(a+\lambda_ib)(i=1,2,3,4)$，则

$$(P_1P_2, P_3P_4)=\frac{(\lambda_1-\lambda_3)(\lambda_2-\lambda_4)}{(\lambda_2-\lambda_3)(\lambda_1-\lambda_4)},$$

其中 $\lambda_i(i=1,2,3,4)$互不相同.

例 6.2　已知 $A(3,1,1)$, $B(7,5,1)$, $C(6,4,1)$, $D(9,7,1)$，试证四点共线，并求(AB, CD)

解　第一步，验证 A, B, C, D 四点共线；

因为

$$\begin{vmatrix}3&1&1\\7&5&1\\6&4&1\end{vmatrix}=0,\ \begin{vmatrix}3&1&1\\7&5&1\\9&7&1\end{vmatrix}=0,$$

所以 A, B, C, D 四点共线.

第二步，将 C, D 写成 A, B 的参数表示后求交比；

设 $\rho_1 C=A+\lambda_1 B$，$\rho_2 D=A+\lambda_2 B$，将坐标代入，可得：

$$\begin{cases}6\rho_1=3+7\lambda_1\\4\rho_1=1+5\lambda_1\\\rho_1=1+\lambda_1\end{cases}\begin{cases}9\rho_2=3+7\lambda_2\\7\rho_2=1+5\lambda_2\\\rho_2=1+\lambda_2\end{cases},$$

解得

$$\begin{cases}\rho_1=4\\\lambda_1=3\end{cases}\begin{cases}\rho_2=-2\\\lambda_2=-3\end{cases};$$

所以 $(AB,\ CD)=\dfrac{\lambda_1}{\lambda_2}=-1$.

定理 6.5 已知四个共线点中三点的坐标及其交比值，则第四点必唯一确定.

例 6.3 已知 $(AB,\ CD)=2$，且 A，B，D 的齐次坐标依次为 $(1,1,1)$，$(1,-1,1)$，$(1,0,1)$，求 C 的坐标.

解 设 $C=A+\lambda_1 B$，$\rho D=A+\lambda_2 B$，将 A，B，D 的坐标代入得：$\rho=2$，$\lambda_2=1$. 由

$$(AB,\ CD)=\frac{\lambda_1}{\lambda_2}=2,$$

解得 $\lambda_1=2$，所以 C 的坐标为 $(3,-1,3)$.

定义 6.2 如果 $(P_1P_2,\ P_3P_4)=-1$，则称 P_3，P_4 调和分离点偶 P_1，P_2，或称 P_1，P_2 与 P_3，P_4 调和共轭，也称 P_4 为 P_1，P_2，P_3 的第四调和共轭点，交比值 -1 称为调和比.

定理 6.6 一线段的中点就该线段两端所确定的第四调和点为无穷远点；反过来，成调和共轭的四点中，如果有一点为无穷远点，则与其配偶的那一点必为另一点偶为端点的线段的中点.

证 若点 C 是线段 AB 的中点，则 $(AB,\ CD_\infty)=(ABC)=-1$.

反之，若 $(AB,\ CD_\infty)=-1$，则 $(ABC)=-1$，即点 C 是线段 AB 的中点.

例 6.4 设 $(AB,\ CD)=-1$，O 为线段 CD 的中点，则有 $OC^2=OA\cdot OB$. 反过来，若 A，B，C，D 为共线四点，O 为线段 CD 的中点，且 $OC^2=OA\cdot OB$，则有 $(AB,\ CD)=-1$.

证 (1) 由 $(AB,\ CD)=\dfrac{AC\cdot BD}{BC\cdot AD}=-1$，可知 $AC\cdot BD+BC\cdot AD=0$；由于

$$OA+AC=OC,\ OB+BD=OD,\ OB+BC=OC,\ OA+AD=OD,$$

代入上式，得 $(OC-OA)(OD-OB)+(OC-OB)(OD-OA)=0$，整理后，得

$$2(OA\cdot OB+OC\cdot OD)-(OA+OB)(OC+OD)=0,$$

由于 $OC=-OD$，所以 $OA\cdot OB-OC^2=0$，即 $OC^2=OA\cdot OB$.

(2) 若 A，B，C，D 为共线四点，O 为 CD 中点且 $OC^2=OA\cdot OB$，设 A' 为此直线上一点，且 $(A'B,\ CD)=-1$，由(1)可知，$OC^2=OA'\cdot OB$，所以 $OA=OA'$，A 与 A' 重合，于是 $(AB,\ CD)=-1$

6.1.2 线束中四直线的交比

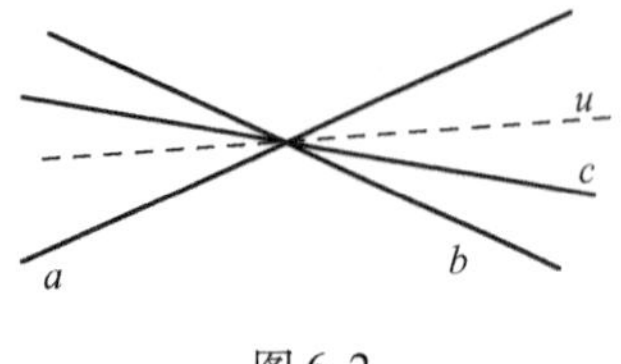

图 6.2

与点列的交比定义一样，我们先定义共点三直线的单比，而引入单比首先需要引入两条直线的交角.

设 a，b，c 是同一线束中的三条直线（如图 6.2 所示），通过线束中心任作一直线 μ，我们规定 a，b 二直线的交角为不含有直线 μ 的那个，记做 $(a,\ b)$，并规定

当边的顺序与逆时针方向一致时(a, b)为正值，与顺时针方向一致时(a, b)为负值.

定义6.3　设a，b，c是同一线束中的三条直线，则

$$(abc)=\frac{\sin(a, c)}{\sin(b, c)}.$$

叫做直线a，b，c的**单比**，其中a，b叫**基线**，c叫**分线**.

不难得出：

(1) 当直线c在(a, b)中时，$(abc)<0$；

(2) 当直线c不在(a, b)中时，$(abc)>0$；

特别地，当直线c是(a, b)的角平分线时，$(abc)=-1$.

同样，用三直线的单比可以定义四直线的交比.

定义6.4　若a，b，c，d是线束中的四条直线，则

$$(ab, cd)=\frac{(abc)}{(abd)}=\frac{\sin(a, c)\cdot\sin(b, d)}{\sin(b, c)\cdot\sin(a, d)},$$

叫做a，b，c，d的交比，其中a，b叫**基线偶**，c，d叫**分线偶**.

注：根据交比的定义，交比是用正弦表示的，所以交比值与直线u的选取无关.

同样地，也可以得出以下结论：

(1) c，d不分离a，b时，$(ab, cd)>0$；

(2) c，d分离a，b时，$(ab, cd)<0$；

(3) 当c，d重合时，$(ab, cd)=1$；

(4) 当a，c重合时，$(ab, cd)=0$.

下面我们证明：交比是射影不变量，并且利用这个性质来求解线束的交比.

定理6.7　如果线束S的四条直线a，b，c，d被任何一条直线s截于A，B，C，D四点，则有$(AB, CD)=(ab, cd)$(如图6.3所示).

证　用$\bar{a}$，$\bar{b}$，$\bar{c}$，$\bar{d}$表示线段SA，SB，SC，SD的长度，h表示从点S到直线s所作垂线SH的长度. 于是$2S_{\triangle ABS}=AB\cdot h=\bar{a}\,\bar{b}\sin(a, b)$，因此

$$AB=\frac{\bar{a}\,\bar{b}\sin(a, b)}{h}.$$

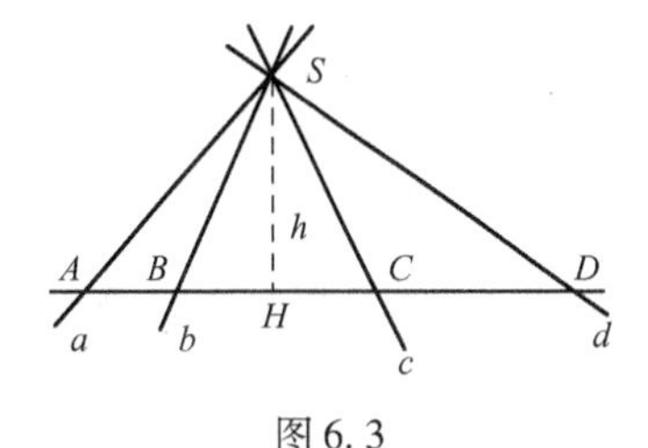

图6.3

利用这个公式可得

$$(AB, CD)=\frac{AC\cdot BD}{BC\cdot AD}=\frac{\bar{a}\,\bar{c}\sin(a, c)\cdot\bar{b}\,\bar{d}\sin(b, d)}{\bar{b}\,\bar{c}\sin(b, c)\cdot\bar{a}\,\bar{d}\sin(a, d)}$$

$$=\frac{\sin(a, c)\cdot\sin(b, d)}{\sin(b, c)\cdot\sin(a, d)}=(ab, cd).$$

定理6.8　交比经中心射影后不变(如图6.4所示)

定理6.9　若a，b，$a+\lambda_1 b$，$a+\lambda_2 b$是四条不同的普通共点直线l_1，l_2，l_3，l_4的齐次坐标，则

$$(l_1l_2, l_3l_4)=\frac{\lambda_1}{\lambda_2},\ \lambda_1\lambda_2(\lambda_1-\lambda_2)\neq 0.$$

推论　若共点的四条不同的普通直线为$l_i(a+\lambda_i b)(i=1, 2, 3, 4)$，则

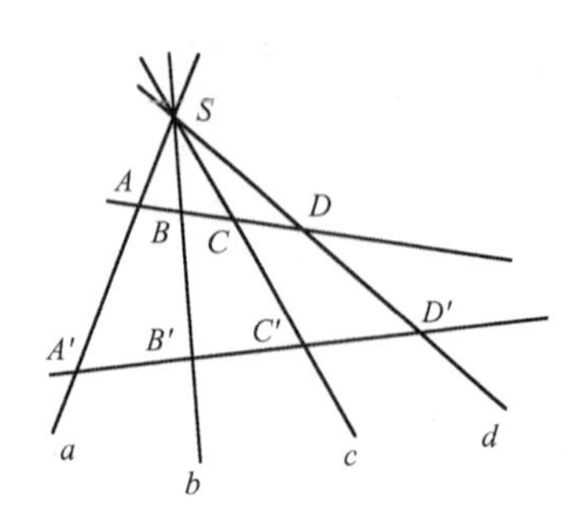

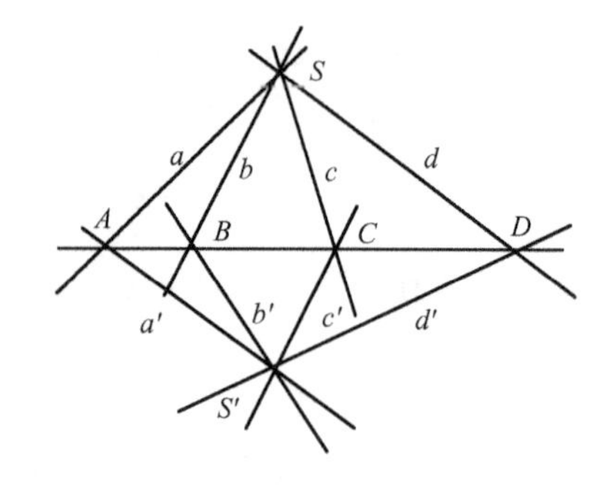

图 6.4

$$(l_1l_2, l_3l_4) = \frac{(\lambda_1-\lambda_3)(\lambda_2-\lambda_4)}{(\lambda_2-\lambda_3)(\lambda_1-\lambda_4)},$$

其中 $\lambda_i(i=1, 2, 3, 4)$互不相同.

注: 如果四直线中有一条是无穷远直线, 则把上式作为交比的定义. 若有

$$(l_1l_2, l_3l_4) = \frac{(\lambda_1-\lambda_3)(\lambda_2-\lambda_4)}{(\lambda_2-\lambda_3)(\lambda_1-\lambda_4)} = -1,$$

则有 $2(\lambda_1\lambda_2+\lambda_3\lambda_4)=(\lambda_1+\lambda_2)(\lambda_3+\lambda_4)$.

定义 6.5 如果四直线 p_1, p_2, p_3, p_4 满足$(p_1p_2, p_3p_4) = -1$, 则称线偶 p_3, p_4 和 p_1, p_2 **调和分离**(**调和共轭**), 也称 p_4 为**第四调和线**, 交比值 -1 称**调和比**.

例 6.5 已知四直线 l_1, l_2, l_3, l_4 的方程顺次为

$$2x_1-x_2+x_3=0,\ 3x_1+x_2-2x_3=0,\ 7x_1-x_2=0,\ 5x_1-x_3=0,$$

求证四直线共点, 并求(l_1l_2, l_3l_4)的值.

解 因为

$$\begin{vmatrix} 2 & -1 & 1 \\ 3 & 1 & -2 \\ 7 & -1 & 0 \end{vmatrix} = 0,\quad \begin{vmatrix} 3 & 1 & 2 \\ 7 & -1 & 0 \\ 5 & 0 & -1 \end{vmatrix} = 0,$$

所以 l_1, l_2, l_3, l_4 共点. 四直线与 x 轴($x_2=0$)的交点顺次为 $A(1, 0, -2)$, $B(2, 0, 3)$, $C(0, 0, 1)$, $D(1, 0, 5)$, 其非齐次坐标为 $A\left(-\frac{1}{2}, 0\right)$, $B\left(\frac{2}{3}, 0\right)$, $C(0, 0)$, $D\left(\frac{1}{5}, 0\right)$, 所以

$$(l_1l_2, l_3l_4) = (AB, CD) = \frac{\left(0+\frac{1}{2}\right)\left(\frac{1}{5}-\frac{2}{3}\right)}{\left(0-\frac{2}{3}\right)\left(\frac{1}{5}+\frac{1}{2}\right)} = \frac{1}{2}.$$

定理 6.10 对于通常线束中以 k_i 为斜率的四直线 $l_i(i=1, 2, 3, 4)$, 我们有

$$(l_1l_2, l_3l_4) = \frac{(k_1-k_3)(k_2-k_4)}{(k_2-k_3)(k_1-k_4)}.$$

证 设共点四直线

$$l_1: y=k_1x+b_1,\ l_2: y=k_2x+b_2,\ l_3: y=k_3x+b_3,\ l_4: y=k_4x+b_4,$$

将它们平移至坐标原点得四条新的直线

$$l_1': y=k_1x,\ l_2': y=k_2x,\ l_3': y=k_3x,\ l_4': y=k_4x,$$

则由交比定义可知, $(l_1l_2, l_3l_4)=(l_1'l_2', l_3'l_4')$.

化为齐次方程:

$$l_1':\ x_2-k_1x_1=0,\ l_2':\ x_2-k_2x_1=0,$$
$$l_3':\ x_2-k_3x_1=0,\ l_4':\ x_2-k_4x_1=0.$$

取直线 $a: x_2=0$, $b: x_1=0$ 为基线，则有

$$l_1'(a-k_1b),\ l_2'(a-k_2b),\ l_3'(a-k_3b),\ l_4'(a-k_4b)$$

于是由定理 6.9 的推论得

$$(l_1'l_2',\ l_3'l_4')=\frac{(-k_1+k_3)(-k_2+k_4)}{(-k_2+k_3)(-k_1+k_4)}=\frac{(k_1-k_3)(k_2-k_4)}{(k_2-k_3)(k_1-k_2)}.$$

即

$$(l_1l_2,\ l_3l_4)=\frac{(k_1-k_3)(k_2-k_4)}{(k_2-k_3)(k_1-k_4)}.$$

例 6.6　设 A, B, C, D 为圆上四定点，P 为圆上任意一点. 求证：$P(AB,\ CD)$① = 常数.

证　如图 6.5 所示，设 P, P' 为点 P 的两个不同的位置，利用同弧上的圆周角相等和四直线交比的定义，立刻可以得到要证明的结论.

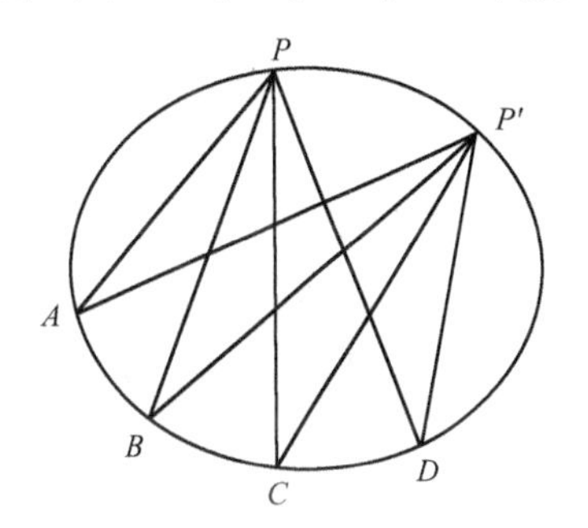

图 6.5

与点列中四点交比的讨论完全对偶，我们有下面的定理成立.

定理 6.11　已知四条共点线中三条直线的方程及其交比值，则第四条直线必唯一确定.

例 6.7　求证：一角的两边与这个角的内外角平分线调和共轭.

证　如图 6.6 所示，设 c, d 顺次为 $\angle(a,\ b)$ 的内外角平分线，作直线 l 与 d 平行，则 $l\perp c$，若 l 交 a, b, c 于 A, B, T，则 $\triangle ABC$ 为等腰三角形，故 $AT=TB$. 因此

$$(AB,\ TT_\infty)=-1,$$

于是

$$(ab,\ cd)=-1.$$

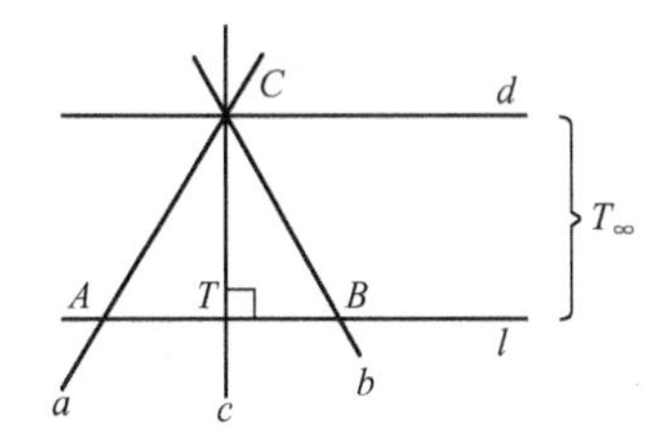

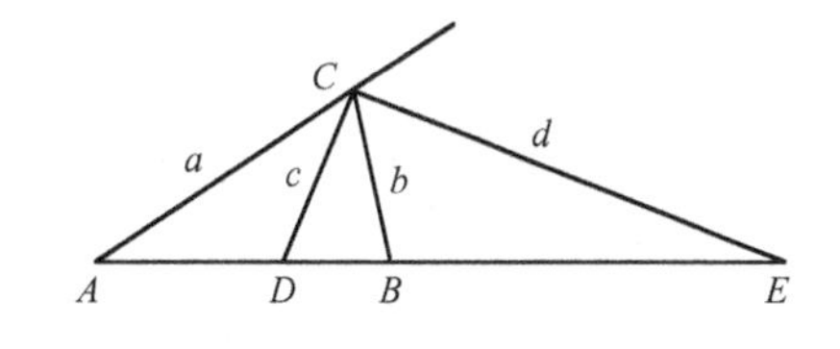

图 6.6

注：由于 $(ab,\ cd)=(AB,\ DE)$，而 $BE=-EB$，所以

$$\frac{AD\cdot EB}{BD\cdot AE}=1,$$

即

$$\frac{AD}{BD}=\frac{AE}{EB},$$

① 为书写方便，我们用记号 $P(AB,\ CD)$ 表示 PA, PB, PC, PD 四条直线的交比.

上式恰为初等几何中角平分线性质定理，其中$\frac{AD}{BD}$与$\frac{AE}{EB}$都等于$\frac{CA}{CB}$.

习 题 6.1

1. 设A, B, C, D, E为共线五点，求证：$(AB, CD)\cdot(AB, DE)\cdot(AB, EC)=1$.

2. 设P_1, P_2, P_3, P_4, P_5, P_6是六个不同的共线点，求证：

(1) $(P_1P_2, P_3P_4)(P_1P_2, P_5P_6)=(P_1P_2, P_3P_6)(P_1P_2, P_5P_4)$;

(2) 如果$(P_1P_2, P_3P_4)=(P_2P_3, P_4P_1)$，则$(P_1P_3, P_2P_4)=-1$.

3. 在射影平面上，设共线四点$P_1(1, 2, 0)$, $P_2(3, -1, 1)$, $P_3(-1, 5, -1)$, $P_4(7, -7, 3)$，试求交比(P_1P_2, P_3P_4).

4. 已知直线l_1, l_3, l_4的方程分别为$2x_1+x_2-x_3=0$, $x_1-x_2+x_3=0$, $x_1=0$，且$(l_1l_2, l_3l_4)=-\frac{2}{3}$，求$l_2$的方程.

5. 如图6.7所示，AB为圆O的直径，C为AB延长线上一点，CM为圆的切线，M为切点，求证M在AB上的射影H是C关于A, B的调和共轭点.

6. 如图6.8所示，设M是已知圆中定弦PQ的中点，通过M作两条任意弦AB和CD，若AD和BC分别交PQ于T和S，则$TM=MS$.

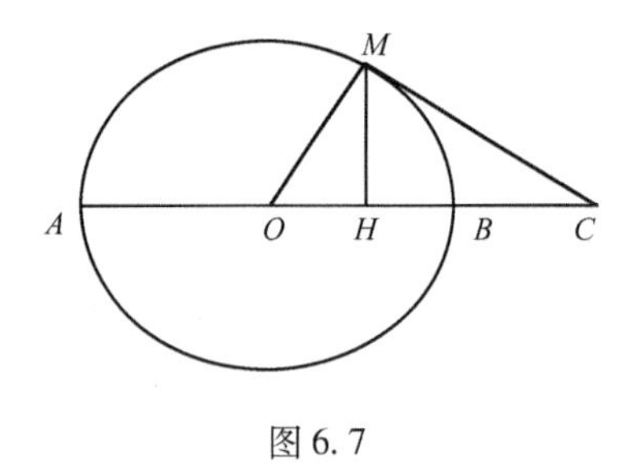

图6.7

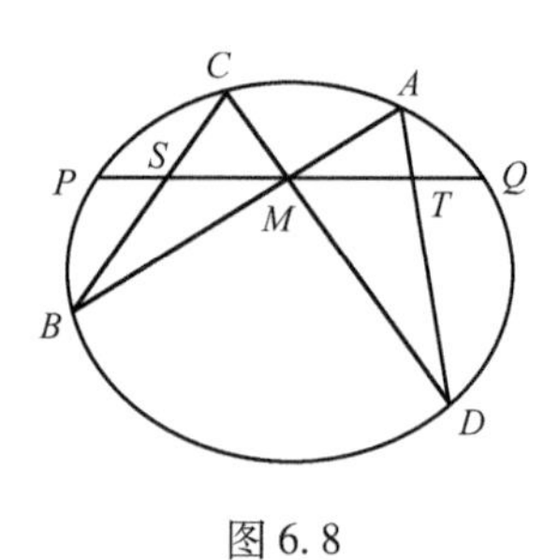

图6.8

6.2 完全四点形与完全四线形的调和性

在完全四点形与完全四线形这一对偶图形中，包含许多调和共轭元素组，在射影几何中的地位非常重要，本节内容专门研究其调和性.

6.2.1 关于调和性的几个命题

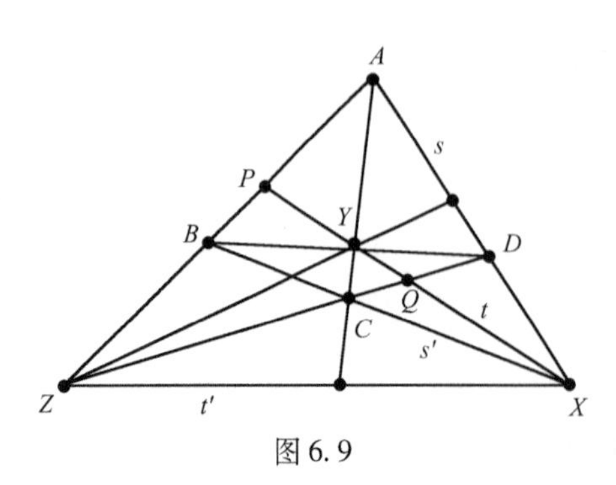

图6.9

定理6.12 完全四点形的一对对边被过此二边交点的对边三点形的两边调和分离.

证 如图6.9所示，s, s'是完全四点形$ABCD$的一对对边，它们的交点是对边点X, t, t'为过X的对边三点形的两边，下面证明$(ss', tt')=-1$.

由定理6.8，$(AB, PZ)=(DC, QZ)$，同理$(DC, QZ)=(BA, PZ)$，

所以 $(AB, PZ) = (BA, PZ)$，但是 $(BA, PZ) = \dfrac{1}{(AB, PZ)}$，

因此 $(AB, PZ)^2 = 1$，从而 $(AB, PZ) = -1$，

所以 $(ss', tt') = -1$.

推论 1　在完全四点形的对边三点形的每条边上有一个调和点组，其中一对是对边点，另一对是这条边与通过第三个对边点的一对对边的交点.

推论 2　在完全四点形的每条边上有一个调和点组，其中一对是顶点，另一对中一个是对边点，一个是该边与对边三点形的边的交点.

对偶地，可以得到以下结论：

定理 6.12′　完全四线形的一对对顶点被在此二对顶连线上的对顶三线形的顶点调和分离.

推论 1′　通过完全四线形的对顶三线形的每个顶点有一个调和线组，其中一对为对顶线，另一对为该顶点与在第三条对顶线上的一组对顶点的连线.

推论 2′　通过完全四线形的每个顶点有一个调和线组，其中一对为边，另一对中一条为对顶线，一条是该顶点与对顶三线形的顶点的连线.

6.2.2　调和性应用举例

应用的第一种类型为作图题，即求作第四调和元素.

例 6.8　已知共线三点 A，B，C，求作点 D，使 $(AB, CD) = -1$

解　如图 6.10 所示，过点 A，B 各作一直线交于 E，在 BE 上任取点 F，连结 F 和 A 与 EC 交于 G，连结 GB 和 AE 相交于 H，连结 H 和 F 与已知直线交于点 D，则 $(AB, CD) = -1$，即 D 为要求的点.

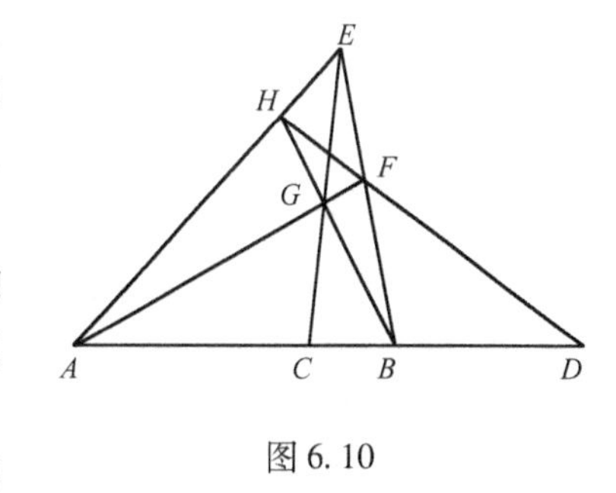

图 6.10

注：从上述作图可以看出，一直线上的两点偶成为调和共轭的条件是：一点偶是一个完全四点形的对边点，另一点偶是通过第三个对边点的两条对边与第三对边的交点.

思考：已知共线三点 A，B，C，能否利用完全四点形的调和性求做点 D，使得 $(AB, CD) = 2$ 或者 $\dfrac{1}{2}$？

此外还可以利用调和性来做几何证明.

例 6.9　证明：梯形两腰延长线的交点与对角线交点的连线平分上下底.

证　如图 6.11 所示，$ABCD$ 为梯形，E 为腰 AB 与 CD 的交点，F 为对角线的交点，EF 交 AD，BC 于 P，Q，下面证明 P，Q 分别是 AD，BC 的中点.

考察完全四点形 $EAFD$，设 $AD \cap BC = G_\infty$，由定理 6.12 的推论 1 可知，$(BC, QG_\infty) = -1$，所以 Q 为 BC 的中点. 又根据推论 2，$(AD, PG_\infty) = -1$，所以 P 为 AD 的中点.

例 6.10　如图 6.12 所示，设 X 为 $\triangle ABC$ 的高线 AD 上一点，BX，CX 分别交对边于 Y，Z. 求证：AD 平分 $\angle YDZ$.

证　设 DY 交 CX 于 P. 考察完全四点形 $CDXY$，A，B，P 为其对边点，由定理 6.12 推论 2 可知，$(CX, PZ) = -1$，即 $D(CX, PZ) = -1$，但是 $DX \perp DC$，故 DX（即 AD），DC 平分 DP，DZ 所成的一对角.

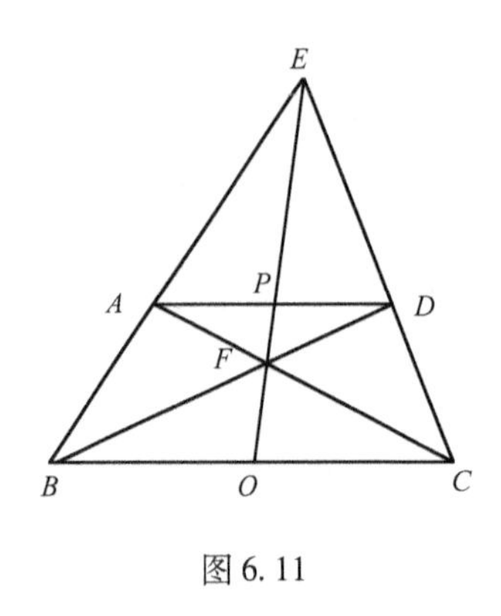

图 6.11

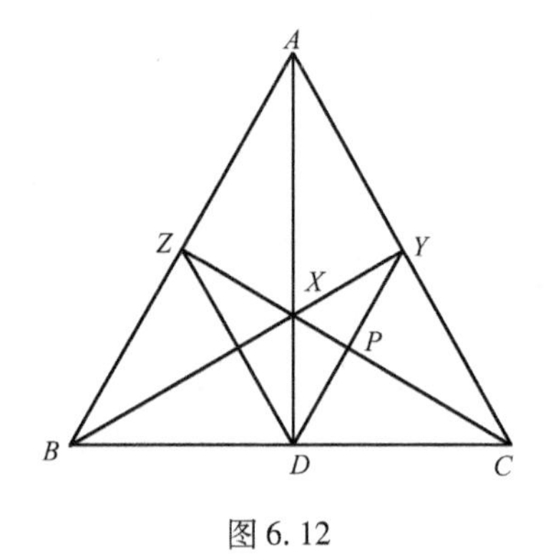

图 6.12

习 题 6.2

1. 已知线束中三直线 a, b, c, 求作直线 d, 使得 $(ab, cd)=-1$.

2. 已知共线三点 A, B, C, 求作点 D, 使得 $(AB, CD)=2$.

3. 如图 6.13 所示, 设 XYZ 是射影平面上完全四点形 $ABCD$ 对边三点形, 直线 XZ 分别交 AC 和 BD 两条直线于 L 和 M 两点, 证明: YZ, BL, CM 三条直线共点.

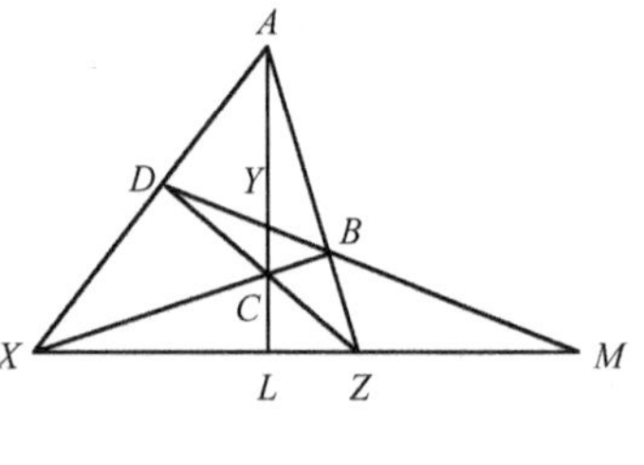

图 6.13

6.3 一维基本形的射影对应

6.3.1 一维基本形的透视对应

定义 6.6 如果点列 s 与一个线束 S 的元素之间建立了一一对应, 且对应元素是结合的, 则该对应称为点列与线束的**透视对应**.

如图 6.14 所示, 若点列 $s(A, B, C, \cdots)$ 与线束 $S(a, b, c, \cdots)$ 是透视的, 则记做

$$s(A, B, C, \cdots)\overline{\wedge}S(a, b, c, \cdots)\text{或}S(a, b, c, \cdots)\overline{\wedge}s(A, B, C, \cdots).$$

定义 6.7 如图 6.15 所示, 如果两个点列与同一线束成透视对应, 则这两个点列叫做**透视点列**, 记做: $s(A, B, C, \cdots)\overset{(S)}{\overline{\wedge}}s'(A', B', C', \cdots)$, S 称为**透视中心**.

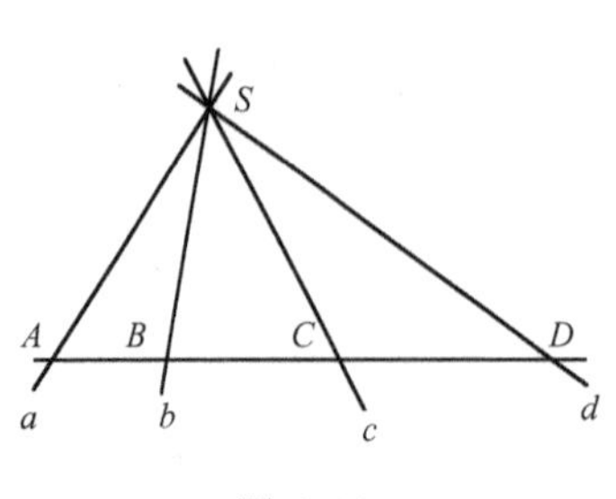

图 6.14

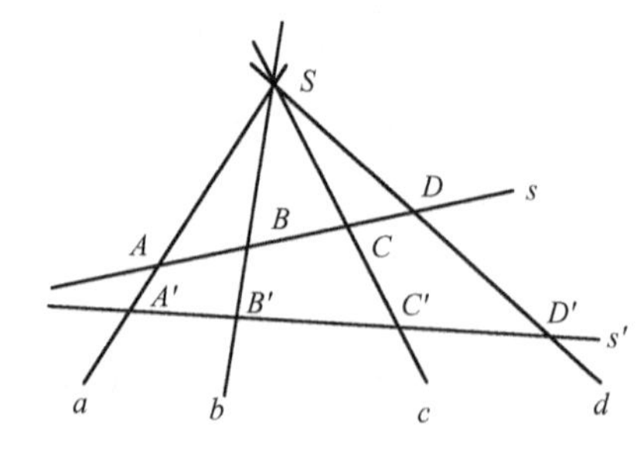

图 6.15

显然，两个透视点列对应点的连线交于一点（透视中心）.

定义 6.7′　如果两个线束与同一点列成透视对应，则这两个线束叫透视线束，记做：

$$S(a, b, c, \cdots) \overset{(s)}{\overline{\wedge}} S'(a', b', c', \cdots),$$

s 称为**透视轴**.

显然，成透视对应的两个线束对应直线的交点共线（透视轴）.

由于交比经过中心射影后不变，可知交比在透视对应下保持不变.

注：显然，透视关系具有对称性，但透视关系不具有传递性（如图 6.16 所示）.

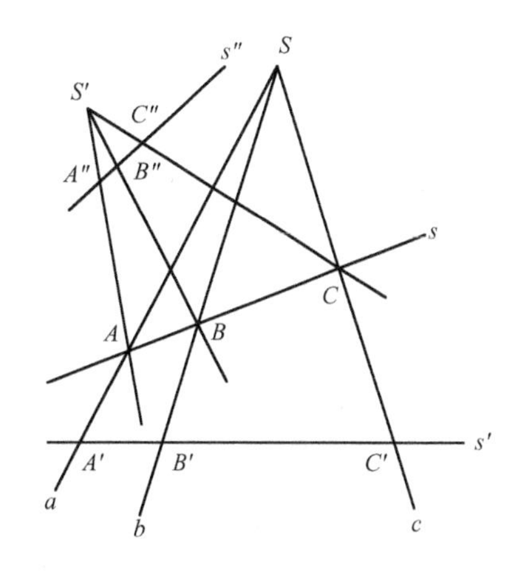

图 6.16

6.3.2　一维基本形的射影对应

定义 6.8　（Poncelet）设有两个同类一维基本形（点列或线束）$[\pi]$ 与 $[\pi']$，若存在 n 个一维基本形 $[\pi_1]$，$[\pi_2]$，…，$[\pi_n]$ 使得

$$[\pi] \overline{\wedge} [\pi_1] \overline{\wedge} [\pi_2] \overline{\wedge} \cdots \overline{\wedge} [\pi_n] \overline{\wedge} [\pi'].$$

则把 $[\pi]$ 与 $[\pi']$ 之间的对应称为**射影对应**，记做：$[\pi] \wedge [\pi']$. $n+1$ 次透视对应形成透视链（如图 6.17 所示）.

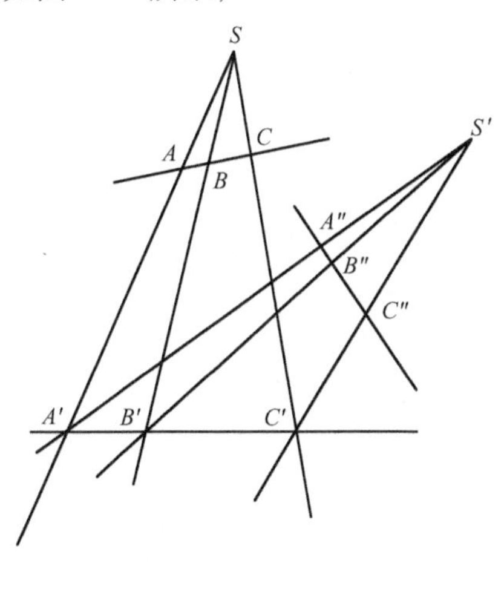

图 6.17

由定义可得到射影对应的性质：

（1）保持一一对应关系；

（2）$[\pi] \wedge [\pi]$；

（3）若 $[\pi] \wedge [\pi']$，则 $[\pi'] \wedge [\pi]$；

（4）若 $[\pi] \wedge [\pi']$，且 $[\pi'] \wedge [\pi'']$，则 $[\pi] \wedge [\pi'']$；

（5）若 $[\pi] \overline{\wedge} [\pi']$，则 $[\pi] \wedge [\pi']$，但反过来不成立.

定义 6.8 具有很强的几何直观性，但是不利于理论分析，下面讨论射影对应的另一定义——Steiner 定义.

定义 6.9　（Steiner）设有两个同类一维基本形 $[\pi]$ 与 $[\pi']$（点列或线束）的元素之间存在一一对应，并且使得任何四元素的交比等于它们对应元素的交比，则这种对应叫做 $[\pi]$ 与 $[\pi']$ 之间的射影对应，记做 $[\pi] \wedge [\pi']$.

定理 6.13　Poncelet 定义⇔Steiner 定义.

证　Poncelet 定义⇒Steiner 定义，显然.

Steiner 定义⇒Poncelet 定义：以点列为例，设 φ 为点列 $s(A, B, C, D, \cdots)$ 和 $s'(A', B', C', D', \cdots)$ 之间满足 Steiner 定义的一个射影对应，则 $(AB, CD) = (A'B', C'D')$，下面通过作图，构造两点列 $s(A, B, C, D, \cdots)$ 和 $s'(A', B', C', D', \cdots)$ 之间的一个透视链.

如图 6.18 所示，连线 AA'，在直线 AA' 上取点 S，再连线 SB，SC，SD，过点 A' 作直线 s''，s'' 交 SB，SC，SD 于 B''，C''，D''，连结 $B''B'$，$C''C'$ 交于 S'，连 $S'D''$ 交 s' 于 P.

由作图可得：

$$s(A, B, C, D) \overset{(S)}{\barwedge} s''(A', B'', C'', D''),$$

$$s''(A'', B'', C'', D'') \overset{(S')}{\barwedge} s'(A', B', C', P).$$

因此 $(AB, CD) = (A'B', C'P)$，

但是 $(AB, CD) = (A'B', C'D')$

所以 $P \equiv D'$. 也就是说，两点列 $s(A, B, C, D, \cdots)$ 和 $s'(A', B', C', D', \cdots)$ 之间存在连续的透视链，即满足射影对应的 Poncelet 定义.

定理 6.13 的证明过程说明，两个同类一维基本形之间的任意一个射影对应必可分解为不多于三个透视对应的积.

定理 6.14　若已知两个点列相异的三对对应点，则可以唯一决定一个射影对应，即射影对应被其相异的三对对应点所唯一确定.

定理 6.13 的证明过程还为我们提供了一个作图方法，称为 Steiner 作图法. 已知两个点列以及相异的三对对应元素，可以求作任意一点的对应元素.

作图一　已知两个点列的三对对应点，作出其他对应点.

作法见定理 6.13 的证明过程.

作图二　已知两个线束 S 和 S' 的三对对应直线 $a \to a'$，$b \to b'$，$c \to c'$，求作 d 的对应直线 d'.

作法：如图 6.19 所示，

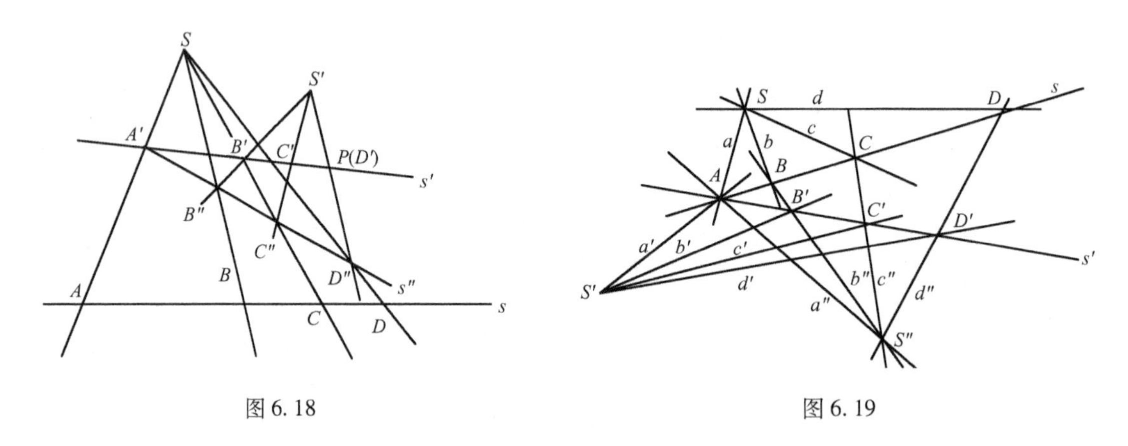

图 6.18　　　　　　　　图 6.19

(1) 设 $a \cap a' = A$，过 A 作二直线 s 和 s' 分别与 b，c，d 交于 B，C，D，与 b'，c' 交于 B'，C'；

(2) 连结 BB'，CC'，令 $BB' = b''$，$CC' = c''$，$b'' \cap c'' = S''$；

(3) 连结 $S''D$ 与 s' 交于 D'；

(4) 连结 $S'D'$ 即为所求的直线 d'.

透视对应一定是射影对应，但射影对应不一定是透视对应. 下面讨论在什么情况下射影对应会成为透视对应.

定理 6.15　两个点列间的射影对应是透视对应的充要条件是它们的底的交点自对应.

证　必要性：如图 6.20 所示，设点列 s 与 s'之间的射影对应是透视对应，S 为透视中心，O 为两底 s 与 s'的交点，因为直线 SO 与两底交于同一点 O，则点 O 是自对应点.

充分性：设点列 s 与 s'之间的射影对应是f, $f(P)=P'$.

s 与 s'的交点 O 作为 s 上的点与它在 s'上的对应点 O'重合，即$f(O)=O$.

在 s 上任选两点 A，B，设其对应点为 $A'=f(A)$，$B'=f(B)$，设 AA'与 BB'交于点 S，SP 与 s'交于点 P^*.

设 $\phi(P)=P^*$ 是以 S 为透视中心的点列 $s(P)$ 到 $s'(P^*)$的透视对应，于是 ϕ 也是射影对应.

由于f与 ϕ 有三对对应点相同，由定理 6.14 可知$f=\phi$，所以 P'与 P^* 重合. 因此f是以 S 为透视中心的透视对应.

定理 6.15′　两个线束间射影对应是透视对应的充要条件是它们顶点的连线自对应.（如图 6.21 所示）

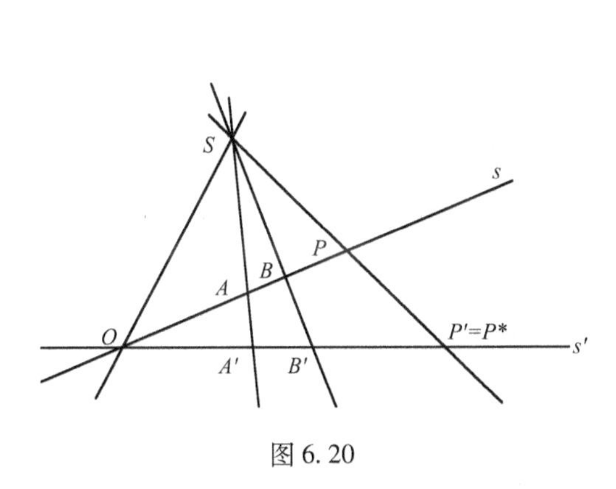

图 6.20

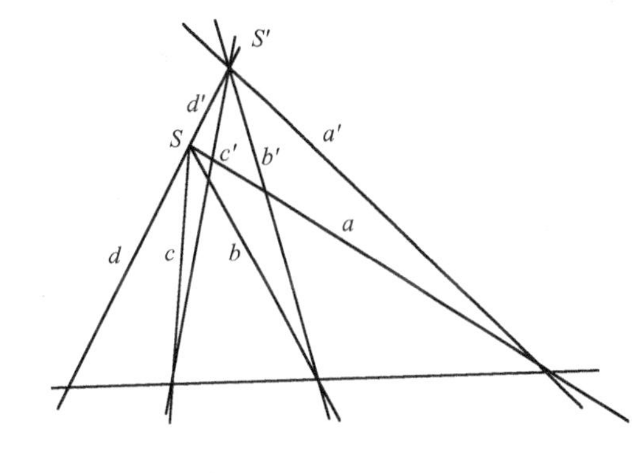

图 6.21

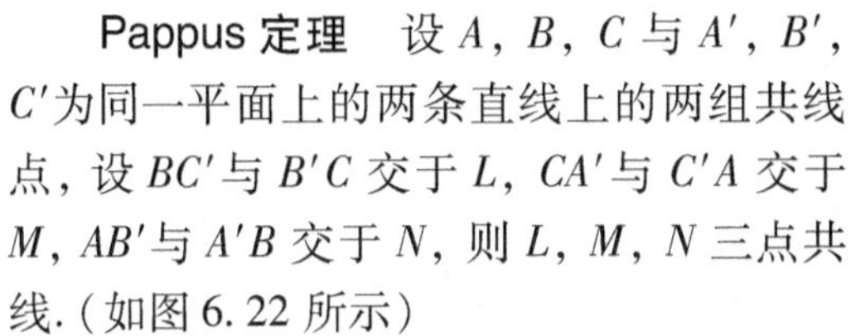

Pappus 定理　设 A，B，C 与 A'，B'，C'为同一平面上的两条直线上的两组共线点，设 BC'与 $B'C$ 交于 L，CA'与 $C'A$ 交于 M，AB'与 $A'B$ 交于 N，则 L，M，N 三点共线.（如图 6.22 所示）

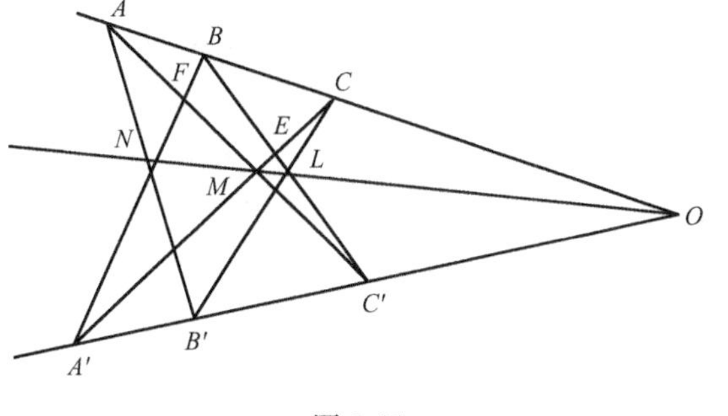

图 6.22

证　设 $A'C$ 与 BC'交于 E，AC'与 $A'B$ 交于 F，AB 与 $A'B'$交于 O，则有

$(B,F,N,A')\overset{(A)}{\barwedge}(O,C',B',A')\overset{(C)}{\barwedge}(B,C',L,E)$，

所以$(B,F,N,A')\barwedge(B,C',L,E)$，因为 B 是自对应点，所以$(B,F,N,A')\overline{\barwedge}(B,C',L,E)$，因此 AC'与 $A'C$ 及 LN 共点于 M，也即 L，M，N 共线. LMN 称为帕普斯线.

6.3.3　一维基本形的射影变换

一般而言，对应是指两个集合的元素之间的关系，而变换则是指同一个集合的元素之间的关系.

定义 6.10　一个一维基本形到自身的射影对应叫做**一维射影变换**.

此时可把一个一维基本形看作两个重叠的一维基本形，即两个同底的点列 $s(P)\barwedge s(P')$

或者两个同中心的线束 $S(p) \barwedge S(p')$. 为了说清楚元素与其象元素，我们常常把同一个一维基本形看作两个一维基本形，一个是变换前的，叫做第一基本形；一个是射影变换后的，叫做第二基本形. 这样，当研究一个一维基本形上的射影变换时，这个基本形中的每一个元素都有着双重身份，既是第一基本形的元素，又是第二基本形的元素.

显然，射影变换是特殊的射影对应，所有关于射影对应讨论的结果都适用于射影变换.

定义 6.11　一个一维基本形上的射影变换，对于其上的元素，无论看作属于第一基本形还是属于第二基本形，它的对应元素是一样的，那么这种非恒等的射影变换叫做**对合**.

例 6.11　如图 6.23 所示，在直线 l 上取定 O 点，对于 l 上任一点 P_i，取 P_i 关于 O 的对称点 P_i' 为 P_i 的对应点，显然 $(P_i) \barwedge (P_i')$，并且是一个对合.

注：点 O 与无穷远点是两个自对应点.

例 6.12　如图 6.24 所示，两个共顶线束中，若 l_i 对应和它垂直的直线 l_i'，则显然 $(l_i) \barwedge (l'_i)$.

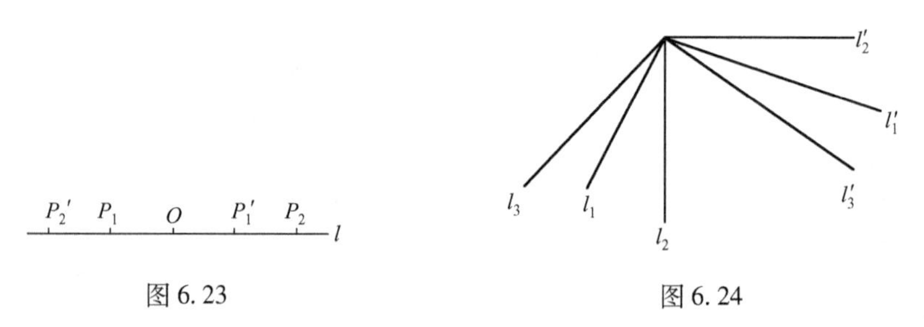

图 6.23　　　　图 6.24

定理 6.16　在一维射影变换中，若有一对对应元素符合对合条件，则这个射影变换一定是对合.

证　设两个重叠点列 (P) 和 (P')，有 $(P) \barwedge (P')$，又设 $P_1 \to P_1'$ 符合对合条件.
任取 (P) 中的一点 P_i，其对应点为 $P_i \to P_i'$，设 $P_i' \to \overline{P_i'}$，由射影定义可知

$$(P_1P_1', P_iP_i') = (P_1'P_1, P_i'\overline{P_i'}).$$

由交比性质，得

$$(P_1P_1', P_i'P_i') = (P_1'P_1, P_i'P_i),$$

所以

$$(P_1'P_1, P_i'P_i) = (P_1'P_1, P_i'\overline{P_i'}).$$

由此得出

$$\overline{P_i'} = P_i,$$

即

$$P_i' \to P_i.$$

由此说明 P_i 也符合对合条件，所以这个射影变换是对合.

习　题　6.3

1. 求证：如果一维射影对应使直线 l 上的无穷远点对应直线 l' 上的无穷远点，则这个对应一定是仿射对应.

2. 如果三点形 ABC 的边 BC，CA，AB 分别通过在同一直线的三点 P，Q，R，又顶点 B，C 各在一条定直线上，求证：顶点 A 也在一条定直线上.

3. 证明：任意一条不通过完全四点形顶点的直线与完全四点形的三对对边的交点，是属于同一对合的三对对应点.

4. 设 A, B, C 是不同的共线点，对于一维基本形到自身的射影变换

$$(A, B, C, P, Q, R) \barwedge (B, C, A, Q, R, X)$$

试证：X 点与 P 点重合.

6.4　一维射影坐标

6.4.1　直线上的射影坐标系

定义 6.12　在射影直线上任取三个不同点 P_0, E, P_*，则建立了直线上的**射影坐标系**，记做：$[P_*, P_0, E]$. 设 P 为直线上的任一点，则 $x=(P_*P_0, EP)$ 是确定的数，反过来对于实数 x 也有唯一一点 P 与其对应. 交比

$$x=(P_*P_0, EP)$$

称为 P 点在坐标系 $[P_*, P_0, E]$ 下的射影坐标，其中 P_0 叫原点，E 叫单位点，P_0, E, P_* 统称为基点.

以上规定的坐标称为直线上点的非齐次射影坐标.

E 点的坐标是 x_E，

$$x_E=(P_*P_0, EE)=1.$$

P_0 点的坐标是 x_{P_0}，

$$x_{P_0}=(P_*P_0, EP_0)=\frac{P_*E \cdot P_0P_0}{P_0E \cdot P_*P_0}=0.$$

P_* 点为无非齐次坐标.

从定义可以得到以下特殊情况；

(1) 仿射坐标系.

若把 P_* 看作无穷远点，则有

$$x=(P_*P_0, EP)=(PE, P_0P_*)=(PEP_0)=\frac{PP_0}{EP_0}=\frac{P_0P}{P_0E}$$

于是 x 是 P 点的仿射坐标.

(2) 笛氏坐标系.

若把 P_* 看作无穷远点，且 $P_0E=1$，则有

$$x=P_0P$$

于是，x 是点 P 的笛氏坐标.

定义 6.13　若 P 点的非齐次坐标为 x，如果取 $x=\frac{x_1}{x_2}(x_2\neq 0)$，则有序数组 (x_1, x_2) 称为点 P 的齐次坐标.

我们规定 $(x_1, 0)(x_1\neq 0)$ 为 P_* 的齐次射影坐标.

显然，$(\rho x_1, \rho x_2)$，$(\rho\neq 0)$ 与 (x_1, x_2) 表示同一点，$(0, 0)$ 不表示任何点，原点为 $P_0(0, 1)$，单位点为 $E(1, 1)$，$P_*(1, 0)$.

下面讨论射影坐标与笛卡儿坐标的关系.

定理 6.17　一直线上点的笛氏坐标与射影坐标的变换是非奇线性变换.

证　设一直线上的射影坐标系的三个基点 P_0, E, P_* 的笛氏坐标分别为 x_0, x_1, x_*，设直

线上任意点 P 的笛氏坐标为 x，射影坐标为 x'，则

$$x' = (P_* P_0, EP) = \frac{(P_* P_0 E)}{(P_* P_0 P)} = \frac{(x_* - x_1)(x_0 - x)}{(x_0 - x_1)(x_* - x)}$$

即

$$x' = \frac{(x_* - x_1)(x_0 - x)}{(x_0 - x_1)(x_* - x)}.$$

可以写成

$$x' = \frac{a_{11}x + a_{12}}{a_{21}x + a_{22}}, \tag{6.2}$$

其中，a_{11}，a_{12}，a_{21}，a_{22}都是常数，而且满足 $a_{11}a_{22} - a_{12}a_{21} \neq 0$.

或解出 x，写为

$$x = \frac{b_{11}x' + b_{12}}{b_{21}x' + b_{22}}, \quad b_{11}b_{22} - b_{12}b_{21} \neq 0.$$

从而可以得到下面的推论：

推论　一直线上点的射影坐标与另一种射影坐标的变换是非奇线性变换.

定理 6.18　一直线上四点的交比用射影坐标与用笛氏坐标表示的形式完全相同.

证　设 P_1，P_2，P_3，P_4 是四个共线点，它们的笛氏坐标分别为 x_1，x_2，x_3，x_4，则有

$$(P_1P_2, P_3P_4) = \frac{(x_1 - x_3)(x_2 - x_4)}{(x_2 - x_3)(x_1 - x_4)}.$$

若它们的射影坐标分别为 x'_1，x'_2，x'_3，x'_4，则有

$$x'_i = \frac{a_{11}x_i + a_{12}}{a_{21}x_i + a_{22}} \qquad (i = 1, 2, 3, 4)$$

所以

$$x'_i - x'_j = \frac{(a_{11}a_{22} - a_{12}a_{21})(x_i - x_j)}{(a_{21}x_i + a_{22})(a_{21}x_j + a_{22})},$$

因此得

$$\frac{(x'_1 - x'_3)(x'_2 - x'_4)}{(x'_2 - x'_3)(x'_1 - x'_4)} = \frac{(x_1 - x_3)(x_2 - x_4)}{(x_2 - x_3)(x_1 - x_4)}.$$

定理 6.19　一个点的射影坐标经过非奇线性变换必得到该点的另一个射影坐标.

证　设 x 是点 P 的射影坐标，经过变换后得 x'，要证明 x'是 P 的另一个射影坐标.

设 $\bar{x}_0$，$\bar{x}_1$，$\bar{x}_*$ 是三个不同点的射影坐标，对应的射影坐标为$\bar{x}'_0$，$\bar{x}'_1$，$\bar{x}'_*$，，由定理 6.18，可以证明

$$\frac{(\bar{x}'_1 - \bar{x}'_*)(x' - \bar{x}'_0)}{(\bar{x}'_1 - \bar{x}'_0)(x' - \bar{x}'_*)} = \frac{(\bar{x}_1 - \bar{x}_*)(x - \bar{x}_0)}{(\bar{x}_1 - \bar{x}_0)(x - \bar{x}_*)}$$

其中，x 与 x'是任意一对对应点的坐标，取 $\bar{x}_0$，$\bar{x}_1$，$\bar{x}_*$，使得对应的$\bar{x}'_0$，$\bar{x}'_1$，$\bar{x}'_*$ 的值为 0，1，∞，于是$\bar{x}'_0 = 0$，$\bar{x}'_1 = 1$，从而有

$$\frac{(1 - \bar{x}'_*)}{(x' - \bar{x}'_*)}x' = \frac{(\bar{x}_1 - \bar{x}_*)(x - \bar{x}_0)}{(\bar{x}_1 - \bar{x}_0)(x - \bar{x}_*)}.$$

当 $\bar{x}'_* \to \infty$ 时，有

$$x' = \frac{(\bar{x}_1 - \bar{x}_*)(x - \bar{x}_0)}{(\bar{x}_1 - \bar{x}_0)(x - \bar{x}_*)}.$$

上式右端表示射影坐标系下四点的交比，因此可以说 x'是一种射影坐标，这个坐标的基

点关于旧坐标系的坐标分别为 $\bar{x}_0$, $\bar{x}_1$, $\bar{x}_*$.

通过以上定理可以证明，射影几何问题用射影坐标和用笛氏坐标表达有相同的代数结构.

6.4.2　一维射影对应的代数表示

设两直线 l 与 l' 由三对对应点 $A(a)$, $A'(a')$; $B(b)$, $B'(b')$; $C(c)$, $C'(c')$ 建立一个射影对应，于是，对于任何一对对应点 $D(x)$, $D'(x')$，都有

$$(AB,\ CD)=(A'B',\ C'D'),$$

即

$$\frac{AC\cdot BD}{BC\cdot AD}=\frac{A'C'\cdot B'D'}{B'C'\cdot A'D'},$$

$$\frac{(c-a)(x-b)}{(c-b)(x-a)}=\frac{(c'-a')(x'-b')}{(c'-b')(x'-a')}.$$

整理化简后为以下形式

$$pxx'+qx+rx'+s=0.$$

其中，p, q, r, s 是用 a, b, c, a', b', c' 表示的常数. 解出 x'，得到

$$x'=\frac{a_{11}x+a_{12}}{a_{21}x+a_{22}}\qquad \begin{vmatrix}a_{11} & a_{12}\\ a_{21} & a_{22}\end{vmatrix}\neq 0 \tag{6.3}$$

这里 $a_{11}=-q$, $a_{12}=-s$, $a_{21}=p$, $a_{22}=r$，其中，由于 A, B, C 为不同点，所以 $a\neq b\neq c$，因此 $a'\neq b'\neq c'$.

注： 以上的 A, B, C, D 四点为四个不同点，且不是无穷远点，对于无穷远点，我们采用齐次坐标，设

$$x=\frac{x_1}{x_2},\qquad x'=\frac{x_1'}{x_2'}.$$

代入式(6.3)，于是有

$$\frac{x_1'}{x_2'}=\frac{a_{11}\dfrac{x_1}{x_2}+a_{12}}{a_{21}\dfrac{x_1}{x_2}+a_{22}}=\frac{a_{11}x_1+a_{12}x_2}{a_{21}x_1+a_{22}x_2}.$$

可以写做

$$\begin{cases}\rho x_1'=a_{11}x_1+a_{12}x_2\\ \rho x_2'=a_{21}x_1+a_{22}x_2\end{cases}, \tag{6.4}$$

其中，$\rho\neq 0$，(因为(0, 0)不表示任何点)，a_{11}, a_{12}, a_{21}, a_{22} 为常数，且 $\Delta=\begin{vmatrix}a_{11} & a_{12}\\ a_{21} & a_{22}\end{vmatrix}\neq 0$.

式(6.3)与式(6.4)均为一一对应，称为非奇线性对应. 并由上面的推导过程可以得到下面的定理成立：

定理 6.20　两直线各建立射影(笛氏)坐标系后，以这两直线为底的点列间的射影对应必为非奇线性对应.

并且，定理 6.20 的逆命题也成立.

定理 6.20′　两直线各建立射影(笛氏)坐标系后，以这两直线为底的点列间的非奇线性

对应必为射影对应.

证　分两部分：首先可以证明非奇线性对应式(6.4)为一一对应；其次可以证明它保持对应四点的交比不变，则由射影对应的 Steiner 定义可知它为射影对应. 证明略.

例 6.13　求射影对应，使得直线 l 上坐标为 2，4 的点及无穷远点分别对应直线 l' 上的坐标为 -1，1 的点以及无穷远点.

解　将已知对应点的坐标化为齐次坐标，即

$$(2,1)\to(-1,1),\ (4,1)\to(1,1),\ (1,0)\to(1,0),$$

设所求的射影对应表达式为 $\begin{cases}\rho x_1' = a_{11}x_1 + a_{12}x_2\\ \rho x_2' = a_{21}x_1 + a_{22}x_2\end{cases}$，将对应点代入，

$$\begin{cases}-\rho_1 = 2a_{11} + a_{12}\\ \rho_1 = 2a_{21} + a_{22}\end{cases}\quad \begin{cases}\rho_2 = 4a_{11} + a_{12}\\ \rho_2 = 4a_{21} + a_{22}\end{cases}\quad \begin{cases}\rho_3 = a_{11}\\ 0 = a_{21}\end{cases},$$

解得

$$a_{11}:a_{12}:a_{21}:a_{22} = 1:-3:0:1.$$

因此，所求射影对应式为

$$\begin{cases}\rho x_1' = x_1 - 3x_2\\ \rho x_2' = x_2\end{cases}.$$

化为非齐次 $x' = x - 3$.

射影变换是特殊的射影对应，所以，一维射影变换的代数表达式仍然可以使用式(6.3)和式(6.4)，只是这时(x_1, x_2)与(x_1', x_2')或者 x 与 x'是属于同坐标系的坐标.

定义 6.14　形如 $axx' + bx + cx' + d = 0(ad - bc \neq 0)$ 的方程称为关于 x，x'的**双线性方程**.

显然，一维射影变换的非齐次坐标表达式(6.3)是一个双线性方程.

下面给出射影变换的另一种重要的表示方法——参数表示.

定理 6.21　一维基本形上的一个变换为射影变换⇔其对应元素的参数 λ，λ'满足一个双线性方程

$$a\lambda\lambda' + b\lambda + c\lambda' + d = 0(ad - bc \neq 0). \tag{6.5}$$

证　因为点列和线束具有完全相同的代数结构，所以定理证明过程中无需特别指出所讨论的一维基本形是点列还是线束.

"⇒"设两个重叠的一维基本形$(P)\barwedge(P')$，取定基元素 A，B，则对任意的 $P \in (P)$，有 $P = A + \lambda B$，λ 为参数. 设此射影对应由三对对应点

$$A + \lambda_i B \to A + \lambda_i' B \quad (i = 1, 2, 3,\ \lambda_i,\ \lambda_i' \text{ 各不相同})$$

决定，而 $A + \lambda B$，$A + \lambda' B$ 为任一对对应元素，则

$$\frac{(\lambda_1 - \lambda_3)(\lambda_2 - \lambda)}{(\lambda_2 - \lambda_3)(\lambda_1 - \lambda)} = \frac{(\lambda_1' - \lambda_3')(\lambda_2' - \lambda')}{(\lambda_2' - \lambda_3')(\lambda_1' - \lambda')}$$

由此可推出 λ，λ'之间的关系为形如式(6.5)的关系式，并且有 $ad - bc \neq 0$.

"⇐"由式(6.5)成立，可以直接验证由式(6.5)所确定的对应满足 Steiner 定义，即是一一对应并且保持任意四对对应元素的交比不变. 证明略.

我们把式(6.5)称为一维射影变换的参数表示.

注：在上面定理的证明过程中，如果去掉重叠条件，结论仍然成立. 所以式(6.5)也是一般的一维射影对应的参数表示，并且常常会比用代数表达式(6.3)和表达式(6.4)更有其方便之处.

6.4.3　一维射影变换的分类

首先介绍不变元素，所谓不变元素，是指在一个变换下保持不变的元素. 对不变元素的研究，历来是各种几何学的重要内容. 对射影变换的不变元素，有如下的结论：

定理 6.22　在复数范围内，任一个一维射影变换至少有一个不变元素. 非恒同的一维射影变换具有不多于两个的相异不变元素.

证　设 $A+\lambda B$ 为不变元素，即 $A+\lambda B \to A+\lambda B$，则 λ 满足

$$a\lambda^2+(b+c)\lambda+d=0 \quad (ad-bc\neq 0) \tag{6.6}$$

在复数范围内，这个方程显然至多有两个根，每一个对应一个不变元素.

下面根据射影变换不变元素来对射影变换进行分类.

设式(6.6)的两个根为 λ_1，λ_2，则得到两个不变元素 $A+\lambda_1 B$，$A+\lambda_2 B$.

(1) 如果 λ_1，λ_2 为两个不相等的实根，则有两个实不变元素，称为双曲型射影变换；

(2) 如果 λ_1，λ_2 为相等的实根，则有一个实不变元素，称为抛物型射影变换；

(3) 如果 λ_1，λ_2 为虚数，则有两个共轭的虚不变元素，称为椭圆型射影变换.

例 6.14　求射影变换 $\lambda\lambda'-10\lambda+3\lambda'+6=0$ 的不变元素的参数.

解　令 $\lambda=\lambda'$，则 $\lambda^2-7\lambda+6=0$，解得不变元素的参数为 $\lambda_1=1$，$\lambda_2=6$. 所以此射影变换为双曲型射影变换.

下面介绍射影变换为对合时参数间的关系.

定理 6.23　两个重叠的一维基本形 $A+\lambda B$，$A+\lambda' B$ 成为对合的充要条件是对应点的参数 λ 与 λ' 满足以下的方程：

$$a\lambda\lambda'+b(\lambda+\lambda')+d=0(ad-b^2\neq 0) \tag{6.7}$$

证　设 P 与 Q 为一对对合对应点，并设

$$P=A+pB,\ Q=A+qB$$

由于对合首先是射影变换，故参数满足

$$apq+bp+cq+d=0 \tag{1}$$

$$aqp+bq+cp+d=0 \tag{2}$$

(1) - (2)得

$$(p-q)(b-c)=0,$$

由于 P 与 Q 是不同点，所以有 $p\neq q$，于是 $b=c$，

因此，对合的对应点参数满足

$$a\lambda\lambda'+b(\lambda+\lambda')+d=0(ad-b^2\neq 0).$$

反之，若有

$$a\lambda\lambda'+b(\lambda+\lambda')+d=0(ad-b^2\neq 0),$$

设 P 作为第一点列的点时，其参数 p 对应 q'，则有

$$apq'+b(p+q')+d=0,$$

P 作为第二点列的点时，其参数 p 对应 q，则有

$$apq+b(p+q)+d=0$$

上两式相减得 $(ap+b)(q-q')=0$，但 p 不为定值，所以 $q=q'$.

因此，P 无论看作哪个点列上的点，所对应的点都相同，故两个点列成对合对应.

由于对合对应的方程中只有三个待定参数 a，b，d，所以有：

定理 6.24 不重合的两对对应元素，唯一决定一个对合对应.

例 6.15 求两对对应元素，其参数为 $1 \to 2$，$0 \to 1$，所确定的对合方程.

解 设所求为 $a\lambda\lambda' + b(\lambda + \lambda') + d = 0$，

将对应参数代入得

$$2a + 3b + d = 0$$
$$(0+1)b + d = 0$$

消去 a，b，d 得

$$\begin{vmatrix} \lambda\lambda' & \lambda + \lambda' & 1 \\ 2 & 3 & 1 \\ 0 & 0 & 1 \end{vmatrix} = 0.$$

即 $\lambda\lambda' - \lambda - \lambda' + 1 = 0$ 为所求.

注：由于在对合方程中有 $ad - b^2 \neq 0$，所以对合一定存在两个不同的二重元素（实或虚）. 当二重元素是实元素时，叫双曲型对合.

定理 6.25 双曲型对合的任何一对对应元素 $P \to P'$，与其两个二重元素 E，F 调和共轭，即

$$(PP', EF) = -1.$$

证 由对合对应知 $(PP', EF) = (P'P, EF)$，

从而

$$(PP', EF) = \frac{1}{(PP', EF)}$$

所以

$$(PP', EF)^2 = 1,$$

但是 $(PP', EF) \neq 1$，所以

$$(PP', EF) = (P'P, EF) = -1.$$

习 题 6.4

1. 设直线 l 上的点 $P_1(0)$，$P_2(1)$，$P_3(2)$ 经射影对应，顺次对应 l' 上的点 $P_1'(-1)$，$P_2'(0)$，$P_3'(-2)$，求射影对应式，并化为齐次坐标式，求出 l 上的无穷远点的对应点.

2. 求射影对应式，使直线 l 上坐标为 1，2，3 的三点顺次对应直线 l' 上的三点，坐标分别为

(1) 4，3，2； (2) -1，-2，-3； (3) 1，2，3.

3. 求直线 l 到自身的射影变换式，使 $P_1(0)$，$P_2(1)$，P_∞ 分别对应点 $P_1'(1)$，P_∞，$P_2'(0)$.

4. 已知点列 $l(P)$ 与 $l'(P')$ 上的三对对应点

$$A(3, 1), B(0, 5), C\left(-1, -\frac{1}{3}\right) \to A'(2, -3), B'(6, -7), C'(1, 4)$$

由此可否唯一确定一个 l 到 l' 的射影对应？为什么？

5. 设一维射影变换的两个相异的不变元素的参数分别为 1，-1，任一对对应元素与两个不变元素的交比为 2，求射影变换式.

6. 求以下射影变换的不变元素的参数：

(1) $\lambda\lambda' - 2\lambda + 1 = 0$;

(2) $2\lambda + \lambda' + 1 = 0$.

7. 求对合的方程，使这个对合的二重元素的参数为：

(1) 2 与 3；

(2) 方程 $at^2 + 2bt + c = 0$ 的根．

8. 已知对合的两对对应点的参数为：$3\to2$，$5\to1$，试求对合的方程和二重点的参数.

9. 设 A，B，C，D 是共线点且$(AB, DP) = (AB, PC)$，求证：P 是由 $A\leftrightarrow B$，$C\leftrightarrow D$ 所确定的对合下的不变点.

6.5　二维射影变换与二维射影坐标

6.5.1　二维射影变换

定义 6.15　若两平面之间点的一一对应使得对应点的连线共点，则称此一一对应为两平面间的透视对应.

定义 6.16　(Steiner)设 π，π'为两个点场，若 φ：$\pi\to\pi'$满足：

(1) φ 为双射；

(2) φ 使得共线点变为共线点；

(3) φ 保持共线四点的交比不变.

则称 φ 为点场 π 到点场 π'的一个二维射影对应.

由射影定义可以看到射影对应有下列性质：

(1) 两平面点之间的透视对应必是射影对应；

(2) 若干次透视对应(透视链)的结果必为射影对应；

(3) 两平面间的射影对应是一种等价关系.

定义 6.17　在定义 6.16 中，如果两对应平面是重合的，则所建立的射影对应叫做该平面的射影变换.

6.5.2　二维射影坐标

由于射影平面可以看成仿射平面的拓广，所以重新理解仿射坐标系，并由此推出二维射影坐标系的概念.

如图 6.25 所示为平面上的仿射坐标系，基向量为$\overrightarrow{OE_1}$，$\overrightarrow{OE_2}$，作 $E_2E//OE_1$，$E_1E//OE_2$，点 E 为单位点.

若平面内任何一点 P 的仿射坐标为(x, y)，则

$$\overrightarrow{OP} = \overrightarrow{OP_1} + \overrightarrow{OP_2} = x\,\overrightarrow{OE_1} + y\,\overrightarrow{OE_2},$$

其中

$$x = \frac{OP_1}{OE_1} = \frac{P_1O}{E_1O} = (P_1E_1O) \qquad y = \frac{OP_2}{OE_2} = \frac{P_2O}{E_2O} = (P_2E_2O).$$

由于 EE_1，PP_1 都平行于 Oy 轴，所以它们都通过 Oy 轴上的无穷远点 Y_∞，同理 EE_2，PP_2

都通过 Ox 轴上的无穷远点 X_∞（如图 6.26 所示），于是有

$$x=(P_1E_1,\ OX_\infty),\ y=(P_2E_2,\ OY_\infty)$$

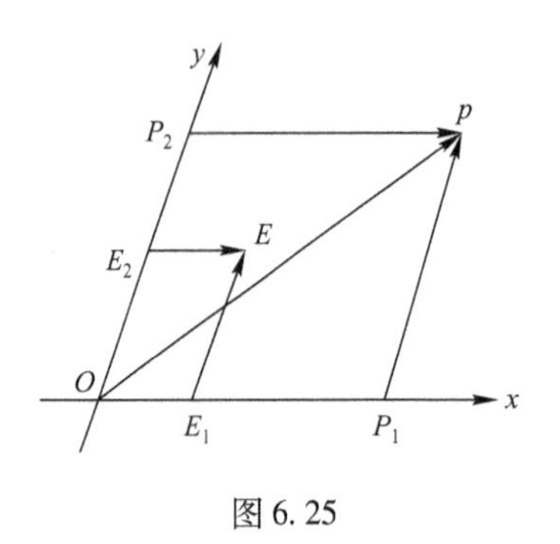

图 6.25

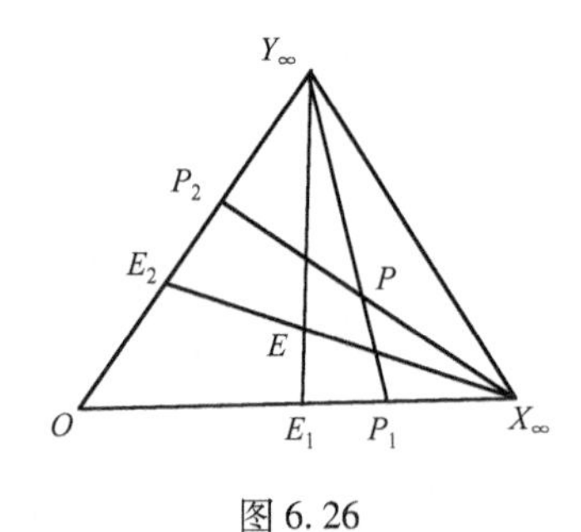

图 6.26

在对仿射坐标系的新理解的基础上，取消无穷远直线的特殊性，在一维射影坐标系的基础上，推导出二维射影坐标系的概念.

定义 6.18　三点形 OXY 及点 E 确定一个二维射影坐标系 $[O,\ X,\ Y,\ E]$，这四个点叫基点，OXY 称为坐标三点形. O 称为原点，E 称为单位点.

定义 6.19　$x=(P_1E_1,\ OX)$，$y=(P_2E_2,\ OY)$ 叫做 P 点的非齐次射影坐标.

由定义可知，直线 OX 上的点满足 $y=0$，OY 上的点满足 $x=0$，而 XY 上的点无非齐次坐标.

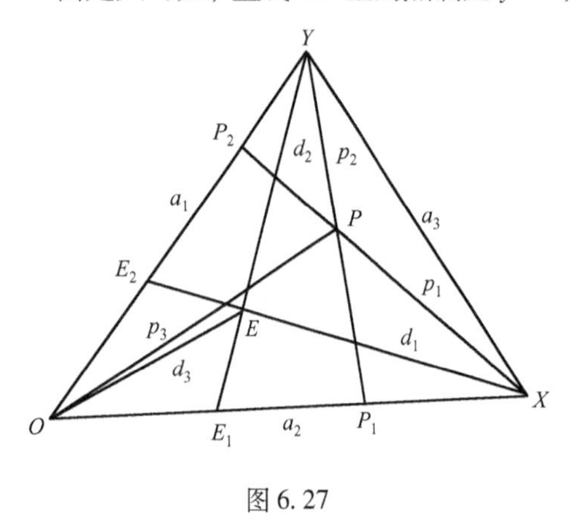

图 6.27

为了讨论直线 XY 上的点坐标，再引入齐次射影坐标.

如图 6.27 所示，记直线 OY，OX，XY 为 a_1，a_2，a_3，XE，YE，OE 为 d_1，d_2，d_3，XP，YP，OP 为 p_1，p_2，p_3. 令

$$\lambda_1=(a_2a_3,\ d_1p_1),$$
$$\lambda_2=(a_3a_1,\ d_2p_2),$$
$$\lambda_1=(a_1a_2,\ d_3p_3)$$

可以证明 $\lambda_1\lambda_2\lambda_3=1$，这说明上面三个交比中有两个是独立的.

定义 6.20　如果三个数 x_1，x_2，x_3 满足

$$\frac{x_3}{x_2}=\lambda_1,\ \frac{x_1}{x_3}=\lambda_2,\ \frac{x_2}{x_1}=\lambda_3$$

则 $(x_1,\ x_2,\ x_3)$ 叫做 P 的齐次射影坐标.

显然有

$$\frac{x_1}{x_3}=\lambda_2=(a_3a_1,\ d_2p_2)=(XO,\ E_1P_1)=(P_1E_1,\ OX)=x$$

$$\frac{x_2}{x_3}=\frac{1}{\lambda_1}=\frac{1}{(a_2a_3,\ d_1p_1)}=(a_3a_2,\ d_1p_1)=(YO,\ E_2P_2)=(P_2E_2,\ OY)=y$$

所以，对于不在 XY 上的点 P，$\frac{x_1}{x_3}=x$，$\frac{x_2}{x_3}=y$ 是 P 的非齐次坐标.

注：（1）二维射影坐标是在一维射影坐标的基础上建立的，可以证明一个点在两个不同的射影坐标系之间的坐标变换是一个非奇线性变换.

（2）在射影坐标系之下，直线方程是一次方程，反之也成立.

（3）在笛氏坐标系下，$x_3=0$ 表示平面上的无穷远直线，而在射影坐标系下，$x_3=0$ 表示坐标三点形的第三边.

6.5.3 二维射影对应的坐标表示

定义 6.21 设 π 与 π' 是两个平面，在其上各建立射影（或笛氏）坐标系，平面 π 上的点 $P(x_1, x_2, x_3)$ 到平面 π' 上点 $P'(x_1', x_2', x_3')$ 的一个对应

$$\begin{cases}\rho x_1' = a_{11}x_1 + a_{12}x_2 + a_{13}x_3 \\ \rho x_2' = a_{21}x_1 + a_{22}x_2 + a_{23}x_3, \quad |A| = |a_{ij}| \neq 0(i, j=1, 2, 3) \\ \rho x_3' = a_{31}x_1 + a_{32}x_2 + a_{33}x_3\end{cases} \tag{6.8}$$

其中
$$A = \begin{pmatrix} a_{11} & a_{12} & a_{13} \\ a_{21} & a_{22} & a_{23} \\ a_{31} & a_{32} & a_{33} \end{pmatrix}, \rho \neq 0.$$

这个对应叫做非奇线性对应，A 叫做它的方阵，$|A|$ 叫做它的行列式，a_{ij} 叫做对应的系数或参数.

式(6.8)可简写成为

$$\rho x_1' = \sum_{j=1}^{3} a_{ij}x_j \qquad (i = 1, 2, 3).$$

式(6.8)写成矩阵形式为

$$\rho\begin{pmatrix} x_1' \\ x_2' \\ x_3' \end{pmatrix} = A\begin{pmatrix} x_1 \\ x_2 \\ x_3 \end{pmatrix}.$$

注： 非奇线性对应是一一对应，且保持点与直线的结合性. 它的逆对应为

$$\sigma x_i = \sum_{j=1}^{3} A_{ji}x_j' \qquad (i = 1, 2, 3),$$

其中，A_{ij} 是 a_{ij} 的代数余子式，且 $|A_{ij}| = |a_{ij}|^2 \neq 0$.

如果只讨论两平面的普通点，则式(6.8)可以写成非齐次坐标的形式

$$\begin{cases} x' = \dfrac{a_{11}x + a_{12}y + a_{13}}{a_{31}x + a_{32}y + a_{33}} \\ y' = \dfrac{a_{21}x + a_{22}y + a_{23}}{a_{31}x + a_{32}y + a_{33}} \end{cases}.$$

那么非奇线性对应同射影对应又是怎样的关系呢？为了证明二者的关系，我们先给出下面引理.

定理 6.26 设非奇线性对应式(6.8)使一平面 π 内的点 a，b 分别对应另一平面 π' 内的点 a'，b'，那么 π 内的点 $a+\lambda b$ 必对应 π' 内的点 $\rho_1 a' + \lambda\rho_2 b'$，其中 ρ_1，ρ_2 分别为 a 对应 a' 与 b 对应 b' 的比例常数 ρ 的值.

定理 6.27 若在两个平面上，各建立射影坐标系或笛氏坐标系，则两个平面的点与点之间的非奇线性对应必是射影对应.

证　首先，非齐线性对应是一一对应，并且保持点和直线的结合性，在平面 π 上取四个不同的共线点 $P_1(a)$，$P_2(b)$，$P_3(a+\lambda_1 b)$，$P_4(a+\lambda_2 b)$，由定理 6.26，可知他们在 π' 的对应点为

$$P_1'(a'),\ P_2'(b'),\ P_3'(\rho_1 a'+\lambda_1\rho_2 b'),\ P_4'(\rho_1 a'+\lambda_2\rho_2 b').$$

于是有

$$(P_1'P_2',\ P_3'P_4')=\frac{\dfrac{\rho_2\lambda_1}{\rho_1}}{\dfrac{\rho_2\lambda_2}{\rho_1}}=\frac{\lambda_1}{\lambda_2}=(P_1P_2,\ P_3P_4)$$

推论　一平面内无三点共线的四点 $P_i(i=1,2,3,4)$ 与其在另一平面内的无三点共线的四个对应点 $P_i'(i=1,2,3,4)$ 唯一确定一个射影对应，使 $P\to P_i'(i=1,2,3,4)$.

下面讨论射影变换的不变元素.

若 (y_1,y_2,y_3) 是射影变换式 (6.8) 的不变点，则有，

$$\begin{cases}\lambda y_1=a_{11}y_1+a_{12}y_2+a_{13}y_3\\ \lambda y_2=a_{21}y_1+a_{22}y_2+a_{23}y_3\\ \lambda y_3=a_{31}y_1+a_{32}y_2+a_{33}y_3\end{cases},$$

其中 $\lambda\neq0$，整理得

$$\begin{cases}(a_{11}-\lambda)y_1+a_{12}y_2+a_{13}y_3=0\\ a_{21}y_1+(a_{22}-\lambda)y_2+a_{23}y_3=0\\ a_{31}y_1+a_{32}y_2+(a_{33}-\lambda)y_3=0\end{cases}.$$

因为 y_1，y_2，y_3 不能全为 0，因此

$$\begin{vmatrix}a_{11}-\lambda & a_{12} & a_{13}\\ a_{21} & a_{22}-\lambda & a_{23}\\ a_{31} & a_{32} & a_{33}-\lambda\end{vmatrix}=0.$$

上式为射影变换不变点存在的条件，求得 λ 值后，再代入方程组，从而求出不变点齐次坐标.

例 6.16　求射影变换

$$\begin{cases}\rho x_1'=-x_1,\\ \rho x_2'=x_2,\\ \rho x_3'=x_3\end{cases}$$

的不变元素.

解　由方程

$$\begin{vmatrix}-1-\lambda & 0 & 0\\ 0 & 1-\lambda & 0\\ 0 & 0 & 1-\lambda\end{vmatrix}=0,$$

得

$$(1-\lambda)^2(1+\lambda)=0.$$

所以 $\lambda_1=1$（重根），$\lambda_2=-1$.

当 $\lambda_1=1$ 时，得不变点满足

$$\begin{cases}(-1-1)x_1=0,\\(1-1)x_2=0,\\(1-1)x_3=0\end{cases}$$

即直线 $x_1=0$ 上的点都是不变点.(不变直线不一定每一点都是不变点，只是直线的象仍为自身).

当 $\lambda_2=-1$ 时，不变点满足

$$\begin{cases}(-1+1)x_1=0,\\(1+1)x_2=0,\\(1+1)x_3=0.\end{cases}$$

即不变点为(1, 0, 0).

应用举例

例 6.17　已知四边形 $ABCD$，两组对边延长后得到交点 E，F，AC 的延长线交 EF 于 G，BD 的延长线交 EF 于 P(如图 6.28 所示)，求证：$\frac{EG}{GF}=\frac{EP}{FP}$.

证　由完全四点形的调和性：$(EF, GP)=-1$，
即

$$\frac{EG\cdot FP}{FG\cdot EP}=-1,$$

所以，

$$\frac{EG}{GF}=\frac{EP}{FP}.$$

注：如果条件加强——$BD/\!/EF$，则可得到结论

$$EG=GF.$$

例 6.18　证明三角形的三中线共点.

证　如图 6.29 所示，设$\triangle ABC$ 中，E，F 分别为 AB，AC 的中点，BF，CE 交于点 O，连接 AO 交 BC 于 D，要证明三中线共点，只需要证明 D 为 BC 的中点即可. 由于 E，F 为中点，所以 $EF/\!/BC$，设 EF，BC 交于无穷远点 P_∞，在完全四点形 $AEOF$ 中，由调和性质可得$(BC, DP_\infty)=-1$，所以 D 为 BC 的中点，所以三角形的三中线共点.

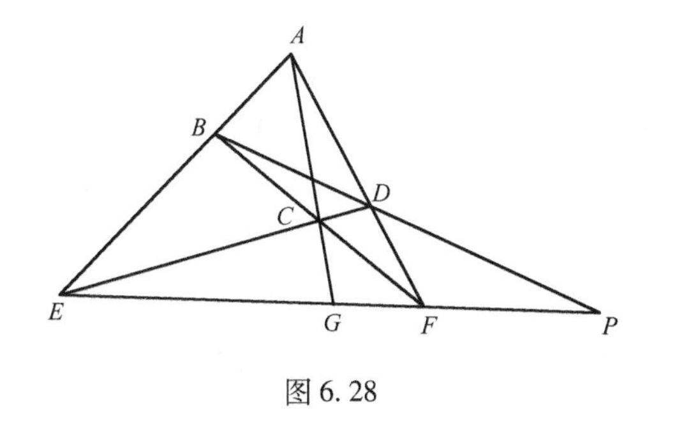

图 6.28

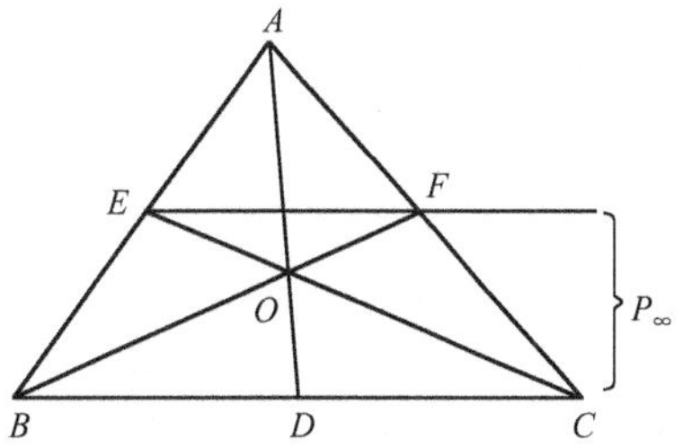

图 6.29

习　题　6.5

1. 求一射影变换，使得点 $A(0, 0, 1)$，$B(1, 2, 3)$，$C(2, -1, 4)$，$D(-1, 0, 1)$依次对

应于点 $A'(1, 4, 5)$, $B'(-1, 13, 14)$, $C'(11, 23, 28)$, $D'(-1, 1, 2)$.

2. 设有射影变换

$$\rho\begin{pmatrix}x'_1\\x'_2\\x'_3\end{pmatrix}=\begin{pmatrix}1&-2&1\\4&-2&3\\1&-1&0\end{pmatrix}\begin{pmatrix}x_1\\x_2\\x_3\end{pmatrix}$$

求点 $P(1, 3, 2)$, $Q(-1, 2, 5)$, $R(0, 4, -3)$在此射影变换下的像点的坐标.

3. 求射影变换

$$\begin{cases}\rho x_1'=4x_1-x_2\\\rho x_2'=6x_1-3x_2\\\rho x_3'=x_1-x_2-x_3\end{cases}$$

的不变元素.

4. 求射影变换

$$\begin{cases}\rho x_1'=7x_1+4x_2-x_3\\\rho x_2'=-x_1+2x_2+x_3\\\rho x_3'=-2x_1-2x_2+5x_3\end{cases}$$

的不变元素.

5. 求射影变换

$$\begin{cases}\rho x_1'=x_1+x_2\\\rho x_2'=x_2\\\rho x_3'=x_3\end{cases}$$

的不变元素.

复习题六

1. 设直线上顺次有四点 P_1, P_2, P_3, P_4, 相邻两点距离相等, 求这四点形成的各交比值.

2. 设 P_1, P_2 分别是 x 轴, y 轴上的无穷远点, P_3 是斜率为 1 的方向上的无穷远点, 且 $(P_1P_2, P_3P_4)=k$, 求 P_4 的坐标.

3. 设 P, Q, A, B, C, D 为同一圆上的六个点, 证明 $P(AB, CD)=Q(AB, CD)$.

4. 设 $ABCD$ 为平行四边形, 过 A 的直线 AE 与对角线 BD 平行, 证明

$$A(BD, CE)=-1.$$

5. 已知一维射影变换式

$$\begin{cases}\rho x_1'=2x_1-4x_2\\\rho x_2'=x_1-x_2\end{cases}$$

求每个坐标系的三个基点在另一个坐标系下的坐标.

6. 在四边形 $ABCD$ 的两边 AD 与 BC 所在直线上各有动点 E, F 满足条件: $AE: BF=AD: BC$. 证明: 直线 AF 与 BE 的交点的轨迹是一条直线.

7. 设以 0, 2, -2 为参数的点分别对应以$\frac{1}{2}$, $\frac{4}{3}$, -2 为参数的点. 求射影变换式.

8. 设一直线上点的射影变换是 $x' = \dfrac{3x+2}{x+4}$. 证明：直线上有两个自对应点，且这两点与任意一对对应点的交比为常数.

9. 设三点形 $P_1P_2P_3$，Q_1，Q_2，Q_3 为共线三点，分别位于三边 P_2P_3，P_3P_1，P_1P_2 上，又 $(P_2P_3, R_1Q_1) = -1$，$(P_3P_1, R_2Q_2) = -1$，$(P_1P_2, R_3Q_3) = -1$，证明：P_1R_1，P_2R_2，P_3R_3 共点.

10. 设 $(P) \barwedge (P')$ 是对合，$(P) \barwedge (P'')$ 是对合，问 $(P') \barwedge (P'')$ 是否是射影变换？是否一定是对合？

11. 设射影坐标变换将三点的坐标 $(3, 1, 0)$，$(-2, 1, 1)$，$(0, 2, 1)$ 分别变为 $(1, 0, 0)$，$(0, 1, 0)$，$(0, 0, 1)$，且单位点坐标不变，求坐标变换公式.

12. 求使三点 $(0, 0)$，$(1, 0)$，$(0, 1)$ 分别对应 $(0, 0)$，$(0, 1)$，$(1, 0)$，且使直线 $x+y+1=0$ 对应无穷远直线的射影对应.

13. 求射影变换，使直线 $x_1+x_2-6x_3=0$，$x_1+x_2+6x_3=0$，$x_1-x_2+x_3=0$ 分别变成 $x_1=0$，$x_2=0$，$x_3=0$，点 $(1, 1, 1)$ 变成 $(2, -4, 3)$，并求射影变换的不变元素.

第7章　变换群与几何学

本章首先介绍变换群的概念，然后讨论射影变换群、仿射变换群、相似变换群和正交变换群及它们分别对应的几何学，最后介绍克莱因(F. Klein)关于几何学的变换群观点.

7.1　变　换　群

7.1.1　群与变换群的概念

群是代数学中的一个基本概念，在此只做简单介绍，不做证明；读者要进一步了解群的相关性质和证明，可参见《抽象代数》类教科书.

定义7.1　设G是一个非空集合，在G上定义一个代数运算“·”，若满足如下条件：

(1) 封闭性，$\forall a, b \in G$，有$a \cdot b \in G$；

(2) 结合律，$\forall a, b, c \in G$，有$a \cdot (b \cdot c) = (a \cdot b) \cdot c$；

(3) 有单位元，存在$\varepsilon \in G$满足$\forall a \in G$有$a \cdot \varepsilon = \varepsilon \cdot a = a$；

(4) G中每个元素都有逆元，即$\forall a \in G$，存在$a^{-1} \in G$满足$a \cdot a^{-1} = a^{-1} \cdot a = \varepsilon$.

则称G关于运算“·”构成一个群. 记做$\{G; \cdot\}$. 为了简单表示，“·”可以省略不写，如$a \cdot b$可表示为ab.

定义7.2　设G是一个群，H是G的一个非空子集，若H关于G的运算也构成群，则称H为G的一个子群.

定理7.1　设G是一个群，H是G的一个非空子集，则H为G的一个子群的充分必要条件是：

(1) $\forall h_1, h_2 \in H$有$h_1h_2 \in H$；

(2) $\forall h \in H$有$h^{-1} \in H$.

定义7.3　设S是一个非空集合，G是S上若干一一变换的集合，若G对于变换的乘法构成群，则称G为S上的一个变换群.

例7.1　集合S上所有一一变换的集合G对于变换的乘法构成群.

证　设$\varphi_1, \varphi_2 \in G$，则$\varphi_1 \cdot \varphi_2$仍为$S$上的一一变换，于是$\varphi_1 \cdot \varphi_2 \in G$. 变换的乘法满足结合律；存在恒等变换$\varepsilon$，使得对于任何变换$\varphi \in G$，有$\varphi \cdot \varepsilon = \varepsilon \cdot \varphi = \varphi$，所以$\varepsilon$为$G$中的单位元；对于任何变换$\varphi \in G$，$\varphi^{-1} \in G$是一一变换，且$\varphi \cdot \varphi^{-1} = \varphi^{-1} \cdot \varphi = \varepsilon$. 由群的定义，$G$对于变换的乘法构成群.

例7.2　集合S上若干一一变换的集合G构成群的充分必要条件是：

(1) $\forall \varphi_1, \varphi_2 \in G$有$\varphi_1\varphi_2 \in G$(封闭性成立)；

(2) $\forall \varphi \in G$有$\varphi^{-1} \in G$(存在逆元).

证明由读者自己完成.

例7.3　证明欧氏平面上所有平移变换的集合G关于变换的乘法构成一个变换群.

证　平移变换的表达式为

$$T:\begin{cases}x' = x + a\\ y' = y + b\end{cases}$$

它是一个一一变换. 任取 $T_1, T_2 \in G$

$$T_1:\begin{cases}x' = x + a_1\\ y' = y + b_1\end{cases},\qquad T_2:\begin{cases}x' = x + a_2\\ y' = y + b_2\end{cases};$$

于是

$$T_2 \cdot T_1:\begin{cases}x' = x + a_1 + a_2\\ y' = y + b_1 + b_2\end{cases}.$$

仍为一个平移变换.
又对任意一个平移变换

$$T:\begin{cases}x' = x + a\\ y' = y + b\end{cases},$$

有

$$T^{-1}:\begin{cases}x = x' - a\\ y = y' - b\end{cases}.$$

也是平移变换, 根据定理 7.1, 集合 G 构成一个变换群, 称为平移变换群.

7.1.2　平面上几个重要的变换群

1. 射影变换群

定理 7.2　射影平面上所有射影变换的集合对于变换的乘法构成群, 称为射影变换群, 记为 P.

证　设

$$P = \left\{\varphi \mid \varphi:\rho x_i' = \sum_{j=1}^{3} a_{ij}x_j,\ i = 1, 2, 3,\ \rho \mid a_{aj} \mid \neq 0\right\},$$

其中, $|a_{ij}|$表示矩阵(a_{ij})的行列式.

$\forall \varphi_1, \varphi_2 \in P$ 且

$$\varphi_1:\rho_1\begin{pmatrix}x_1'\\ x_2'\\ x_3'\end{pmatrix} = A\begin{pmatrix}x_1\\ x_2\\ x_3\end{pmatrix},\qquad |A| \neq 0,\ \rho_1 \neq 0,$$

$$\varphi_2:\rho_2\begin{pmatrix}x_1'\\ x_2'\\ x_3'\end{pmatrix} = B\begin{pmatrix}x_1\\ x_2\\ x_3\end{pmatrix},\qquad |B| \neq 0,\ \rho_2 \neq 0.$$

设一点 X 经过 φ_1 变成 X', 而 X' 又经过 φ_2 变成 X'', 即点 X 经过 φ_1, φ_2 的乘积变换 $\varphi_2 \cdot \varphi_1$ 变成点 X'', 于是

$$\rho_1\rho_2\begin{pmatrix}x_1''\\ x_2''\\ x_3''\end{pmatrix} = B\left(\rho_1\begin{pmatrix}x_1'\\ x_2'\\ x_3'\end{pmatrix}\right) = (BA)\begin{pmatrix}x_1\\ x_2\\ x_3\end{pmatrix}.$$

令 $\rho_1\rho_2=\rho$，$BA=C$，则显然 $\rho\neq0$，$|C|\neq0$ 因此 φ_1，φ_2 的乘积变换

$$\varphi:\rho\begin{pmatrix}x_1''\\x_2''\\x_3''\end{pmatrix}=C\begin{pmatrix}x_1\\x_2\\x_3\end{pmatrix},\quad \rho\neq0,\ |C|\neq0$$

是射影变换，即 P 对于变换乘法封闭.

又设 $\varphi\in P$，$\varphi:\rho\begin{pmatrix}x_1'\\x_2'\\x_3'\end{pmatrix}=A\begin{pmatrix}x_1\\x_2\\x_3\end{pmatrix}$，$\rho\neq0$，$|A|\neq0$，

则
$$\varphi^{-1}:\begin{pmatrix}x_1\\x_2\\x_3\end{pmatrix}=\rho A^{-1}\begin{pmatrix}x_1'\\x_2'\\x_3'\end{pmatrix},$$

其中，$A^{-1}=\dfrac{1}{|A|}\cdot A^*=\dfrac{1}{|A|}\cdot(A_{ij})^T$，令 $\sigma=\dfrac{1}{\rho}\cdot|A|$

则
$$\varphi^{-1}:\sigma\begin{pmatrix}x_1\\x_2\\x_3\end{pmatrix}=(A_{ij})^T\begin{pmatrix}x_1'\\x_2'\\x_3'\end{pmatrix}\text{ 且 }\sigma\neq0,\ |A_{ij}|\neq0.$$

即逆变换仍然是射影变换，所以 P 对于变换乘法构成群，称为射影变换群. 因为每一射影变换由 8 个独立参数来决定，所以 P 是一个八维群.

2. 仿射变换群

定义 7.4 在仿射平面上，保持无穷远直线 $x_3=0$ 不变的射影变换，称为射影仿射变换.

定理 7.3 平面上的射影变换

$$\varphi:\begin{cases}\rho x_1'=a_{11}x_1+a_{12}x_2+a_{13}x_3\\\rho x_2'=a_{21}x_1+a_{22}x_2+a_{23}x_3\\\rho x_3'=a_{31}x_1+a_{32}x_2+a_{33}x_3\end{cases},\quad |A|=|a_{ij}|\neq0,\ \rho\neq0 \tag{7.1}$$

为一个射影仿射变换的充要条件是 $a_{31}=a_{32}=0$.

证 "⇒"若 φ 为一个射影仿射变换，则 φ 使得 $x_3=0$ 对应 $x_3'=0$，故在式(7.1)中必有 $a_{31}x_1+a_{32}x_2\equiv0$，即 $a_{31}=a_{32}=0$，从而式(7.1)变为

$$\begin{cases}\rho x_1'=a_{11}x_1+a_{12}x_2+a_{13}x_3\\\rho x_2'=a_{21}x_1+a_{22}x_2+a_{23}x_3\\\rho x_3'=a_{33}x_3\end{cases},\quad |A|=|a_{ij}|\neq0,\ \rho\neq0 \tag{7.2}$$

"⇐"在式(7.1)中若有 $a_{31}=a_{32}=0$，则式(7.1)变为式(7.2)，显然保持 $x_3=0$ 不变，即 φ 为一个射影仿射变换.

式(7.2)为射影仿射变换的一般形式，就有穷部分若采用非齐次坐标，则可化为如下形式：

$$\begin{cases}x'=a_1x+b_1y+c_1\\y'=a_2x+b_2y+c_2\end{cases}\qquad\begin{vmatrix}a_1&b_1\\a_2&b_2\end{vmatrix}\neq0$$

这正是第 4 章所介绍的仿射变换的代数表示式.

定理 7.4　射影平面内所有仿射变换的集合关于变换的乘法构成群，称为仿射变换群，记为 A. 仿定理 7.2 可给出证明. 仿射变换一般表示式中有六个独立参数，所以是一个六维群.

3. 相似变换群

定理 7.5　平面上所有相似变换的集合 S 关于变换的乘法构成一个群，称为相似变换群.

证　任取两个相似变换

$$\varphi_1:\begin{pmatrix}x'\\y'\end{pmatrix}=\begin{pmatrix}a_1 & -\lambda_1 b_1\\ b_1 & \lambda_1 a_1\end{pmatrix}\begin{pmatrix}x\\y\end{pmatrix}+\begin{pmatrix}c_1\\c_2\end{pmatrix},\quad \lambda_1=\pm 1,\ r_1^2=a_1^2+b_1^2\neq 0,$$

$$\varphi_2:\begin{pmatrix}x'\\y'\end{pmatrix}=\begin{pmatrix}a_2 & -\lambda_2 b_2\\ b_2 & \lambda_2 a_2\end{pmatrix}\begin{pmatrix}x\\y\end{pmatrix}+\begin{pmatrix}d_1\\d_2\end{pmatrix},\quad \lambda_2=\pm 1,\ r_2^2=a_2^2+b_2^2\neq 0.$$

设一点 X 经过 φ_1 变成 X'，而 X' 又经过 φ_2 变成 X''，即点 X 经过 φ_1，φ_2 的乘积变换变成点 X''，由于 $\lambda_i=\pm 1(i=1,2)$，所以 $\lambda_i=\dfrac{1}{\lambda_i}\quad(i=1,2)$

$$\varphi_2\cdot\varphi_1:\begin{pmatrix}x''\\y''\end{pmatrix}=\begin{pmatrix}a & -\lambda b\\ b & \lambda a\end{pmatrix}\begin{pmatrix}x\\y\end{pmatrix}+\begin{pmatrix}f_1\\f_2\end{pmatrix},$$

其中，$\lambda=\lambda_1\lambda_2=\pm 1$，$r^2=(a_1^2+b_1^2)(a_2^2+b_2^2)=r_1^2r_2^2\neq 0$，
即 $\varphi_2\cdot\varphi_1$ 仍为一个相似变换.
又任取一个相似变换

$$\varphi:\begin{pmatrix}x'\\y'\end{pmatrix}=\begin{pmatrix}a & -\lambda b\\ b & \lambda a\end{pmatrix}\begin{pmatrix}x\\y\end{pmatrix}+\begin{pmatrix}c_1\\c_2\end{pmatrix},\ \lambda=\pm 1,\ a^2+b^2\neq 0.$$

则有

$$\varphi^{-1}:\begin{pmatrix}x\\y\end{pmatrix}=\begin{pmatrix}\dfrac{a}{a^2+b^2} & \dfrac{b}{a^2+b^2}\\ -\dfrac{b}{\lambda(a^2+b^2)} & \dfrac{a}{\lambda(a^2+b^2)}\end{pmatrix}\begin{pmatrix}x'\\y'\end{pmatrix}+\begin{pmatrix}f_1\\f_2\end{pmatrix},$$

也是一个相似变换，所以 S 关于变换乘法构成群，称为相似变换群，它是一个四维群.

4. 正交变换群

定理 7.6　欧氏平面内所有正交变换的集合 M 关于变换的乘法构成群，称为正交变换群，简称正交群. 记做 M.

正交变换的表示式为

$$\begin{cases}x'=x\cos\theta-\varepsilon y\sin\theta+c_1\\ y'=x\sin\theta+\varepsilon y\cos\theta+c_2\end{cases}\quad \varepsilon=\pm 1.$$

读者自行证明.

本节给出了一个变换群列，应分别在射影平面与仿射平面上讨论，但它们可以建立同构关系，所以未加区别. 四个变换群：射影变换群 P、仿射变换群 A、相似变换群 S 和正交变换群 M，就大小而言，它们的关系是

$$P \supset A \supset S \supset M.$$

习　题　7.1

1. 试证平面上的所有变换

$$\begin{cases} x' = \lambda x + a \\ y' = \lambda y + b \end{cases}, \quad \lambda > 0,\ a,\ b \text{ 都为实数.}$$

的集合 G 关于变换的乘法构成群. 这个群是不是可换群?

2. 设 R 是全体实数的集合，证明所有 R 的可以写成形如

$$\varphi: x \to ax + b \quad (a,\ b \text{ 是有理数},\ a \neq 0)$$

的变换的集合 G 关于变换的乘法构成群，是不是可换群?

3. 证明:一直线上的射影变换

$$\begin{cases} \rho x_1' = a_{11} x_1 + a_{12} x_2 \\ \rho x_2' = a_{21} x_1 + a_{22} x_2 \end{cases}, \quad \left(\Delta A = \begin{vmatrix} a_{11} & a_{12} \\ a_{21} & a_{22} \end{vmatrix} \neq 0 \right)$$

的集合关于变换乘法构成群，其中 $\Delta A > 0$ 的变换的集合也构成群，问 $\Delta A < 0$ 的变换的集合能否构成群?

4. 平面上关于直线的对称变换的集合是否构成群? 平面上关于点的对称变换的集合是否构成群?

7.2　变换群与几何学

19 世纪，几何学得到很大发展，出现了异于欧氏几何的非欧几何，如射影几何，仿射几何，双曲几何及椭圆几何,等等. 当时有两大问题困扰着数学界，一是这些几何学之间的逻辑关系；二是非欧几何学的相容性问题. 第二个问题在 1882 年由 Poincare 解决，本节主要介绍第二个问题的结论.

把变换群与几何学联系起来给几何学以新的定义，用变换群来研究几何学的观点是德国数学家克莱因(F. Klein)于 1872 年提出来的. 是在德国埃尔朗根(Erlangen)大学做的题目为“近世几何学研究的比较评论”的报告中首次提出的. 历史上常称为 F. Klein 变换群观点或埃尔朗根纲领. 他将当时已有的一些几何学统一于变换群的观点之下，给出了建立抽象空间所对应的几何学的一种方法，建立了多种几何学，如代数几何、保形几何及拓扑学. 对几何学的发展起到了巨大的促进和推动作用，甚至对物理学、力学的发展也产生了很大影响.

7.2.1　Klein 的变换群观点

给出集合 S 和它的一个变换群 G，对于 S 中的两个子集 A，B，如果在 G 中有一个变换 f 使得 $f(A) = B$，则称 A 与 B 等价，用“$\cong$”表示. “$\cong$”是一个等价关系，因为满足:

(1)(自反性)任何子集与自己等价；

(2)(对称性)若子集 A 与子集 B 等价，则子集 B 必与子集 A 等价；

(3)(传递性)若子集 A 与子集 B 等价，子集 B 与子集 C 等价，则子集 A 与子集 C 等价.

“$\cong$”是一个等价关系，它可以确定集合 S 的一个分类方法，凡是等价的子集都属于同一类，不等价的子集属于不同的类，集合 S 的每一个元素恰属于一个类.

如果规定集合 S 是空间，它的元素是点，它的子集是图形，凡是等价的图形属于同一个等价类，于是同一类里的一切图形所共有的几何性质和几何量必是变换群下的不变性质和不变量；反之，图形在变换群中一切变换下的不变性质和不变量，必是同一个等价类里一切图形所共有的性质.（如在射影变换群的作用下，射影平面上的所有点列属于同一等价类，所有线束属于同一等价类，所有三点形属于同一等价类，所有完全四点形属于同一等价类……）. 因此，可以用变换群研究相应的几何学，这就是克莱因的几何学的群论观点.

综上所述，若给定一个集合及此集合上的一个变换群，则空间内图形对于此群的不变性质的命题系统的研究就称为这空间的几何学，而空间的维数就称为几何学的维数，且称此群为该几何学所对应的变换群. 有一个变换群，就有一种研究在此群作用下不变性质理论的几何学. 由此，由正交变换群下图形不变性质所构成的命题系统是欧氏几何学，仿射变换群对应仿射几何学，射影变换群对应射影几何学.

7.2.2　射影、仿射和欧氏三种几何学的比较

1. 射影几何学

射影几何学是以射影平面作为空间，以射影变换群（其元素是二维射影变换）为主变换群的几何学. 射影几何学研究图形的射影不变性和不变量. 最基本不变性有同素性（即点的像还是点，直线的像还是直线），结合性（即点与直线的结合性：某点在直线上，某直线通过某点），最基本的射影不变量是交比. 其他射影不变性、不变量都是由这些基本的不变性、不变量演绎出来的性质与数量.

2. 仿射几何学

仿射几何学是以仿射平面作为空间，以仿射变换为主变换群的几何学. 研究图形在仿射群作用下的不变性与不变量. 如结合性、平行性，单比等. 由此可演绎出平行线段的比、两三角形面积之比、线段的中点等都在仿射群作用下不变. 仿射变换保持单比不变当然保持交比不变. 因此，射影性质与射影不变量也是仿射性质与仿射不变量，故仿射几何研究内容比射影几何更丰富，它是射影几何的子几何.

3. 相似几何学

相似变换群对应的几何学是相似几何学，它是仿射几何学的子几何，最基本的不变性与不变量有任意两条线段的比值和两直线的夹角. 初等几何学的研究内容在很大程度上属于相似几何学.

4. 欧氏几何学

在正交群作用下图形的不变性与不变量分别称为度量性质与度量不变量，如距离、夹角. 由此可演绎出面积、体积及全等形等都是正交不变量. 在正交变换下任一个平面图形都变成与它全等的图形，所以也说正交变换保持图形的不变性. 射影性质与仿射性质，射影不变量与仿射不变量也是正交不变性或不变量. 与正交群对应的几何学是欧氏几何学，它是仿射几何、射影几何的子几何.

四个变换群大小的关系是：

射影变换群⊃仿射变换群⊃相似变换群⊃正交变换群

对应几何学研究内容的丰富性而言关系为：

射影几何学⊂仿射几何学⊂相似几何学⊂欧氏几何学

由此可见，射影几何学内容最少，而欧氏几何学内容最丰富.一般的，变换群越大，则它所对应的几何学研究对象就越少，因为一个变换群所包含的变换越多，则对于所有这些变换图形的不变性与不变量就越少，因而可以研究的对象就越少，而适应的范围却越广，因为这些研究对象在它的子群所对应的子几何中都可以讨论.

如何判断一个图形或性质、定理属于哪一种几何学研究对象，主要根据图形或定理、性质所涉及的不变性与不变量来判定，如涉及距离，线段或角的相等、垂直等就属于欧氏几何学研究的范围；涉及直线的平行、线段的比、线段的中点等就属于仿射几何学研究的对象；而仅与点、线、面的结合关系有关的就属于射影几何学研究的对象了.

习　题　7.2

1. 下列图形各是何种几何学(指具有尽可能大的变换群)的讨论对象？

(1) 梯形；　(2) 三角形的重心；

(3) 平行四边形；　(4) 圆；

(5) 三角形的垂心；　(6) 调和点列.

2. 下列几何量各是何种几何学(指具有尽可能大的变换群)的讨论对象？

(1) 线段的长度；　(2) 两直线的夹角；

(3) 三角形的面积；　(4) 点到直线的距离；

3. 下列几何性质各是何种几何学(指具有尽可能大的变换群)的讨论对象？

(1) 平行；　(2) 垂直；

(3) 平行四边形的对角线互相平分；　(4) 共线点或共点线；

(5) 全等三角形；　(6) 相似三角形.

4. 求证:两直线所成角度是相似群的不变量.

复习题七

1. 下列图形各是何种几何学(指具有尽可能大的变换群)的讨论对象？

(1) 线段的垂直平分线；　(2) 完全四点形；

(3) 两个透视的三点形；　(4) 正方形.

2. 下列几何量各是何种几何学(指具有尽可能大的变换群)的讨论对象？

(1) 两平行线间的距离；　(2) 共线四点的交比；

(3) 共线三点的单比；　(4) 圆锥曲线的离心率.

3. 证明所有以原点为心的旋转变换的集合构成一个变换群.

4. 证明:在仿射群中所有系数行列式等于 ± 1 的仿射变换的集合构成仿射群的子群，称为么模仿射群.并进一步证明三角形的面积是么模仿射群的不变量.

5. 证明任何一个群都与一个变换群同构.

6. 试举实例说明变换群的乘法运算不满足交换律.

7. 证明:当 σ,ρ,τ 是一一变换时,$(\sigma\rho\tau)^{-1}=\tau^{-1}\rho^{-1}\sigma^{-1}$. 进一步说明若 $\sigma_1,\sigma_2,\cdots,\sigma_n$ 是一一变换时有 $(\sigma_1\sigma_2\cdots\sigma_n)^{-1}=\sigma_n^{-1}\cdots\sigma_2^{-1}\sigma_1^{-1}$.

8. 证明所有变换

$$\begin{cases}x'=ax+c_1\\y'=ay+c_2\end{cases},a\neq0$$

的集合构成相似群的一个子群.

9. 说明为什么向量的线性运算(和、差、数乘向量)与内积、外积都是欧氏几何的内容?

10. 试说明向量的哪些概念属于仿射几何的内容?

11. 恒等变换构成群, 对于这个群有没有相应的几何学?

第 8 章　二次曲线的射影理论与仿射理论

本章在射影坐标和射影变换的基础上讨论二次曲线的射影性质、仿射性质，中心内容是二阶曲线与二级曲线的定义，**帕斯卡**(Pascal)定理和**布列安桑**(Brianchon)定理，极点与极线理论；二次曲线的直径、共轭直径，二次曲线的渐近线，二次曲线的仿射分类等.

8.1　二次曲线的射影定义

8.1.1　二次曲线的射影定义

定义 8.1　在射影平面上，坐标(x_1,x_2,x_3)满足

$$S\equiv\sum_{i,j=1}^{3}a_{ij}x_ix_j=0,\quad(a_{ij}=a_{ji})\tag{8.1}$$

的所有点的集合称为一条**二阶曲线**，其中$\boldsymbol{A}=(a_{ij})$称为二阶曲线的矩阵，且秩$(\boldsymbol{A})>0$.

方程(8.1)可以表示成矩阵形式

$$S\equiv(x_1,x_2,x_3)\begin{pmatrix}a_{11}&a_{12}&a_{13}\\a_{21}&a_{22}&a_{23}\\a_{31}&a_{32}&a_{33}\end{pmatrix}\begin{pmatrix}x_1\\x_2\\x_3\end{pmatrix}=0,\quad(a_{ij}=a_{ji})\tag{8.2}$$

若令$\boldsymbol{X}=(x_1,x_2,x_3)^{\mathrm{T}}$则式(8.2)可以表示为

$$\boldsymbol{S}=\boldsymbol{X}^{\mathrm{T}}\boldsymbol{A}\boldsymbol{X}=0,\quad \boldsymbol{A}^{\mathrm{T}}=\boldsymbol{A}\quad,秩(\boldsymbol{A})>0.$$

注：如果二阶曲线可分解为两个一次因式乘积，则称二阶曲线是**退化**的.

定理 8.1　两个不同中心的成射影对应的线束对应直线交点的全体构成一条二阶曲线.

证　射影平面上建立了射影坐标系后，两个线束的方程分别为

$$\alpha-\lambda\beta=0,\alpha'-\lambda'\beta'=0,\tag{1}$$

在此$\alpha,\beta,\alpha',\beta'$都是关于$(x_1,x_2,x_3)$的一次齐次式，由于它们是射影对应，所以$\lambda,\lambda'$满足：

$$a\lambda\lambda'+b\lambda+c\lambda'+d=0\quad(ad-bc\neq0).\tag{2}$$

从式(1),式(2)中消去λ,λ'得

$$a\alpha\alpha'+b\alpha\beta'+c\alpha'\beta+d\beta\beta'=0.\tag{3}$$

式(3)是关于(x_1,x_2,x_3)的二次齐次式，表示一条二阶曲线. 此外

$$A:\begin{cases}\alpha=0\\\beta=0\end{cases},\qquad B:\begin{cases}\alpha'=0\\\beta'=0\end{cases},$$

也满足式(3)，A,B分别是两线束中两直线交点，为线束的中心，即两线束中心也在二阶曲线上.

定理 8.1 的逆定理也成立，即“任何一条二阶曲线都可以看成是由两个成射影对应的线束对应直线的交点所构成”.

思考： 1. 两个成透视对应的线束对应直线的交点构成什么样的二阶曲线？

2. 定理 8.1 中是否可以去掉“不同心”的条件？

3. 形成二阶曲线的两个成射影对应的线束的中心是否是确定的？

定理 8.2　设有一条二阶曲线 Γ，它是由两个成射影对应的线束对应直线的交点构成，那么在曲线上任取不同两点 A,B，并以此两点为中心向曲线上的点投射直线，都可得到两个成射影对应的线束.

证　设二阶曲线 Γ 由射影线束 $O(P)$ 与 $O'(P)$ 生成，在 Γ 上任意取定不同二点 A,B，并与 Γ 上的动点 M 连线，只要证明 $A(M)\overline{\wedge}B(M)$ 即可（如图 8.1 所示）

设

$$\begin{cases} AM\cap OP=K \\ BM\cap O'P=K' \end{cases}\qquad \begin{cases} AM\cap OB=B' \\ BM\cap O'A=A' \end{cases},$$

因为 $O(A,B,P,M)\overline{\wedge}O'(A,B,P,M)$ 所以

$$(A,B',K,M)\overset{=}{\wedge}O(A,B,P,M)\overline{\wedge}O'(A,B,P,M)\overset{=}{\wedge}(A',B,K',M).$$

故

$$(A,B',K,M)\overline{\wedge}(A',B,K',M).$$

由于两点列的底的交点 $M\leftrightarrow M$.

所以

$$(A,B',K,M)\overset{=}{\wedge}(A',B,K',M).$$

因此对应点的连线共点，说明当 M 在曲线上变动时，以 OP 为底的点列(K)与以 $O'P$ 为底的点列(K')成透视对应，对应点的连线 KK' 通过一个定点 S，所以有

$$A(M)\overset{=}{\wedge}OP(K)\overset{=}{\wedge}O'P(K')\overset{=}{\wedge}B(M).$$

即　$$A(M)\overline{\wedge}B(M).$$

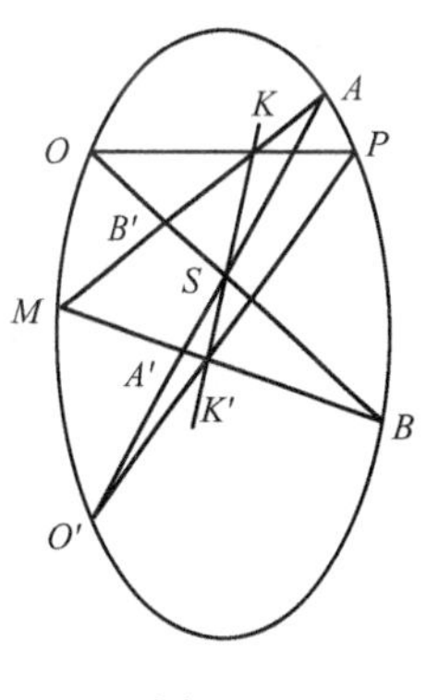

图 8.1

推论 1　平面内五个点，若其中任意三点都不共线，则这五个点可确定唯一一条二阶曲线.

推论 2　若从二阶曲线上任一点向此二阶曲线上四定点连线，则此四直线的交比为常数.

例 8.1　求两个成射影对应的线束

$$x_1-\lambda x_3=0 \text{ 与 } x_2-\mu x_3=0 \qquad (\lambda+\mu=1).$$

所构成的二阶曲线的方程.

解　因为 $\lambda+\mu=1$，所以 $\mu=1-\lambda$，两个线束可以写成

$$\begin{cases} x_1 \qquad -\lambda x_3=0, \\ x_2-(1-\lambda)x_3=0. \end{cases}$$

消去 λ 得

$$x_1x_3+x_2x_3-x_3^2=0.$$

即　$x_3=0,x_1+x_2-x_3=0$，这是一条退化二阶曲线.

例 8.2 设有一个变动的三点形，其三边分别通过不共线的三个定点，其两顶点又分别在两条定直线（不经过上述定点）上移动，求第三个顶点的轨迹.

解 设三点形 ABC 的边 AB,BC,CA 分别通过三个定点 P,Q,R，两个顶点 A,B 分别在两条定直线 a,b 移动，假设 $A_1B_1C_1,A_2B_2C_2,\cdots$ 为其移动过程中的位置（如图 8.2 所示）. 由题意得

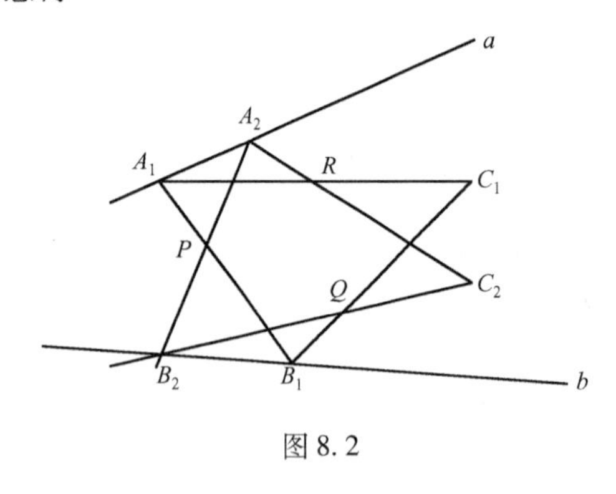

图 8.2

$$R(C_1,C_2,\cdots)\overset{=}{\wedge}P(A_1,A_2,\cdots),$$

$$Q(C_1,C_2,\cdots)\overset{=}{\wedge}P(B_1,B_2,\cdots),$$

所以

$$Q(C_1,C_2,\cdots)\overset{=}{\wedge}R(C_1,C_2,\cdots).$$

由定理 8.1 知，顶点 C 的轨迹为一条经过两个定点 Q,R 的二阶曲线.

根据以上描述，可以给出二阶曲线的射影定义.

定义 8.2 在射影平面上，成射影对应的两个线束对应直线的交点的集合称为**二阶曲线**.

注：上述定义中包含了退化的情况：如果两个成射影对应的线束是透视的，这时二阶曲线退化为两条直线，一条是透视轴，另一条是线束中心的连线. 根据高等代数中二次型理论知道，二阶曲线退化的充要条件是式(8.2)中 $\det\boldsymbol{A}=0$.

以上是从点几何的观点出发给出了二阶曲线的定义及有关性质，由对偶原则，还可以从线几何的观点出发给出相关的定义及定理.

定义 8.3 在射影平面上，齐次坐标$[u_1,u_2,u_3]$满足

$$T\equiv\sum_{i,j=1}^{3}b_{ij}u_iu_j=0\qquad(b_{ij}=b_{ji})\tag{8.1'}$$

的所有直线$[u_1,u_2,u_3]$的集合称为一条**二级曲线**. 其中 $\boldsymbol{B}=(b_{ij})$，且秩$(\boldsymbol{B})>0$.

注：1. 如何理解曲线是线的集合？

2. 二阶曲线与二级曲线统称为二次曲线.

3. 根据二阶曲线结论给出定理 8.1′,8.2′及推论 1′、推论 2′的描述.

例 8.3 如果两个三点形内接于同一条二次曲线，则它们也同时外切于一条二次曲线.

证 如图 8.3 所示，设三点形 ABC 和三点形 $A'B'C'$内接于二次曲线 Γ，且

$$AB\cap B'C'=D\qquad A'B'\cap BC=D'$$
$$AB\cap A'C'=E\qquad A'B'\cap AC=E',$$

因为点 $A,B,C,\ A',B',C'$在二阶曲线上，所以 $C'(A,B',A',B)\overline{\wedge}C(A,B',A',B)$

又

$$AB(A,D,E,B)\overset{=}{\wedge}C'(A,B',A',B)\overline{\wedge}C(A,B',A',B)\overset{=}{\wedge}A'B'(E',B',A',D')$$

即有

$$AB(A,D,E,B)\overline{\wedge}A'B'(E',B',A',D').$$

由二级曲线定义，这两个点列对应点的连线 $AC, C'B', C'A', BC$ 及两个点列的底 $AB, A'B'$ 属于同一条二次曲线. 这六条线恰好是两个三点形的六条边.

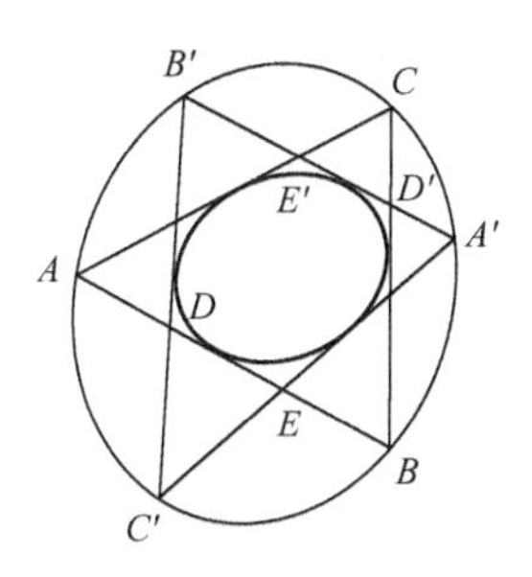

图 8.3

8.1.2　二阶曲线的切线与二级曲线的切点

1. 二阶曲线的切线

定义 8.4　平面上与二阶曲线 Γ 交于两个重合点的直线称为 Γ 的**切线**(如图 8.4 所示)，

$$\text{一般点 } P \text{ 在 } \Gamma\begin{cases}\text{外}\\ \text{上}\\ \text{内}\end{cases} \Rightarrow \text{过 } P \text{ 有 } \Gamma \text{ 的两条}\begin{cases}\text{相异实切线}\\ \text{重合实切线}\\ \text{相异虚切线}\end{cases}.$$

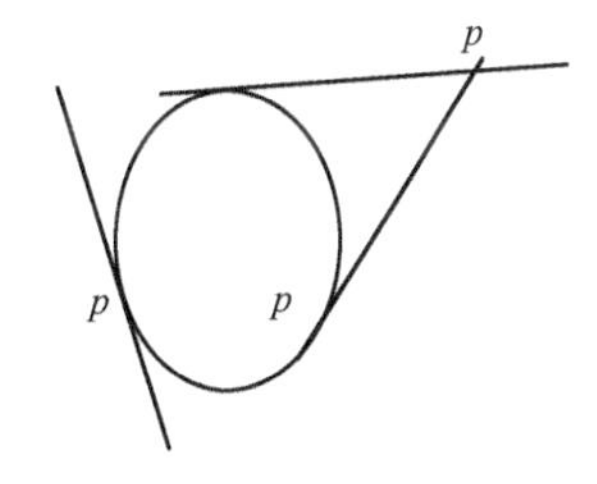

图 8.4

先讨论二阶曲线与直线关系，最后给出切线方程.

设二阶曲线为

$$\Gamma: S \equiv \sum_{i,j=1}^{3} a_{ij}x_ix_j = 0, \qquad (a_{ij} = a_{ji}), \quad |a_{ij}| \neq 0 \qquad (4)$$

平面上两个点 P, Q 的坐标分别为 $P(p_1, p_2, p_3), Q(q_1, q_2, q_3)$，则直线 PQ 上任一点坐标为

$$(x_1, x_2, x_3) = (p_1 + \lambda q_1, p_2 + \lambda q_2, p_3 + \lambda q_3).$$

将　$x_i = p_i + \lambda q_i$ 代入式(4)得

$$\sum_{i,j=1}^{3} a_{ij}(p_i + \lambda q_i)(p_j + \lambda q_j) = 0,$$

整理得

$$\lambda^2\left(\sum_{i,j=1}^{3} a_{ij}q_iq_j\right) + \lambda\left(\sum_{i,j=1}^{3} a_{ij}p_iq_j + \sum_{i,j=1}^{3} a_{ij}q_ip_j\right) + \sum_{i,j=1}^{3} a_{ij}p_ip_j = 0. \qquad (5)$$

为了书写简便，引入以下记号：

$$S \equiv \sum_{i,j=1}^{3} a_{ij}x_ix_j = (x_1, x_2, x_3)\boldsymbol{A}\begin{pmatrix}x_1\\x_2\\x_3\end{pmatrix} \qquad S_{pp} \equiv \sum_{i,j=1}^{3} a_{ij}p_ip_j = (p_1, p_2, p_3)\boldsymbol{A}\begin{pmatrix}p_1\\p_2\\p_3\end{pmatrix}$$

$$S_{qq} \equiv \sum_{i,j=1}^{3} a_{ij}q_iq_j = (q_1, q_2, q_3)\boldsymbol{A}\begin{pmatrix}q_1\\q_2\\q_3\end{pmatrix} \qquad S_{pq} \equiv \sum_{i,j=1}^{3} a_{ij}p_iq_j = (p_1, p_2, p_3)\boldsymbol{A}\begin{pmatrix}q_1\\q_2\\q_3\end{pmatrix}$$

$$S_{qp} \equiv \sum_{i,j=1}^{3} a_{ij} q_i p_j = (q_1, q_2, q_3)\boldsymbol{A}\begin{pmatrix} p_1 \\ p_2 \\ p_3 \end{pmatrix} \qquad S_p \equiv \sum_{i,j=1}^{3} a_{ij} p_i x_j = (p_1, p_2, p_3)\boldsymbol{A}\begin{pmatrix} x_1 \\ x_2 \\ x_3 \end{pmatrix}$$

$$S_q \equiv \sum_{i,j=1}^{3} a_{ij} q_i x_j = (q_1, q_2, q_3)\boldsymbol{A}\begin{pmatrix} x_1 \\ x_2 \\ x_3 \end{pmatrix},$$

其中，A 是系数矩阵，由于 $a_{ij}=a_{ji}$，所以 $S_{pq}=S_{qp}$，式(5)可表示为

$$S_{qq}\lambda^2 + 2S_{pq}\lambda + S_{pp} = 0 \tag{6}$$

当 $S_{pq}^2 - S_{qq}S_{pp} > 0$ 时，直线 PQ 与二阶曲线相交于两个实点，称为二阶曲线的割线；

当 $S_{pq}^2 - S_{qq}S_{pp} < 0$ 时，直线 PQ 与二阶曲线相离；

当 $S_{pq}^2 - S_{qq}S_{pp} = 0$ 时，直线 PQ 与二阶曲线的两交点重合，即为二阶曲线的切线.

以下求非退化二阶曲线上一点的切线方程.

设点 $P(p_1,p_2,p_3)$ 在二阶曲线 Γ 上，则有 $S_{pp}=0$，从而方程(6)有一个根为零；又过 P 点切线与 Γ 有二重合交点，所以有 $S_{pq}=0$，现取 $Q(q_1,q_2,q_3)$ 为切线上的动点 $Q(x_1,x_2,x_3)$，则有 $S_P=0$，即以 $P(p_1,p_2,p_3)$ 为切点的切线方程为

$$S_p \equiv \sum_{i,j=1}^{3} a_{ij} p_i x_j = (p_1, p_2, p_3)\boldsymbol{A}\begin{pmatrix} x_1 \\ x_2 \\ x_3 \end{pmatrix} = 0. \tag{8.3}$$

利用数学分析中偏导函数记号有

$$S_p \equiv \left(\frac{\partial S}{\partial x_1}\right)_p x_1 + \left(\frac{\partial S}{\partial x_2}\right)_p x_2 + \left(\frac{\partial S}{\partial x_3}\right)_p x_3 = 0. \tag{8.4}$$

若 P 点不在二阶曲线 Γ 上，设 Q 是过 P 点的切线上的任意点，则有

$$S_{pq}^2 = S_{qq}S_{pp}.$$

将 Q 点坐标换为动点 $Q(x_1,x_2,x_3)$，则以 Q 为动点轨迹通过 P 的切线方程为

$$S_{pp}S = S_P^2.$$

它表示两条切线.

例 8.4　求二阶曲线 $S \equiv x_1^2 - x_2^2 - 2x_3^2 + 2x_1x_3 + 10x_2x_3 = 0$ 经过点 $P(2,-2,0)$ 的切线方程.

解　将 P 点的坐标代入二阶曲线方程中得 $S_{pp}=0$，所以点 P 在二阶曲线上，故切线方程为 $S_p=0$.

即

$$(2,-2,0)\begin{pmatrix} 1 & 0 & 1 \\ 0 & -1 & 5 \\ 1 & 5 & -2 \end{pmatrix}\begin{pmatrix} x_1 \\ x_2 \\ x_3 \end{pmatrix} = 0$$

整理得 $x_1 + x_2 - 4x_3 = 0$，为所求切线的方程.

2. 二级曲线的切点

与二阶曲线的切线对偶的有二级曲线的切点问题，设二级曲线为

$$\Gamma': \quad T \equiv \sum_{i,j=1}^{3} b_{ij}u_iu_j = 0, \quad (b_{ij} = b_{ji}), |b_{ij}| \neq 0 \tag{8.4'}$$

定义 8.4′ 若过平面上一点有且只有二级曲线 Γ' 的一条直线，则称此点为 Γ' 的一个**切点**.

设平面内两直线 $l[l_1,l_2,l_3]$, $m[m_1,m_2,m_3]$，则以此两直线交点为中心的线束中任一直线的坐标可以表示为 $\xi_i = l_i + \lambda m_i$，$(i=1,2,3)$，代入式(8.4′)并整理得

$$T_{mm}\lambda^2 + 2T_{lm}\lambda + T_{ll} = 0$$

那么两直线交点为切点的充要条件是 $T_{lm}^2 = T_{ll}T_{mm}$，将直线 $m[m_1,m_2,m_3]$ 的坐标换为 $m[u_1, u_2, u_3]$，上式变为 $T_l^2 = T_{ll}T$.

这就是在一般情况下的在直线 l 上的二级曲线的切点方程. 如果 $l \in \Gamma'$，则切点方程为

$$T_l \equiv (l_1,l_2,l_3)\begin{pmatrix} b_{11} & b_{12} & b_{13} \\ b_{21} & b_{22} & b_{23} \\ b_{31} & b_{32} & b_{33} \end{pmatrix}\begin{pmatrix} u_1 \\ u_2 \\ u_3 \end{pmatrix} = 0. \tag{8.5}$$

读者可仿照二阶曲线的切线方程，给出切点方程的其他表示形式.

例 8.5 求通过二直线 $l[1,3,1]$ 和 $m[1,5,-1]$ 的交点且属于二级曲线 $4u_1^2 + u_2^2 - 2u_3^2 = 0$ 的直线.

解 如图 8.5 所示，通过二直线 $l[1,3,1]$ 和 $m[1,5,-1]$ 的交点的直线的线坐标为

$$[1,3,1] + \lambda[1,5,-1] = [1+\lambda, 3+5\lambda, 1-\lambda].$$

若直线属于二级曲线 $4u_1^2 + u_2^2 - 2u_3^2 = 0$ 则有

$$4(1+\lambda)^2 + (3+5\lambda)^2 - 2(1-\lambda)^2 = 0,$$

即
$$27\lambda^2 + 42\lambda + 11 = 0.$$

解得
$$\lambda_1 = -1/3, \lambda_2 = -11/9.$$

所求直线的坐标为 $[1,2,2]$ 和 $[-1,-14,10]$.

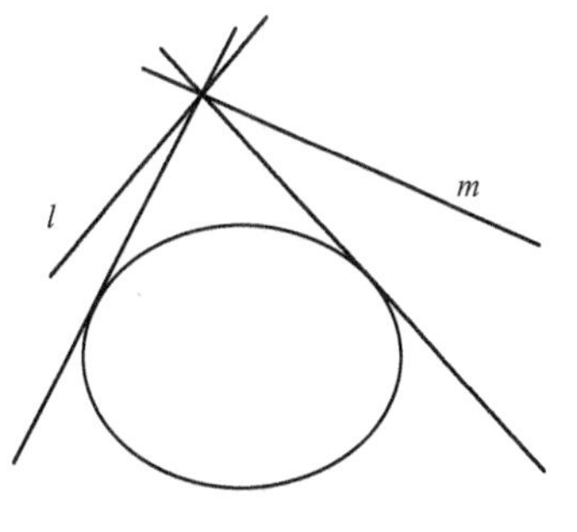

图 8.5

8.1.3 二阶曲线与二级曲线的关系

定理 8.3 一条非退化的二阶曲线的切线的集合，是一条非退化的二级曲线；反过来，一条非退化的二级曲线切点的集合是一条非退化二阶曲线.

证 (1)设非退化二阶曲线 Γ

$$S \equiv \sum_{i,j=1}^{3} a_{ij}x_ix_j = 0, \quad (a_{ij} = a_{ji}), \quad |a_{ij}| \neq 0.$$

在点 $P(p_1,p_2,p_3)$ 处切线为 $[u_1,u_2,u_3]$，即 $u_1x_1 + u_2x_2 + u_3x_3 = 0$.

又已知 Γ 在 P 点切线方程为 $S_P = 0$，即

$$\left(\frac{\partial S}{\partial x_1}\right)_p x_1 + \left(\frac{\partial S}{\partial x_2}\right)_p x_2 + \left(\frac{\partial S}{\partial x_3}\right)_p x_3 = 0,$$

所以有

$$\frac{\left(\frac{\partial S}{\partial x_1}\right)_p}{u_1} = \frac{\left(\frac{\partial S}{\partial x_2}\right)_p}{u_2} = \frac{\left(\frac{\partial S}{\partial x_3}\right)_p}{u_3} = \text{常数} = k,$$

即

$$\frac{a_{11}p_1+a_{12}p_2+a_{13}p_3}{u_1}=\frac{a_{21}p_1+a_{22}p_2+a_{23}p_3}{u_2}=\frac{a_{31}p_1+a_{32}p_2+a_{33}p_3}{u_3}=k.$$

另外切线过 P 点，故有

$$u_1p_1+u_2p_2+u_3p_3=0.$$

所以

$$\begin{cases}a_{11}p_1+a_{12}p_2+a_{13}p_3-ku_1=0\\a_{21}p_1+a_{22}p_2+a_{23}p_3-ku_2=0\\a_{31}p_1+a_{32}p_2+a_{33}p_3-ku_3=0\\u_1p_1+u_2p_2+u_3p_3=0\end{cases}\quad (k\neq 0\ \text{为常数}).$$

从而$[u_1,u_2,u_3]$为 Γ 上 P 点切线的充要条件是上述方程组对(p_1,p_2,p_3,k)有非零解，即

$$\begin{vmatrix}a_{11}&a_{12}&a_{13}&u_1\\a_{21}&a_{22}&a_{23}&u_2\\a_{31}&a_{32}&a_{33}&u_3\\u_1&u_2&u_3&0\end{vmatrix}=0, \tag{8.6}$$

展开得

$$T\equiv\sum_{i,j=1}^{3}A_{ij}u_iu_j=0\quad A_{ij}=A_{ji},\ |A_{ij}|\neq 0.$$

即为一条非退化二级曲线，称为二阶曲线 $S=0$ 对应的二级曲线. 在此 A_{ij} 为 $|A|$ 中 a_{ij} 的代数余子式.

读者可据此证明另一个结论. 定理 8.3 也给出了非退化二次曲线的点坐标方程和线坐标方程互化方法.

例 8.6　求证点坐标方程 $y^2=2px$ 与线坐标方程 $pu_2^2-2u_1u_3=0$ 表示同一条曲线.

证　将 $y^2=2px$ 化为齐次坐标方程

$$x_2^2-2px_1x_3=0,$$

则它对应的线坐标方程为

$$\begin{vmatrix}0&0&-p&u_1\\0&1&0&u_2\\-p&0&0&u_3\\u_1&u_2&u_3&0\end{vmatrix}=0,$$

展开为

$$pu_2^2-2u_1u_3=0.$$

同理可求出 $pu_2^2-2u_1u_3=0$ 的点坐标方程为

$$\begin{vmatrix}0&0&-1&x_1\\0&p&0&x_2\\-1&0&0&x_3\\x_1&x_2&x_3&0\end{vmatrix}=0.$$

展开得　$x_2^2-2px_1x_3=0$，即 $y^2=2px$.

因此，方程 $y^2=2px$ 与方程 $pu_2^2-2u_1u_3=0$ 表示同一条直线.

习　题　8.1

1. 求通过点(1,0,1),(0,1,1),(0,-1,1),(1,1,1),(-1,2,0)的二阶曲线的方程，并求出它所对应的二级曲线的方程.

2. 求通过定点(1,0,1),(0,1,1),(0,-1,1)，且以 $x_1-x_3=0, x_2-x_3=0$ 为切线的二次曲线的方程.

3. 求二阶曲线 $x_1^2-2x_2^2+3x_3^2-x_1x_3=0$ 过点 $\left(2,\sqrt{\frac{5}{2}},1\right)$ 的切线方程.

4. 求二级曲线 $u_1^2+u_2^2-17u_3^2=0$ 在直线[1,4,1]上切点的方程.

5. 求下列二阶曲线的方程，它是由两个成射影对应的线束构成的：

(1) $x_1-x_2-x_3+\lambda x_3=0$ 与 $x_1+2x_2-x_3+\lambda'(x_1-4x_2+x_3)=0$，且 $\lambda-\lambda'=0$；

(2) $x_1+2x_2+\lambda(x_1-x_3)=0$ 与 $x_1+x_2+x_3+\lambda'(x_2-2x_3)=0$，且 $2\lambda\lambda'+\lambda-2\lambda'+3=0$.

6. 设两个三点形 ABC 与 $A'B'C'$ 同时外切于一条二次曲线，求证它们也同时内接于一条二次曲线.

7. 求证下列的点坐标方程与线坐标方程表示同一条直线.

(1) $\frac{x_1^2}{a^2}+\frac{x_2^2}{b^2}=x_3^2$ 与 $a^2u_1^2+b^2u_2^2=u_3^2$；

(2) $x_1x_3-x_2^2=0$ 与 $4u_1u_3-u_2^2=0$.

8.2　Pascal 定理和 Brianchon 定理

本节讨论与二次曲线有关的两个古老而著名的定理，在几何作图题和几何证明题中都有重要的作用. 在这两个定理中，涉及二次曲线的内接简单六点形和外切简单六线形及其极限形式.

定义 8.5　如果一个 n 点形(简单或完全的)的 n 个顶点都在一条非退化的二阶曲线上，则叫做二阶曲线的内接 n 点形(简单或完全的).

对偶的可以定义二级曲线的外切 n 线形(简单或完全的). 本节主要用到 n 等于六的简单情况,且对于简单六点形 $A_1A_2A_3A_4A_5A_6$，规定三对对边分别为 A_1A_2 与 A_4A_5，A_2A_3 与 A_5A_6，A_3A_4 与 A_6A_1. 同样可规定简单六线形 $a_1a_2a_3a_4a_5a_6$ 的三对对顶点.

8.2.1　帕斯卡(Pascal)定理和布列安桑(Brianchon)定理

1640 年帕斯卡发现了下面著名的射影几何命题.

定理 8.4　**(帕斯卡定理)** 对于任意一个内接于非退化的二阶曲线的简单六点形，它的三对对边的交点在一条直线上，这条直线称为**帕斯卡线**.

证　如图 8.6 所示，简单六点形 $A_1A_2A_3A_4A_5A_6$，三对对边交点为 $A_1A_2\cap A_4A_5=L$，$A_2A_3\cap A_5A_6=M, A_3A_4\cap A_6A_1=N$ 以 A_1, A_3 为心分别连接其它四点，则由定理 8.2 得到

$$A_1(A_2,A_4,A_5,A_6)\,\overline{\wedge}\,A_3(A_2,A_4,A_5,A_6).$$

设

$$A_1A_6\cap A_4A_5=P, A_5A_6\cap A_3A_4=Q.$$

则

$$A_1(A_2,A_4,A_5,A_6)\overset{=}{\wedge}(L,A_4,A_5,P),A_3(A_2,A_4,A_5,A_6)\overset{=}{\wedge}(M,Q,A_5,A_6)$$

所以　$(L,A_4,A_5,P)\overline{\wedge}(M,Q,A_5,A_6)$.

由于两个点列底的交点 $A_5\leftrightarrow A_5$ 故有 $(L,A_4,A_5,P)\overset{=}{\wedge}(M,Q,A_5,A_6)$.

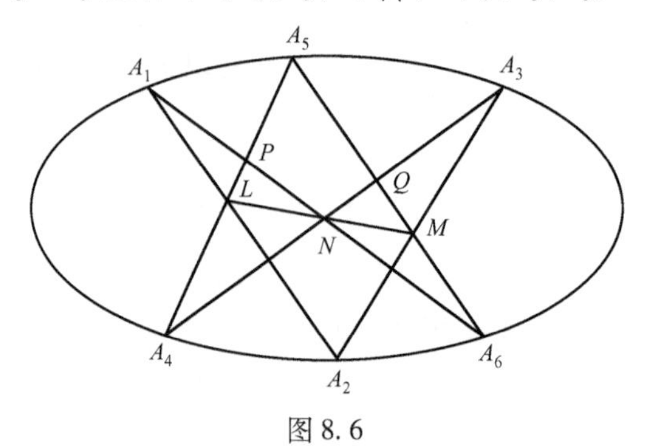

图 8. 6

所以三线 LM,A_4Q,PA_6 共点，但 $A_4Q\cap PA_6=N$，即 L,M,N 三点共线.
帕斯卡定理的逆定理也成立.

定理 8. 5　若简单六点形的三对对边交点在一条直线上，则此六点形必内接于一条二阶曲线.

读者可参考定理 8. 4 的证明给出此定理的证明.

1806 年，布列安桑(Brianchon)发现了另一个著名的射影几何定理，这两个定理的发现，虽然相隔 166 年，但它们却是两个相互对偶的命题.

定理 8. 4′　(Brianchon) 外切于非退化二级曲线 Γ' 的简单六线形，它的三对对顶点的连线共点(如图 8. 7 所示).

对应的可写出布列安桑定理的逆命题，并且可以证明是正确的.

定理 8. 5′　若一个简单六线形的三对对顶点的连线共点，则此六线形外切于一条二级曲线.

例 8. 7　设共面的两个三点形 ABC 与 $A'B'C'$ 是透视的，求证六直线 AB',AC',BC',BA',CA',CB' 属于同一条二级曲线.

证　如图 8. 8 所示，考虑六线形 $AB'CA'BC'$，其对顶点连线 AA',BB',CC' 三线共点 O，根据布列安桑定理的逆定理，此六线形外切于一条二级曲线，即直线 AB',AC',BC',BA',CA',CB' 属于同一条二级曲线.

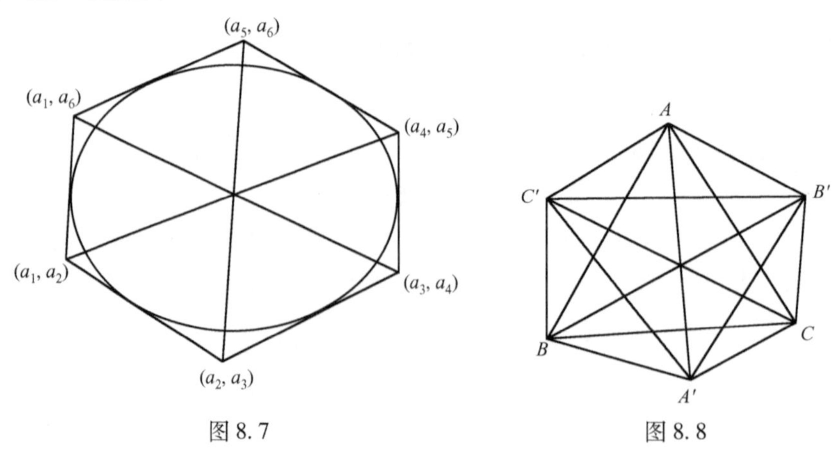

图 8. 7　　　　图 8. 8

例 8.8　已知平面上相异五点，A,B,C,D,E（其中无三点共线），求作由此五点所确定的二阶曲线 Γ 上任一点 F.

解　作法：如图 8.9 所示

（1）连结 AB,DE 交于 L，过 L 任作不过已知点的直线 p.

（2）连接 BC 交 p 于 M，连结 CD 交 p 于 N.

（3）连结 EM,AN 交于 F，则 F 即为所求.

证　考察简单六点形 $ABCDEF$，由作法知，其三对对边的交点 L,M,N 共线，根据帕斯卡定理的逆定理，六点形 $ABCDEF$ 内接于一条二阶曲线 Γ，故 F 是由 A,B,C,D,E 所确定的二阶曲线 Γ 上的点. 变动直线 p，即可得到 Γ 上的其他点.

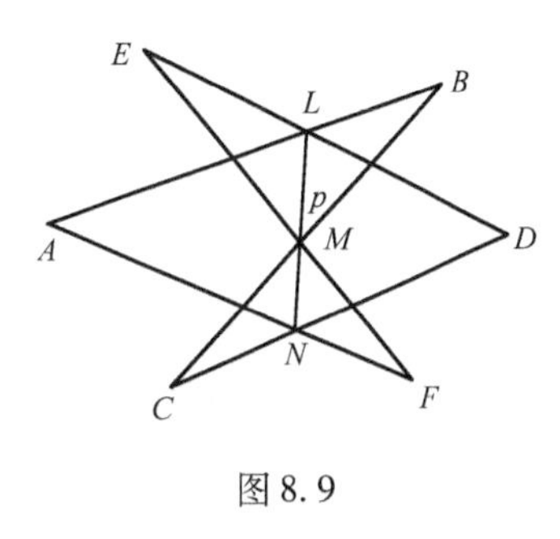

图 8.9

8.2.2　帕斯卡(Pascal)定理的极限形式

在此只讨论帕斯卡定理的极限形式，由对偶原则不难得到布列安桑定理的极限形式. 所谓帕斯卡定理的极限形式，是指二阶曲线的内接六点形有某些相邻顶点重合的情况. 显然，当两个相邻顶点重合时，连结这两个顶点的边就变成了二阶曲线在这对重合顶点处的切线.

1. 一对相邻顶点重合

定理 8.6　内接于非退化二阶曲线 Γ 的简单五点形，一边与其所对顶点的切线的交点，以及其余两对不相邻的边的交点，三点共线(如图 8.10 所示).

2. 两对相邻顶点重合

定理 8.7　内接于非退化二阶曲线的简单四点形两对对边的交点及其对顶点的切线的交点，四点共线(如图 8.11 所示).

定理 8.8　内接于非退化二阶曲线的简单四点形一对对边的交点与另一对对边中每一条与其对顶点切线的交点，三点共线(如图 8.12 所示).

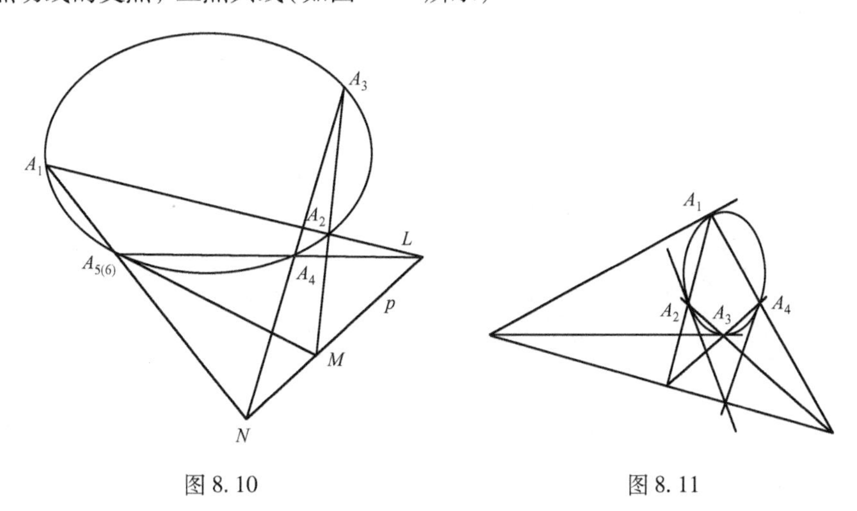

图 8.10　　图 8.11

3. 三对相邻顶点重合

定理 8.9　内接于非退化二阶曲线的三点形，各顶点处的切线与对边的交点，三点共线（如图 8.13 所示）. 将帕斯卡（Pascal）定理与帕普斯（Pappus）定理的证明相比较，不难发现，当一条二阶曲线退化为两直线时，只要将简单六点形的六个顶点一次交错的排列在这两条直线上，Pascal 定理就退化为 Pappus 定理. 所以，可以把 Pappus 定理看成 Pascal 定理在退化时的特例.

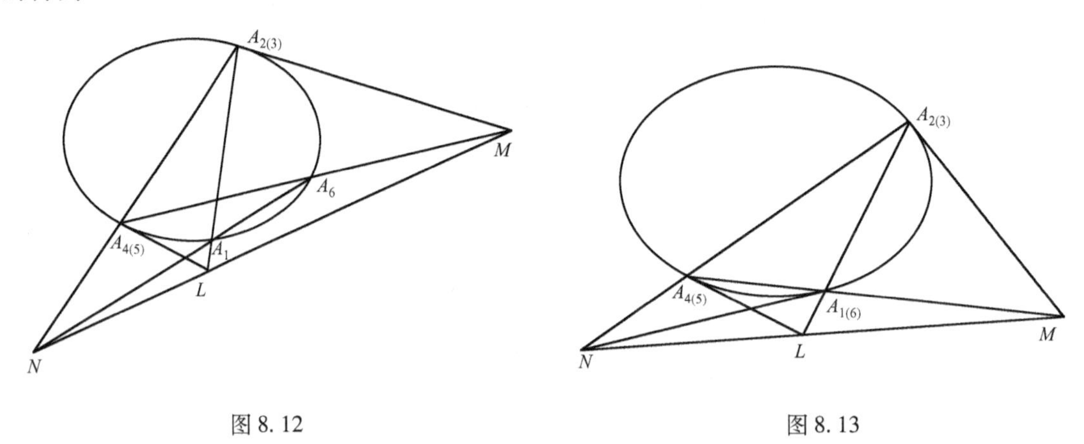

图 8.12　　　　图 8.13

例 8.9　已知非退化二阶曲线 Γ 以及 Γ 上一点 P，求作 Γ 在 P 点处的切线.

解　如图 8.14 所示，作法：(1) 在 Γ 上任取不同于 P 的相异四点 A_1,A_2,A_3,A_4；

(2) 连结 A_1A_2 与 A_4P 交于 L，连结 A_3A_4 与 A_1P 交于 N；

(3) 连结 A_2A_3 与 LN 交于点 M；

(4) 连结 PM，则 PM 即为要求 Γ 在 P 点处的切线.

证　由作法知，$A_1A_2A_3A_4P$ 为内接于非退化二阶曲线 Γ 的简单五点形，PM 与 P 的对边交点在其余两对不相邻边的交点连线上，根据定理 8.6，PM 即为要求的 Γ 在 P 点处的切线.

例 8.10　已知二阶曲线上三个点 A_1,A_2,A_3 和过其中两点 A_1,A_2 的切线 a,b，试用直尺做出曲线上的其他点.

解

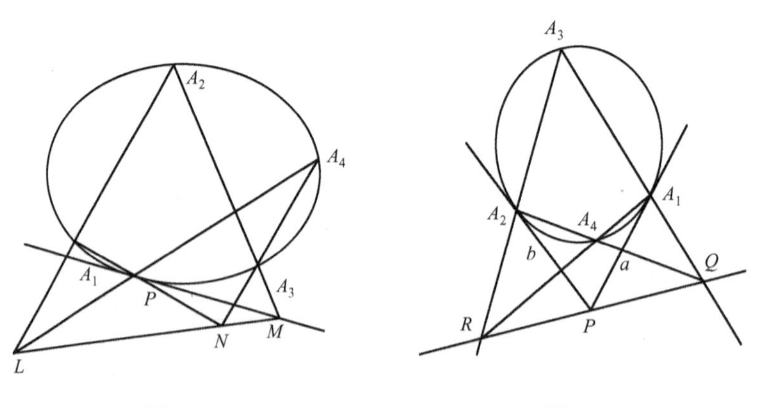

图 8.14　　　　图 8.15

作法：如图 8.15 所示

（1）过两切线 a,b 的交点 P 任作一直线 l；

（2）连结 A_1A_3 与 l 交于 Q，连结 A_2A_3 与 l 交于 R；

（3）连结 A_1R，A_2Q，两直线交于 A_4，即为所求.

变动直线 l 可得曲线上的任意点.

证　根据定理 8.7 直接得证.

习　题　8.2

1. 写出布列安桑定理的逆定理并加以证明.
2. 给出定理 8.6,8.7 的对偶命题，并画出图形.
3. 给出二阶曲线上六个点，可以产生多少条帕斯卡线？对偶的二级曲线情况如何？
4. 证明帕斯卡定理的逆定理.
5. 证明若一个三角形内接于二次曲线，则由顶点处的切线组成的三角形与原三角形透视.
6. 四边形 $ABCD$ 的边 AB,BC,CD,DA 分别与一圆切于 E,F,G,H，求证：

（1）AC,BH,DE 共点；

（2）BG,DF,AC 共点；

（3）AC,BD,HF,GE 共点.

8.3　极点与极线，配极原则

为了进一步研究二次曲线的性质及其应用，我们引入一个重要的概念——配极变换，并给出实现对偶原则的另一种途径，即配极对偶原则. 本节总假定所讨论的二次曲线是非退化的.

8.3.1　极点与极线

定义 8.6　给定二阶曲线 Γ，如果两点 P,Q（不在二阶曲线 Γ 上）的连线与二阶曲线 Γ 交于两点 M_1,M_2，且 $(M_1M_2,PQ)=-1$，则称 P,Q 关于二阶曲线 Γ **调和共轭**，或点 P 与 Q 关于二阶曲线 Γ 互为**共轭点**.

定理 8.10　如图 8.16 所示，不在二阶曲线 Γ 上的两个点 $P(p_1,p_2,p_3)$，$Q(q_1,q_2,q_3)$ 关于二阶曲线 Γ：

$$S\equiv\sum_{i,j=1}^{3}a_{ij}x_ix_j=0,\quad (a_{ij}=a_{ji}),\ |a_{ij}|\neq 0$$

成共轭点的充要条件是

$$S_{pq}=0\ .$$

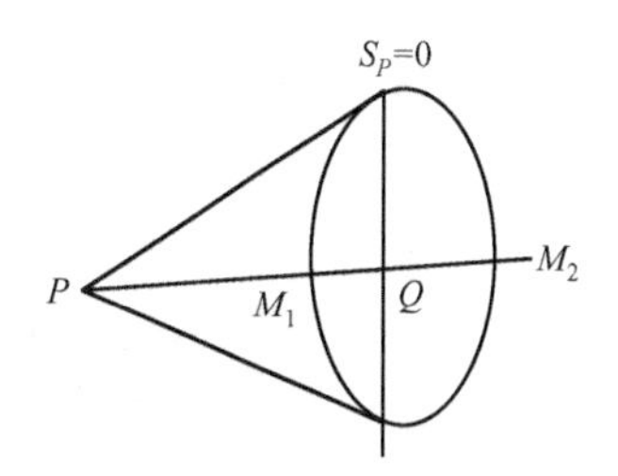

图 8.16

证　设直线 PQ 关于二阶曲线 Γ 的交点为 M_1,M_2，则两点坐标可表示为

$$M_1(p_i+\lambda_1q_i),M_2(p_i+\lambda_2q_i)\quad(i=1,2,3)$$

因为 $(M_1M_2,PQ)=\lambda_1/\lambda_2$，所以 P,Q 成调和共轭即 $\lambda_1/\lambda_2=-1$，即 $\lambda_1+\lambda_2=0$ 的充要条件是

在方程 $S_{qq}\lambda^2+2S_{pq}\lambda+S_{pp}=0$ 中 $S_{pq}=0$.

定理 8.11　不在二阶曲线 Γ 上的一个定点 $P(p_1,p_2,p_3)$ 关于二阶曲线 Γ 的调和共轭点的轨迹是一条直线，方程为 $S_p=0$.

证　设二阶曲线方程为

$$S\equiv\sum_{i,j=1}^{3}a_{ij}x_ix_j=0,\quad(a_{ij}=a_{ji}),|a_{ij}|\neq0.$$

点 $P(p_1,p_2,p_3)$ 关于 Γ 的调和共轭点为 $Q(x_1,x_2,x_3)$，根据定理 8.10，P,Q 互为共轭点的充要条件是 $S_{pq}=0$，而 $Q(x_1,x_2,x_3)$ 为动点，所以有 $S_p=0$. 这是关于 x_1,x_2,x_3 的一次齐次方程，表示一条直线，即定点 $P(p_1,p_2,p_3)$ 关于二阶曲线 Γ 的调和共轭点的轨迹是一条直线，方程为 $S_p=0$.

定义 8.7　定点 P 关于二阶曲线的共轭点的轨迹是一条直线，叫做点 P 关于此二阶曲线的**极线**，点 P 叫做这直线关于此二阶曲线的**极点**.

规定:如果点 P 在二阶曲线上，则点 P 的极线即为二阶曲线在 P 点处的切线. 相互通过对方极点的两直线称为关于二阶曲线的**共轭直线**.

定理 8.12　每条直线对于二阶曲线总有确定的极点.

证　设直线方程为

$$l:u_1x_1+u_2x_2+u_3x_3=0.$$

二阶曲线方程为

$$\Gamma:S\equiv\sum_{i,j=1}^{3}a_{ij}x_ix_j=0,\quad(a_{ij}=a_{ji}),|a_{ij}|\neq0.$$

若 $P(p_1,p_2,p_3)$ 是直线 l 的极点，则 P 点的极线

$$\begin{aligned}S_p\equiv&(a_{11}p_1+a_{12}p_2+a_{13}p_3)x_1+(a_{21}p_1+a_{22}p_2+a_{23}p_3)x_2+\\&(a_{31}p_1+a_{32}p_2+a_{33}p_3)x_3=0\end{aligned}$$

应与直线 l 重合. 即

$$\frac{a_{11}p_1+a_{12}p_2+a_{13}p_3}{u_1}+\frac{a_{21}p_1+a_{22}p_2+a_{23}p_3}{u_2}+\frac{a_{31}p_1+a_{32}p_2+a_{33}p_3}{u_3}=k\neq0.$$

即:

$$\begin{cases}a_{11}p_1+a_{12}p_2+a_{13}p_3=ku_1\\a_{21}p_1+a_{22}p_2+a_{23}p_3=ku_2\;,\quad k\neq0\\a_{31}p_1+a_{32}p_2+a_{33}p_3=ku_3\end{cases}\tag{1}$$

由于 $|a_{ij}|\neq0$，所以方程组(1)有唯一解，即已知直线 l 的极点 P 是唯一确定的.

例 8.11　已知二阶曲线 Γ:

$$3x_1^2+5x_2^2+x_3^2+7x_1x_2+4x_1x_3+5x_2x_3=0$$

(1) 求点 $P(1,-1,0)$ 关于 Γ 的极线；

(2) 求直线 $l[0,1,0]$ 关于 Γ 的极点.

解　(1) 因为 Γ 的方程可写为

$$S\equiv(x_1,x_2,x_3)\begin{pmatrix}3&7/2&2\\7/2&5&5/2\\2&5/2&1\end{pmatrix}\begin{pmatrix}x_1\\x_2\\x_3\end{pmatrix}=0.$$

所以 P 点极线方程为

$$S_p=(1,-1,0)\begin{pmatrix}3 & 7/2 & 2\\ 7/2 & 5 & 5/2\\ 2 & 5/2 & 1\end{pmatrix}\begin{pmatrix}x_1\\ x_2\\ x_3\end{pmatrix}=0,$$

即 $x_1+3x_2+x_3=0$.

(2) 设 $P_0(x_1^0,x_2^0,x_3^0)$ 为直线 $l[0,1,0]$ 关于 Γ 的极点，则

$$\begin{pmatrix}3 & 7/2 & 2\\ 7/2 & 5 & 5/2\\ 2 & 5/2 & 1\end{pmatrix}\begin{pmatrix}x_1^0\\ x_2^0\\ x_3^0\end{pmatrix}=k\begin{pmatrix}0\\ 1\\ 0\end{pmatrix},$$

解得极点坐标为(3,, −2, −1).

注：式(1)在实际求解时，可取 $k=1$.

8.3.2　配极原则

定理 8.13　(配极原则)如果 P 点关于二阶曲线 Γ 的极线通过 Q 点，则 Q 点关于二阶曲线 Γ 的极线也通过 P 点.

证　设二阶曲线 Γ 的方程为 $S=0$，点 P,Q 坐标为 $P(p_1,p_2,p_3)$，$Q(q_1,q_2,q_3)$，于是 P 点关于二阶曲线 Γ 的极线为 $S_P=0$，Q 点关于二阶曲线 Γ 的极线为 $S_q=0$，因为 P 点的极线通过 Q 点，所以有 $S_{pq}=0$，但是 $S_{pq}=S_{qp}$，所以有

$$S_{qp}=0.$$

这表示 Q 点的极线 $S_q=0$ 通过 P 点.

推论 1　两点连线的极点是这两点极线的交点；两直线交点的极线是这两直线极点的连线(如图 8.17 所示).

推论 2　共线点的极线必共点，共点线的极点必共线.

推论 3　设 PA,PB 为二阶曲线的切线，且 A,B 为切点，则 AB 为 P 点的极线.

例 8.12　一个完全四点形的四个顶点若在一条二阶曲线上，则这个完全四点形的对边三点形的顶点是其对边的极点.

证　如图 8.18 所示，设 XYZ 是完全四点形 $ABCD$ 的对边三点形，于是

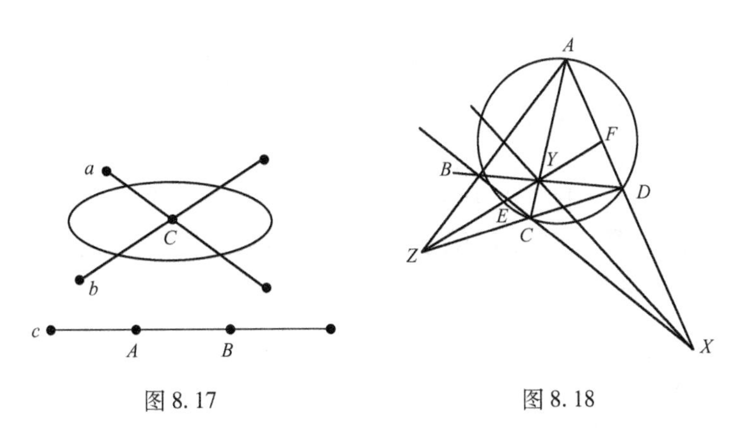

图 8.17　　图 8.18

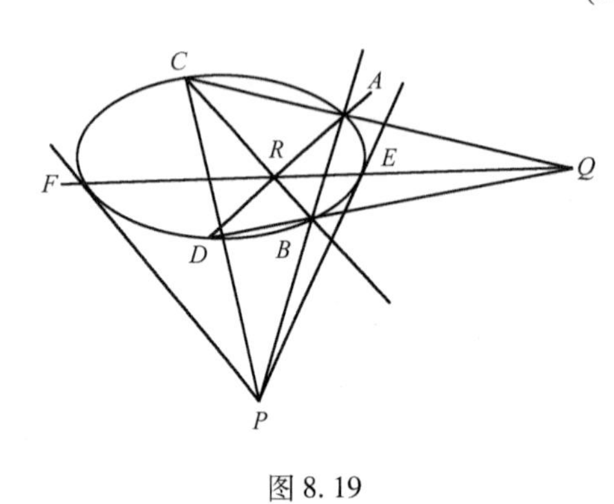

图 8.19

$$(BC,XE) = -1$$

$$(AD,XF) = -1$$

所以，E,F 均为 X 关于二阶曲线 Γ 的共轭点，从而直线 EF 即直线 YZ 是 X 的极线. 同理可证 XY 是 Z 的极线，XZ 是 Y 的极线.

定义 8.8 如果一个三点形的三个顶点恰是对边的极点，则此三点形叫做自极三点形.

例 8.13 已知平面上一点 P 和非退化二阶曲线 Γ，求作 P 关于 Γ 的极线.

解 情形 1 点 P 在曲线 Γ 上. 极线即为 Γ 在 P 点的切线，利用帕斯卡定理作出切线.

情形 2 点不在曲线 Γ 上（如图 8.19 所示）作法：(1) 过 P 任作 Γ 的两割线，与 Γ 分别交于 A,B 与 C,D；

(2) 连结 BC,AD 交于点 R；

(3) 连结 AC,BD 交于点 Q；

(4) 连结 QR 即为所求极线.

证 略，利用定理 8.13，在图 8.19 中，设直线 RQ 交 Γ 于 E,F，连结 PE,PF，则 PE,PF 为过 Γ 外一点 P 的两条切线. 这样又得到了过曲线外一点求作曲线的切线的一种方法.

例 8.14 已知平面上一直线 l 及非退化二阶曲线 Γ，求作直线 l 关于二阶曲线 Γ 的极点.

解 在此只给出作图梗概，请读者自行作图与证明.

情形 1 直线 l 与 Γ 不相切

作法：在直线 l 上任取不在 Γ 上的不同两点 A,B，分别作出它们的极线 a,b，则 a,b 的交点 P 即为所求.

情形 2 直线 l 与 Γ 相切

作法：在直线 l 上任取不在 Γ 上的点 A，作出点 A 关于 Γ 的极线 a，则 a 与 l 的交点 P 即为所求（即切点）.

8.3.3 配极变换

在射影平面上，对于已知的一条非退化的二阶曲线而言，极点与极线构成点与直线之间的一一对应，在此对应下，射影平面上的每一个由点与直线构成的平面图形 F 对应另一个由直线与点构成的平面图形 F'，F 与 F' 这样的一对图形称为互相配极的图形. 特别地，若一个图形与它的配极图形重合，则此图形称为自配极的. 例如自极三点形即为一个自配极图形.

射影平面内一点与它关于一条非退化的二阶曲线的极线相对应，这种一一对应称为配极变换. 配极变换是一种异素对应，代数表达式如下：

$$\begin{cases} ku_1 = a_{11}p_1 + a_{12}p_2 + a_{13}p_3 \\ ku_2 = a_{21}p_1 + a_{22}p_2 + a_{23}p_3 \\ ku_3 = a_{31}p_1 + a_{32}p_2 + a_{33}p_3 \end{cases} \qquad k \neq 0, |a_{ij}| \neq 0, a_{ij} = a_{ji}.$$

其中，(p_1,p_2,p_3) 与 $[u_1,u_2,u_3]$ 是极点与对应极线的坐标，由于 $|a_{ij}| \neq 0$，所以对应式是非奇

的线性对应，共线四点的交比等于它们对应极线(共点四直线)的交比.

配极变换是一般的点线变换的特殊情况，一般的点线变换为形如：

$$\rho u_i = \sum_{j=1}^{3} a_{ij}x_j \quad (i = 1,2,3) \mid a_{ij} \mid \neq 0.$$

的变换，它与配极变换的差别是在于不要求 $a_{ij} = a_{ji}$.

习　题　8.3

1. 验证下列点偶是关于所给非退化二阶曲线的共轭点.

(1) 点偶(1,0,1),(6,1,0)关于 $3x_1^2 - 6x_1x_2 + 5x_2^2 - 4x_1x_3 - 6x_2x_3 + 10x_3^2 = 0$

(2) 点偶(3,3,1),(3,0,1)关于 $2x_1^2 - 4x_1x_2 + x_2^2 - 2x_1x_3 + 6x_2x_3 - 3x_3^2 = 0$

2. 求下列各点关于给定二阶曲线的极线.

(1) 点(5,1,7)关于 $2x_1^2 - 6x_1x_2 + 3x_2^2 - 2x_1x_3 - 4x_2x_3 + x_3^2 = 0$

(2) 点(6,4,1)关于 $x_1^2 + 3x_2^2 + 3x_1x_3 - x_2x_3 = 0$

(3) 点(-4,2)关于 $6x^2 - 5xy - 4y^2 + 3x + 2y - 1 = 0$

3. 求下列直线关于给定二阶曲线的极点.

(1) 直线 $3x_1 - x_2 + 6x_3 = 0$ 关于 $x_1^2 - 2x_1x_2 + x_2^2 - 2x_1x_3 + 6x_2x_3 = 0$

(2) 直线 $x_1 - x_2 + 3x_3 = 0$ 关于 $2x_1^2 + 6x_1x_2 - 3x_2^2 + 3x_1x_3 + 16x_2x_3 - 5x_3^2 = 0$

(3) 直线 $x - 3 = 0$ 关于 $2x^2 - 4xy + y^2 - 2x + 6y - 3 = 0$

4. 给定二阶曲线 $2x_1^2 - x_2^2 + x_1x_3 - x_3^2 = 0$，求通过 $P(0,0,1)$ 点的二切线的切点弦的方程.

5. 在直线 $x + 5y - 18 = 0$ 上，试求点(-5,4)关于二阶曲线 $2xy - 6x + 4y - 1 = 0$ 的共轭点.

6. 设 $ABCD$ 是二阶曲线的内接四点形，XYZ 是对边三点形，求证：B,C 处的切线交在直线 YZ 上，A,D 处的切线也交在直线 YZ 上.

7. 利用帕斯卡定理证明布列安桑定理.

8.4　二次曲线的射影分类

本节讨论二次曲线的射影分类，分类的方法是选取适当射影坐标系，化简二次曲线的方程为标准方程. 为讨论退化二阶曲线，首先给出二阶曲线的奇异点概念.

8.4.1　二阶曲线的奇异点

定义 8.9　给定二阶曲线

$$\Gamma: S = \sum_{i,j=1}^{3} a_{ij}x_ix_j = 0, \quad a_{ij} = a_{ji}.$$

若点 $P(\mathring{x}_1, \mathring{x}_2, \mathring{x}_3)$ 是方程组

$$\begin{cases} a_{11}x_1 + a_{12}x_2 + a_{13}x_3 = 0 \\ a_{21}x_1 + a_{22}x_2 + a_{23}x_3 = 0 \\ a_{31}x_1 + a_{32}x_2 + a_{33}x_3 = 0 \end{cases} \quad a_{ij} = a_{ji}, 秩(a_{ij}) \geqslant 1 . \tag{8.7}$$

的非零解，则称 $P(x_1^{\circ}, x_2^{\circ}, x_3^{\circ})$ 为二阶曲线 Γ 的一个**奇异点**.

显然，Γ 有奇异点的充要条件是 Γ 为退化的二阶曲线，而且 Γ 的奇异点一定在二阶曲线上. 根据线性代数的知识可以看出，退化二阶曲线的奇异点个数与系数矩阵的秩有关，当矩阵的秩为 1 时，方程组(8.7)有无穷多组解，这些解满足一个一次方程，此时奇异点都在一条直线上；当矩阵的秩为 2 时，方程组(8.7)有无穷多组解(成比例)，此时有唯一奇异点. 一个点是奇异点的充要条件是它没有对应的极线.

8.4.2　二阶曲线的射影分类

设在射影坐标系$[A_1, A_2, A_3; E]$之下二阶曲线的方程为

$$\Gamma: S = \sum_{i,j=1}^{3} a_{ij} x_i x_j = 0, \quad (a_{ij} = a_{ji}). \tag{1}$$

分情况来讨论其射影分类问题

1. $|a_{ij}| \neq 0$，即矩阵(a_{ij})的秩是 3，此时二阶曲线为非退化的，一定存在自极三点形，取自极三点形 $A_1'A_2'A_3'$ 为坐标三点形，不在坐标三点形上的任一点 E' 为单位点，建立一个新坐标系. 作一个射影变换，将原坐标三点形 $A_1A_2A_3$ 和单位点 E 变为三点形 $A'_1A'_2A'_3$ 和单位点 E'，因为坐标变换为非奇的线性变换，所以式(1)化为

$$\sum_{i,j=1}^{3} a'_{ij} x'_i x'_j = 0 \quad (a'_{ij} = a'_{ji}), \ | a'_{ij} | \neq 0. \tag{2}$$

在新坐标系下 $A_1'(1, 0, 0)$ 的对边 $A_2'A_3'$ 的方程为

$$x_1' = 0. \tag{3}$$

另外 $A_1'(1, 0, 0)$ 的极线为

$$a_{11}x_1' + a_{12}x_2' + a_{13}x_3' = 0. \tag{4}$$

因为式(3)与式(4)表示同一条直线，所以有

$$a'_{11} \neq 0, a'_{12} = 0, a'_{13} = 0.$$

同理可得

$$a'_{22} \neq 0, a'_{33} \neq 0, a'_{23} = 0.$$

所以式(2)化为

$$a'_{11}x_1'^2 + a'_{12}x_2'^2 + a'_{13}x_3'^2 = 0 \tag{5}$$

再作坐标变换

$$\rho x''_i = \sqrt{|a'_{ij}|}\, x'_i \qquad i = 1, 2, 3.$$

此变换只改变单位点的位置，不改变坐标三点形，通过这个变换式(5)进一步简化为

$$\pm x_1''^2 \pm x_2''^2 \pm x_3''^2 = 0 \tag{6}$$

注意到 x_1, x_2, x_3 三个射影坐标分量的地位相同，方程(6)只有两种不同情况

$$\begin{aligned} x_2''^2 + x_2''^2 - x_3''^2 &= 0. \\ x_1''^2 + x_2''^2 + x_3''^2 &= 0 \end{aligned} \tag{7}$$

式(7)即为非退化二阶曲线的射影标准方程，其中第一个方程为实二阶曲线，也称为长圆曲线，第二个方程表示的曲线为虚长圆曲线，其上没有实点.

2. $|a_{ij}| = 0$，且(a_{ij})的秩是 2，这时曲线是退化的，只有一个奇异点.

建立新坐标三点形，取奇异点为 A_3'，任取不在曲线上的一点为 A_2'，则 A_2' 的极线必过 A_3'，再在 A_2' 的极线上取不在曲线上的一点作为坐标三点形的第三个顶点 A_1'，取定新单位点 E'，

作一射影变换将坐标系$[A_1,A_2,A_3,E]$变为$[A_1', A_2', A_3', E']$，方程(2)化为

$$a_{11}'x_1'^2 + a_{12}'x_2'^2 = 0. \tag{8}$$

因为秩(a'_{ij})等于2，所以$a'_{11} \cdot a'_{12} \neq 0$.

再作坐标变换

$$\begin{cases} \rho x''_i = \sqrt{|a'_{ij}|}\,x'_i & i=1,2 \\ \rho x''_3 = x'_3 \end{cases}.$$

方程(8)化为

$$\pm x_1''^2 \pm x_2''^2 = 0.$$

由于x_1,x_2的地位相同，所以只有两种情况

$$x_1''^2 + x_2''^2 = 0$$

$$x_1''^2 - x_2''^2 = 0.$$

第一式表示两条虚直线，第二式表示两条实直线.

3. $|a_{ij}|=0$，且(a_{ij})的秩是1，这时曲线是退化的，且有一直线上的点都是奇异点.

取奇异点所在直线为新坐标三点形的一个边，比如$x_1'=0$，建立新坐标系，并在其上取两点$A'_2(0,1,0)$，$A'_3(0,0,1)$，再在这直线外任取一点为$A'_1(1,0,0)$，取定单位点$E'(1,1,1)$，在新坐标系下，方程(1)化为

$$\sum_{i,j=1}^{3} a_{ij}'x_i'x_j' = 0, \quad (a_{ij}' = a_{ji}'). \tag{9}$$

由于$A_2'(0,1,0)$，$A_3'(0,0,1)$在曲线上，所以有$a_{22}'=a_{33}'=0$.

由于$A_2'(0,1,0)$，$A_3'(0,0,1)$为奇异点，均满足方程(9)，所以有

$$a_{12}'=a_{21}'=a_{13}'=a_{31}'=a_{23}'=a_{32}'=0.$$

因此在新坐标$[A_1',A_2',A_3',E']$下方程(9)化为$x_1''^2=0$. 表示一对重合直线.

综上讨论，平面上的二阶曲线可以在射影变换下分为5个等价类，

$$\Gamma: \sum_{i,j=1}^{3} a_{ij}x_ix_j = 0 \begin{cases} |a_{ij}| \neq 0, \text{秩}(a_{ij})=3, \begin{cases} x_1^2+x_2^2-x_3^2=0 & \text{实二阶曲线} \\ x_1^2+x_2^2+x_3^2=0 & \text{虚二阶曲线} \end{cases} \\ |a_{ij}|=0 \begin{cases} \text{秩}(a_{ij})=2, \begin{cases} x_1^2-x_2^2=0 & \text{一对相交实直线} \\ x_1^2+x_2^2=0 & \text{一对共轭虚直线} \end{cases} \\ \text{秩}(a_{ij})=1, x_1^2=0 \quad \text{一对重合实直线} \end{cases} \end{cases}$$

上述五种形式的方程称为二阶曲线各射影等价类的射影标准方程.

例 8.15　判断下列二阶曲线的类型

(1) $2x_1^2+x_2^2+3x_3^2-4x_1x_2+6x_2x_3-4x_1x_3=0$;

(2) $4x_1^2+15x_2^2-5x_3^2+16x_1x_2-22x_2x_3-8x_1x_3=0$

解　(1) 由于 $\begin{vmatrix} 2 & -2 & 2 \\ -2 & 1 & 3 \\ 2 & 3 & 3 \end{vmatrix} = -4 \neq 0$

且曲线上有实点$(1,2+\sqrt{2},0)$，所以二阶曲线为非退化实二阶曲线；

(2) 由于$|a_{ij}|=0$且(a_{ij})的秩是2，又因为它上面有实点$\left(-1,\dfrac{2}{3},0\right)$，所以二阶曲线为

退化二阶曲线，是一对实相交直线.

例 8.16 化下面二阶曲线方程为标准型

$$2x_1^2+3x_2^2-x_3^2+x_1x_2+2x_2x_3-x_1x_3=0$$

解 由于$|a_{ij}|=-9\neq0$，所以二阶曲线是非退化的，又因为可在二阶曲线上找到实点$(0,1,3)$，所以二阶曲线方程可化为

$$x_1^2+x_2^2-x_3^2=0$$

思考：能否求出本题的射影变换？

习 题 8.4

1. 化下列二阶曲线方程为标准方程.

(1) $2x_1^2+x_2^2+3x_3^2-4x_1x_2+6x_2x_3-4x_1x_3=0$;

(2) $x_1^2+4x_2^2+9x_3^2+4x_1x_2+12x_2x_3+6x_1x_3=0$;

(3) $x_1x_2+x_2x_3+x_1x_3=0$.

2. 求射影变换使得

(1) 圆 $x^2+y^2=1$ 变成双曲线 $x^2-y^2=1$;

(2) 双曲线 $x^2-y^2=1$ 变成抛物线 $y=x^2$.

3. 已知二阶曲线 $4x_1^2+16x_2^2+7x_3^2-16x_1x_2+22x_2x_3-2x_1x_3=0$ 与三点

$$P(1,0,1),Q(1,-1,0),R(1,1,-1).$$

(1) 证明三点形 PQR 关于二阶曲线是自极三点形；

(2) 以 PQR 为坐标三点形，求二阶曲线的方程.

8.5 二次曲线的仿射理论

仿射变换是使无穷远直线仍变成无穷远直线的射影变换，二次曲线的仿射理论与无穷远直线有着必然的联系. 本节以无穷远直线不变这一仿射性质为基础研究二次曲线的仿射性质.

8.5.1 二阶曲线与无穷远直线的相关位置

定义 8.10 设 Γ 为平面上的任意一条二阶曲线，则 Γ 与无穷远直线 l_∞ 必定相交，或者交于两个不同实点，或者交于两个重合实点(相切)，或者交于两个共轭虚点(如图 8.20 所示).
分别称 Γ 为双曲型的，或抛物型的，或椭圆型的曲线. 如果 Γ 非退化，则分别称为双曲线，抛物线或椭圆.

若设二次曲线的方程为(8.1)，即

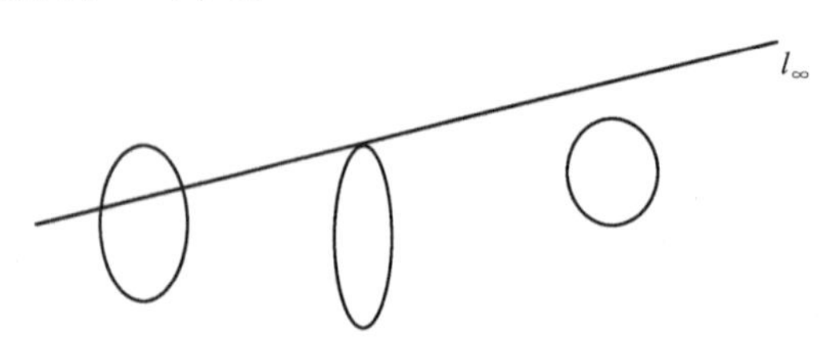

图 8.20

$$\Gamma:S \equiv \sum_{i,j=1}^{3} a_{ij}x_ix_j = 0 \qquad (a_{ij} = a_{ji}).$$

无穷远直线方程为 $x_3=0$，将 $x_3=0$ 代入上式得

$$a_{11}x_1^2+2a_{12}x_1x_2+a_{22}x_2^2=0.$$

解得

$$\frac{x_1}{x_2}=\frac{-a_{12}\pm\sqrt{a_{12}^2-a_{11}a_{22}}}{a_{11}}. \tag{8.8}$$

当 $a_{12}^2-a_{11}a_{22}<0$ 时，式(8.8)为二虚根；

当 $a_{12}^2-a_{11}a_{22}=0$ 时，式(8.8)为二相等实根；

当 $a_{12}^2-a_{11}a_{22}>0$ 时，式(8.8)为二不等实根.

为此可根据 $A_{33}=a_{11}a_{22}-a_{12}^2$ 的符号给出二次曲线的分类

$$\begin{vmatrix} a_{11} & a_{12} \\ a_{21} & a_{22} \end{vmatrix} = A_{33}\begin{cases} <0 \\ =0 \\ >0 \end{cases} \Leftrightarrow \Gamma \text{ 为}\begin{cases} \text{双曲线} \\ \text{抛物线} \\ \text{椭圆} \end{cases}.$$

8.5.2　二阶曲线的中心

定义 8.11　无穷远直线关于二次曲线的极点称为此二次曲线的**中心**.

定理 8.14　双曲线和椭圆各有一个中心为有穷远点，抛物线的中心为无穷远点.

证　设无穷远直线 $x_3=0$ 关于二次曲线

$$\Gamma:S \equiv \sum_{i,j=1}^{3} a_{ij}x_ix_j = 0, \qquad (a_{ij} = a_{ji})$$

的极点为 $C(c_1,c_2,c_3)$，于是有

$$\begin{cases} a_{11}c_1+a_{12}c_2+a_{13}c_3=0 \\ a_{21}c_1+a_{22}c_2+a_{23}c_3=0 \\ a_{31}c_1+a_{32}c_2+a_{33}c_3=\lambda \end{cases} \qquad \lambda\neq 0$$

所以

$$c_1:c_2:c_3=\begin{vmatrix} a_{12} & a_{13} \\ a_{22} & a_{23} \end{vmatrix}:\begin{vmatrix} a_{13} & a_{11} \\ a_{23} & a_{21} \end{vmatrix}:\begin{vmatrix} a_{11} & a_{12} \\ a_{21} & a_{22} \end{vmatrix}=A_{31}:A_{32}:A_{33}.$$

故当二次曲线表示双曲线或椭圆时，由于 $A_{33}\neq 0$，所以其中心为有穷远点，坐标为 $C(A_{31},A_{32},A_{33})$；当二次曲线表示抛物线时，由于 $A_{33}=0$，所以其中心为无穷远点，坐标为 $C(A_{31},A_{32},0)$. 通常称双曲线和椭圆为有心二次曲线，抛物线为无心二次曲线.

定义 8.11′　平面上一点，如果这个点平分经过它的二次曲线的任意的弦，则这点称为二次曲线的中心.

思考题　能否证明定义 8.11 与定义 8.11′是等价的?

8.5.3　直径与共轭直径

1. 直径的定义

定义 8.12　一个无穷远点关于二阶曲线的有穷极线称为二阶曲线的一条**直径**.

注：由于中心是无穷远直线的极点，根据配极原则，过中心的直线的极点必是无穷远点. 反之，无穷远点的极线必过中心. 因此，直径的定义也可以叙述为：通过二次曲线中心的有穷直线称为直径.

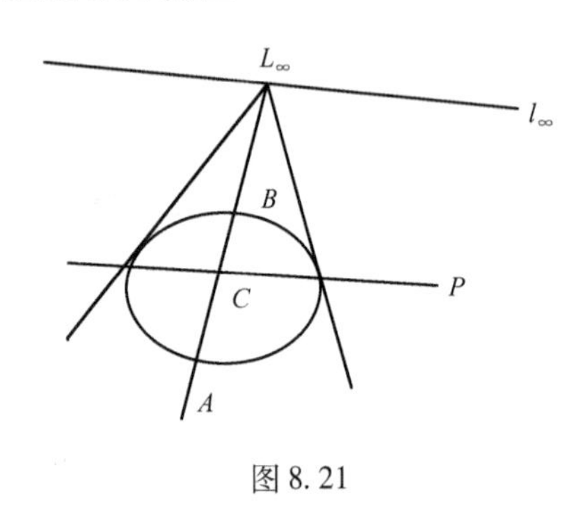

图 8.21

定义 8.12′　二次曲线的一组平行弦中点的轨迹称为二次曲线的直径.

实际定义 8.12 与定义 8.12′是等价的. 因为：

设无穷远点 L_∞ 的极线为 p，过 L_∞ 任作二次曲线的割线 AB，交极线 p 于 C，则 $(AB,CL_\infty)=-1$，即 C 为弦 AB 的中点，由于过 L_∞ 的割线 AB 的任意性，故 p 为一组平行弦的中点的轨迹(如图 8.21 所示).

反之，容易证明：若有一组相交于无穷远点 L_∞ 的平行弦，则这组平行弦的中点 C 均在 L_∞ 的极线 p 上. 由于抛物线与无穷远直线相切，所以无穷远点关于抛物线的极线都过这个切点，即抛物线的直径有公共的无穷远点，也即抛物线的直径是互相平行的.

2. 二次曲线直径的方程

设二次曲线的方程为

$$S \equiv \sum_{i,j=1}^{3} a_{ij}x_i x_j = 0, \quad (a_{ij}=a_{ji}).$$

无穷远点为 $P(\mu,\lambda,0)$，则它的极线为 $S_P=0$，即直径的方程为

$$(a_{11}x_1+a_{12}x_2+a_{13}x_3)\mu+(a_{21}x_1+a_{22}x_2+a_{23}x_3)\lambda=0.$$

当 $\mu\neq 0$ 时，直径的方程也可写为

$$a_{11}x_1+a_{12}x_2+a_{13}x_3+k(a_{21}x_1+a_{22}x_2+a_{23}x_3)=0.$$

当二次曲线表示抛物线时，它与无穷远直线的切点为 $(a_{12},-a_{11},0)$ 或 $(a_{22},-a_{12},0)$，因为这时的直径都经过切点，所以是一组平行直线，方程为

$$a_{11}x_1+a_{12}x_2+bx_3=0 \qquad (\text{其中 } b \text{ 是参数})$$

或

$$a_{12}x_1+a_{22}x_2+bx_3=0 \qquad (\text{其中 } b \text{ 是参数})$$

3. 二次曲线的直径的共轭直径

定义 8.13　二次曲线的一直径与无穷远直线交点的极线称为该直径的共轭直径.

注：① 由定义及配极原则显见二直径的共轭关系是相互的；

② 由于二互相共轭的直径彼此通过对方的极点，所以共轭直径的定义也可叙述为：通过中心的两条共轭直线称为共轭直径；

③ 彼此平分与对方平行的弦的二直径称为共轭直径.

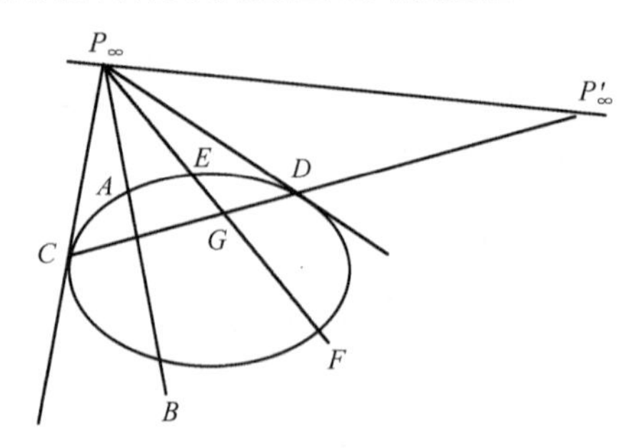

图 8.22

定理 8.15　与有心二次曲线一直径平行的一组弦，被它的共轭直径所平分.

证　(如图 8.22 所示)设直径 AB 与 CD 共轭，直线 AB 上的无穷远点 P_∞是 CD 的极点，过 P_∞引直线交曲线于 E,F，交 CD 于 G，则有$(EF,GP_\infty)=-1$,所以 G 平分 EF，又 $EF//AB$，所以 CD 平分与 AB 平行的弦.

反之，如果 CD 平分与 AB 平行的弦，则 CD 必为 AB 与无穷远直线交点 P_∞的极线，所以 CD 为 AB 的共轭直径.

另外，C,D 两点的切线必过 CD 的极点 P_∞，所以这两条切线平行于 AB. 由此有

推论　过一直径两端点的切线平行于该直径的共轭直径.

下面给出两直径成为共轭直径的条件：

已知二次曲线 $S \equiv \sum_{i,j=1}^{3} a_{ij}x_ix_j = 0 \quad (a_{ij}=a_{ji})$，设其一直径为

$$l: a_{11}x_1+a_{12}x_2+a_{13}x_3+k(a_{21}x_1+a_{22}x_2+a_{23}x_3)=0.$$

直线 l 与无穷远直线的交点为

$$P_\infty(a_{12}+a_{22}k,\ -(a_{11}+a_{12}k),0),$$

P_∞的极线 l'为 l 的共轭直径，l'的方程为

$$(a_{11}x_1+a_{12}x_2+a_{13}x_3)(a_{12}+a_{22}k)-(a_{21}x_1+a_{22}x_2+a_{23}x_3)(a_{11}+a_{12}k)=0,$$

即

$$(a_{11}x_1+a_{12}x_2+a_{13}x_3)+\bar{k}(a_{12}x_1+a_{22}x_2+a_{23}x_3)=0,$$

其中

$$\bar{k}=-\frac{a_{11}+a_{12}k}{a_{12}+a_{22}k}.$$

即

$$a_{11}+a_{12}(k+\bar{k})+a_{22}k\,\bar{k}=0\ . \tag{8.9}$$

式(8.9) 为二直径 l 与 l'成为共轭直径的条件.

例 8.17　判断二次曲线 $x_1x_2+x_2x_3+x_3x_1=0$ 的类型，求出中心，并求过点$(0,1,1)$的直径及其共轭直径.

解　因为

$$|a_{ij}|=\begin{vmatrix} 0 & \frac{1}{2} & \frac{1}{2} \\ \frac{1}{2} & 0 & \frac{1}{2} \\ \frac{1}{2} & \frac{1}{2} & 0 \end{vmatrix}=-\frac{1}{4}\neq 0,$$

$$A_{31}=\begin{vmatrix} \frac{1}{2} & \frac{1}{2} \\ 0 & \frac{1}{2} \end{vmatrix}=\frac{1}{4},A_{32}=-\begin{vmatrix} 0 & \frac{1}{2} \\ \frac{1}{2} & \frac{1}{2} \end{vmatrix}=\frac{1}{4},A_{32}=\begin{vmatrix} 0 & \frac{1}{2} \\ \frac{1}{2} & 0 \end{vmatrix}=-\frac{1}{4}<0.$$

所以方程表示双曲线，中心为$(1,1,-1)$. 设直径为

$$a_{11}x_1+a_{12}x_2+a_{13}x_3+k(a_{21}x_1+a_{22}x_2+a_{23}x_3)=0,$$

所以

$$k=-\frac{\frac{1}{2}+\frac{1}{2}}{\frac{1}{2}}=-2$$

故所求直径方程为

$$2x_1 - x_2 + x_3 = 0.$$

又

$$\overline{k} = -\frac{a_{11} + a_{12}k}{a_{12} + a_{22}k} = 2,$$

所以共轭直径为

$$\left(\frac{1}{2}x_2 + \frac{1}{2}x_3\right) + 2\left(\frac{1}{2}x_1 + \frac{1}{2}x_3\right) = 0.$$

即

$$2x_1 + x_2 + 3x_3 = 0.$$

例 8.18　求二次曲线 $x^2 - y^2 + 3x + y - 2 = 0$ 平分与直线 $2x + y = 0$ 平行弦的直径方程.

解　与直线 $2x + y = 0$ 平行的弦的无穷远点为 $P_\infty(1, -2, 0)$，故所求直径为 $P_\infty(1, -2, 0)$ 的极线

$$\left(x + \frac{3}{2}\right) - 2\left(-y + \frac{1}{2}\right) = 0.$$

即

$$2x + 4y + 1 = 0.$$

4. 有心二次曲线的渐近线

定义 8.14　二次曲线上的无穷远点的切线，如果不是无穷远直线，则称为二次曲线的渐近线.

由定义直接可以得到:双曲线有两条实渐近线，椭圆有两条虚渐近线，抛物线无渐近线.

定理 8.16　二次曲线的渐近线相交于中心，而且调和分离任何一对共轭直径.

证　如图 8.23 所示，设 t 和 t' 是两条渐近线，l 和 l' 是一对共轭直径. 因为渐近线是无穷远点的切线，所以切点 T_∞, T'_∞ 就分别是它们的极点，根据配极原则,渐近线必过 T_∞, T'_∞ 的极点，而直线 T_∞, T'_∞ 为无穷远直线，所以其极点为二次曲线的中心. 即渐近线相交于中心.

设共轭直径 l 和 l' 与无穷远直线 T_∞, T'_∞ 交于 P_∞ 与 P'_∞，

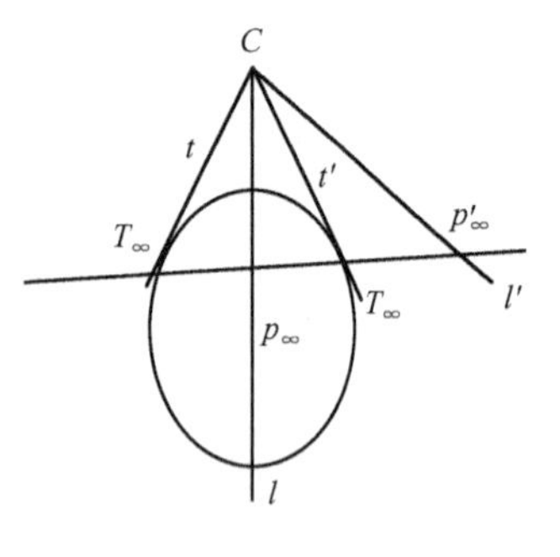

图 8.23

根据共轭直径的定义有

$$(P_\infty P'_\infty, T_\infty T'_\infty) = -1.$$

故　$(ll', tt') = -1$,即渐近线调和分离共轭直径.

渐近线的求法

已知二次曲线为

$$S \equiv \sum_{i,j=1}^{3} a_{ij}x_i x_j = 0, \qquad (a_{ij} = a_{ji}, |a_{ij}| \neq 0).$$

方法一

由于渐近线是二阶曲线上无穷远点的切线，所以它是无穷远点的极线，因此渐近线是直径,而且它通过本身的极点，即为自共轭直径. 根据两直径共轭的条件，在式(8.9)中应有 $k = \overline{k}$，即

$$a_{22}k^2 + 2a_{12}k + a_{11} = 0 \tag{1}$$

解(1)式得到 k_1, k_2，即可得到两条渐近线方程.

方法二

直接应用定义 8.14 求渐近线方程

由于二次曲线 $S=0$ 与无穷远直线 $x_3=0$ 的交点满足方程

$$a_{11}x_1^2+2a_{12}x_1x_2+a_{22}x_2^2=0\ . \tag{2}$$

方程(2)表示两条相交于原点的直线，因为这两条直线与渐近线有公共的无穷远点，所以二渐近线分别与这两条直线平行，又渐近线通过中心，所以，若中心 C 的非齐次坐标为 (c_1,c_2)，则渐近线的非齐次方程为

$$a_{11}(x-c_1)^2+2a_{12}(x-c_1)(y-c_2)+a_{22}(y-c_2)^2=0\ . \tag{3}$$

例 8.19 求双曲线 $x^2+2xy-3y^2+2x-4y=0$ 的渐近线方程.

解 方法一

设渐近线方程为 $(a_{11}x_1+a_{12}x_2+a_{13}x_3)+k(a_{12}x_1+a_{22}x_2+a_{23}x_3)=0.$

由式(1)有 $-3k^2+2k+1=0$，解得 $k_1=1,k_2=-\dfrac{1}{3}$，所以渐近线方程为

$$x+y+1+(x-3y-2)=0 \text{ 和 } x+y+1-\frac{1}{3}(x-3y-2)=0,$$

即

$$2x-2y-1=0 \text{ 和 } 2x+6y+5=0.$$

方法二

先求出中心，因为

$$A_{31}=1,A_{32}=3,A_{33}=-4,$$

所以中心为 $C\left(-\dfrac{1}{4},-\dfrac{3}{4}\right)$，代入式(3)得渐近线方程

$$\left(x+\frac{1}{4}\right)^2+2\left(x+\frac{1}{4}\right)\left(y+\frac{3}{4}\right)-3\left(y+\frac{3}{4}\right)^2=0.$$

分解因式得

$$\left(x+\frac{1}{4}\right)-\left(y+\frac{3}{4}\right)=0$$

$$\left(x+\frac{1}{4}\right)+3\left(y+\frac{3}{4}\right)=0,$$

即

$$2x-2y-1=0 \text{ 和 } 2x+6y+5=0.$$

例 8.20 双曲线的任一条切线交渐近线于两点，求证切点是此二点所连线段的中点.

证 如图 8.24 所示

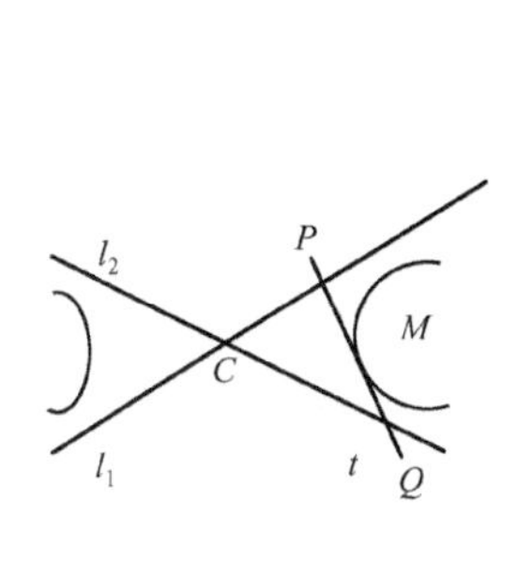

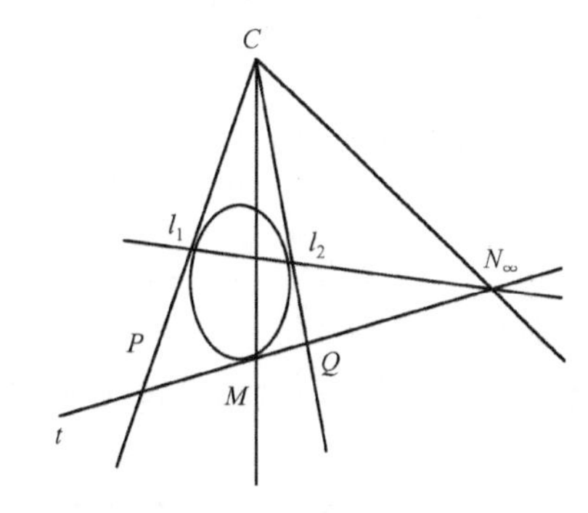

图 8.24

设任一切线 t 与双曲线相切于 M，与两条渐近线 l_1,l_2 相交于 P,Q，C 是双曲线的中心，

N_∞是 CM 的极点，所以直径 CM 的共轭直径为 CN_∞. 对于共点 C 的四线 CM, CN_∞, CP, CQ 的交比等于 $C(MN_\infty, PQ)$，由定理 8.16，有

$$C(MN_\infty, PQ) = -1,$$

因为 CM 过 PQ 的极点 M，所以 PQ 过 CM 的极点 N_∞，因此 N_∞ 为切线 t 上的无穷远点，所以

$$C(MN_\infty, PQ) = (MN_\infty, PQ) = -1,$$

即

$$(PQM) = -1.$$

所以 M 是线段 PQ 的中点.

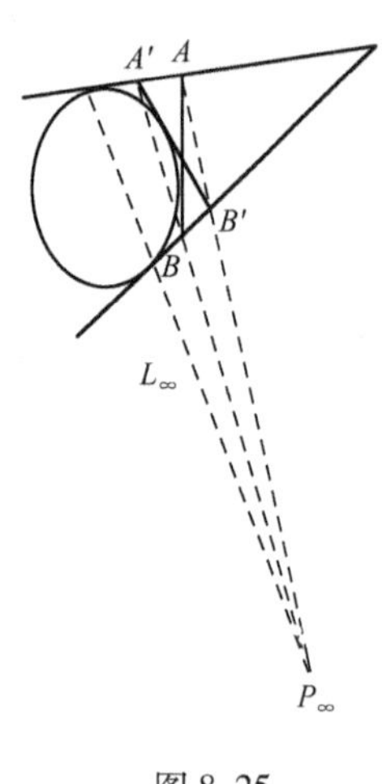

图 8.25

例 8.21　求证：双曲线上任一点处的切线与两渐近线所围成的三角形的面积为定值.

证：如图 8.25 所示，设双曲线的两条切线依次交两渐近线于 A, B 和 A', B'，于是，两切线与两渐近线构成双曲线的一个外切四线形，根据定理 8.7 的对偶命题(外切于非退化二次曲线的简单四线形的两双对顶的连线及两双对边上切点的连线必四线共点)知，$AB', A'B, l_\infty$共点. 故有 $AB' // A'B$，从而三角形 $A'B'A, AB'B$ 面积相等，于是三角形 ABC 与 $A'B'C$ 面积相等.

习　题　8.5

1. 说明下列二阶曲线是何种类型的曲线，并求出各曲线的中心坐标.

(1) $2x_1^2 + x_1x_2 + x_2^2 - 6x_1x_3 - 5x_2x_3 + x_3^2 = 0$；

(2) $x_1^2 - 2x_1x_2 + x_2^2 - 2x_1x_3 + x_2x_3 - x_3^2 = 0$.

2. 求二阶曲线 $\Gamma: x_1^2 + 2x_1x_2 + 2x_2^2 + 4x_1x_3 + 2x_2x_3 + x_3^2 = 0$ 的过点 $A(1,1,1)$ 的直径及其共轭直径.

3. 给定二阶曲线 $\Gamma: x_1^2 + 4x_1x_2 - 2x_2^2 + 10x_1x_3 + 4x_2x_3 = 0$.

(1) 证明 Γ 是双曲线；

(2) 求中心坐标；

(3) 求斜率为$\dfrac{3}{2}$的直径及其共轭直径；

(4) 求渐近线方程.

4. 求下列双曲线的渐近线方程.

(1) $x_1^2 + 2x_1x_2 - 3x_2^2 + 2x_1x_3 - 4x_2x_3 = 0$；

(2) $x_1x_2 + x_2^2 - x_1x_3 - 3x_2x_3 - 2x_3^2 = 0$；

(3) $x_1x_2 - a^2 = 0$　$(a \neq 0)$.

5. 求证椭圆的两平行切线的切点连线是一条直径.

8.6　二次曲线的仿射分类

本节讨论二次曲线的仿射分类，即在仿射变换下选取适当的坐标系化二次曲线方程为标

准方程.

设二次曲线方程为

$$\Gamma: S = \sum_{i,j=1}^{3} a_{ij}x_i x_j = 0, \quad (a_{ij} = a_{ji}) \tag{1}$$

我们根据二次曲线方程系数矩阵的秩来讨论.

8.6.1　当 $\det(a_{ij}) \neq 0$ 时，即 (a_{ij}) 的秩是 3

1. $A_{33} = a_{11}a_{22} - a_{12}^2 \neq 0$，此时二次曲线是有心的，即为椭圆或双曲线，与无穷远直线不相切. 选取中心为新坐标系的 A'_3，任取一对相异的共轭直径，将其与 L_∞ 的交点取作 A'_1, A'_2. 则新坐标系的坐标三点形是 Γ 的一个自极三点形. 适当选取单位点，曲线方程可化为

$$\pm x_1''^2 \pm x_2''^2 \pm x_3''^2 = 0.$$

由于其中 x_1, x_2 的地位相等，而 x_3 的地位特殊，故有：

$$A_{33} > 0 \quad \begin{cases} x_1^2 + x_2^2 - x_3^2 = 0 & \text{实椭圆} \\ x_1^2 + x_2^2 + x_3^2 = 0 & \text{虚椭圆} \end{cases}$$

$$A_{33} < 0 \quad x_1^2 - x_2^2 - x_3^2 = 0 \quad \text{双曲线}.$$

2. $A_{33} = 0$，Γ 为无心二次曲线，即抛物线，不存在以 L_∞ 为一边的自极三点形. 取中心（无穷远点切线）为 A'_1，取一直径与 Γ 的有穷远交点为 A'_3，取 A'_3 处的切线与 L_∞ 的交点为 A'_2，适当选取单位点构成新的仿射坐标系. 设在新坐标系 Γ 的方程(1)化为

$$\sum_{i,j=1}^{3} a'_{ij}x'_i x'_j = 0, \quad (a'_{ij} = a'_{ji}). \tag{2}$$

因为 $A'_2(0,1,0)$ 的极线为

$$a'_{21}x'_1 + a'_{22}x'_2 + a'_{23}x'_3 = 0.$$

另一方面 $A'_2(0,1,0)$ 的极线应为坐标三点形的边 $A'_3A'_1$，所以方程为 $x'_2 = 0$，

由此推出 $a'_{21} = a'_{23} = 0$，　$a'_{22} \neq 0$；同理可求得 $a'_{11} = a'_{12} = 0$，　$a'_{13} \neq 0$，$a'_{32} = a'_{33} = 0$，$a'_{31} \neq 0$，从而方程(2)化为

$$a'_{22}x_2'^2 + 2a'_{13}x'_1x'_3 = 0. \tag{3}$$

再作仿射变换

$$\begin{cases} \rho x''_1 = \dfrac{a'_{13}}{a'_{22}}x'_1 \\ \rho x''_2 = x'_2 \\ \rho x''_3 = x'_3 \end{cases},$$

得到

$$x_2''^2 + 2x''_1x''_3 = 0.$$

为抛物线.

8.6.2　$\det(a_{ij}) = 0$，秩 $(a_{ij}) = 2$，二阶曲线为退化的二阶曲线，且只有一个奇异点

1. 奇异点为有穷远点，在无穷远直线上取 A'_1, A'_2，则方程(1)可化为

$$\pm x_1''^2 \pm x_2''^2 = 0 \tag{4}$$

式(4)包括两种情况：

$$x_1''^2 - x_2''^2 = 0 \qquad \text{两条相交实直线}$$

$$x_1''^2 + x_2''^2 = 0 \qquad \text{两条共轭虚直线}$$

2. 奇异点为无穷远点，且无穷远直线上没有曲线上的其他点. 此时以奇异点为 A_2'，另外在无穷远直线上取点 A_1'，则方程(1)可化为

$$x_1''^2 - x_3''^2 = 0 \qquad \text{一对平行实直线}$$

$$x_1''^2 + x_3''^2 = 0 \qquad \text{一对平行虚直线}$$

3. 奇异点为无穷远点，且无穷远直线上还有曲线上的其他点. 此时，以奇异点为 A_2'，再在曲线上取一无穷远点为 A_1'和有穷远点为 A_3'，适当选取单位点建立仿射坐标系. 则方程(1)可化为

$$x_1'x_3' = 0 \qquad \text{一条有穷远直线和一条无穷远直线}$$

8.6.3　当秩$(a_{ij}) = 1$ 时，二次曲线是退化的，且有无穷多奇异点在一直线上

1. 奇异点所在直线为有穷远直线，以此直线为 $x_1' = 0$，曲线方程可化为

$$x_1'^2 = 0 \qquad \text{两条重合有穷远直线}.$$

2. 奇异点所在直线为无穷远直线，以此直线为 $x_3' = 0$，曲线方程可化为

$$x_3'^2 = 0 \qquad \text{两条重合无穷远直线}.$$

综上所述，退化二阶曲线共分为七个仿射等价类.

例 8.22　求仿射变换，化二次曲线方程为标准方程

$$x_1^2 + 2x_1x_2 + 2x_2^2 - 6x_1x_3 - 2x_2x_3 + 9x_3^2 = 0.$$

解　因为

$$\begin{vmatrix} 1 & 1 & -3 \\ 1 & 2 & -1 \\ -3 & -1 & 9 \end{vmatrix} = -4 \neq 0, A_{33} = \begin{vmatrix} 1 & 1 \\ 1 & 2 \end{vmatrix} = 1 > 0.$$

所以曲线是椭圆.

由于 $A_{31} = 5, A_{32} = -2$，故中心为$(5, -2, 1)$. 取中心为新坐标三点形的顶点 A_3'，A_3'的极线为无穷远直线 $x_3 = 0$，在其上取点 $A_1'(1,0,0)$. 则 $A_1'(1,0,0)$的极线为 $x_1 + x_2 - 3x_3 = 0$

解方程组

$$\begin{cases} x_3 = 0 \\ x_1 + x_2 - 3x_3 = 0 \end{cases},$$

得交点 $A_2'(1, -1, 0)$.

取自极三点形 $A_1'A_2'A_3'$为坐标三点形，$D(7, -3, 1)$为新的单位点，建立新坐标系.

则在原坐标系下 $A_3'A_1', A_2'A_3', A_1'A_2'$的方程为

$$x_2 + 2x_3 = 0,$$
$$x_1 + x_2 - 3x_3 = 0,$$
$$x_3 = 0.$$

设变换

$$A_2'A_3': x_2 + 2x_3 = 0 \rightarrow x_1' = 0;$$
$$A_3'A_1': x_1 + x_2 - 3x_3 = 0 \rightarrow x_2' = 0;$$
$$A_1'A_3': x_3 = 0 \rightarrow x_3' = 0.$$

故变换公式为

$$\begin{cases}\rho x_1' = k_1(x_2 + 2x_3), \\ \rho x_2' = k_2(x_1 + x_2 - 3x_3) \\ \rho x_3' = k_3 x_3.\end{cases} \quad ,\rho \neq 0, k_1 k_2 k_3 \neq 0$$

再将 $D(7, -3, 1) \to E'(1, 1, 1)$ 代入得：$k_1 : k_2 : k_3 = -1 : 1 : 1$，即有

$$\begin{cases}\tau x_1' = -x_2 - 2x_3, \\ \tau x_2' = x_1 + x_2 - 3x_3, \\ \tau x_3' = x_3.\end{cases}$$

解出 x_1, x_2, x_3 可求得坐标变换

$$\begin{cases}\rho x_1 = x_1' + x_2' + 5x_3', \\ \rho x_2 = -x_1' \quad -2x_3', \\ \rho x_3 = x_3'.\end{cases}$$

在此坐标变换下曲线方程化为

$$x_1'^2 + x_2'^2 - 4x_3'^2 = 0.$$

再作一次仅改变单位点的坐标变换

$$\begin{cases}\mu x_1' = x_1'', \\ \mu x_2' = x_2'', \\ \mu x_3' = \dfrac{1}{2}x_3''.\end{cases}$$

曲线方程可化为

$$x_1''^2 + x_2''^2 - x_3''^2 = 0.$$

即为曲线标准方程，是一个实椭圆，所求仿射变换为

$$\begin{cases}\rho x_1 = x_1'' + x_2'' + \dfrac{5}{2}x_3'', \\ \rho x_2 = -x_1'' - x_3'', \\ \rho x_3 = \dfrac{1}{2}x_3''.\end{cases}$$

应用举例：

例 8.23　已知二次曲线上一点 (x_1, y_1) 求二次曲线的切线方程.

根据极线方程定义及求法可得：

(1) $x^2 + y^2 = r^2$　　$x_1 x + y_1 y = r^2$;

(2) $\dfrac{x^2}{a^2} + \dfrac{y^2}{b^2} = 1$　　$\dfrac{x_1 x}{a^2} + \dfrac{y_1 y}{b^2} = 1$;

(3) $\dfrac{x^2}{a^2} - \dfrac{y^2}{b^2} = 1$　　$\dfrac{x_1 x}{a^2} - \dfrac{y_1 y}{b^2} = 1$;

(4) $y^2 = 2px$　　$y_1 y = 2p(x + x_1)$.

例 8.24　求经过圆 $x^2 + y^2 - 2x = 0$ 和直线 $x + 2y - 3 = 0$ 的交点，并且圆心在 y 轴的圆的方程.

解 过已知圆和直线的交点的圆束方程为

$$x^2+y^2-2x+\lambda(x+2y-3)=0,$$

即

$$x^2+y^2+(\lambda-2)x+2\lambda y-3\lambda=0.$$

所以圆心坐标为$\left(-\dfrac{\lambda-2}{2},-\lambda\right)$，由题意圆心在 y 轴上，故 $-\dfrac{\lambda-2}{2}=0$，即 $\lambda=2$ 代入上式得圆的方程为

$$x^2+y^2+4y-6=0.$$

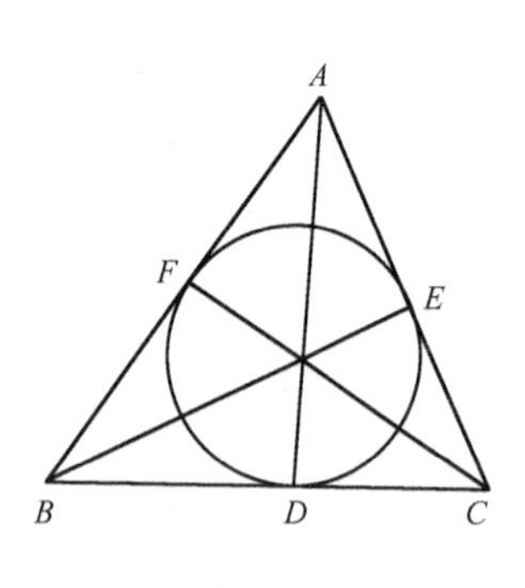

图 8.26

例 8.25 已知三角形的内切圆与三边的切点为 D,E,F，求证:AD,BE,CF 三线共点.

证 如图 8.26 所示，此题可考虑帕斯卡定理极限形式. 将边 AB,BC,CA 编号为 1，2，3，则可看做圆的外切六边 112233，所以三对对顶点

$$(22,13)=AD$$
$$(33,12)=BE$$
$$(11,23)=CF$$

连线共点. 即 AD,BE,CF 三线共点.

习 题 8.6

1. 求仿射变换，化下列二次曲线方程为标准方程.

(1) $2x^2-2xy+5y^2-2x-8y+4=0$

(2) $x_1^2-2x_1x_2+2x_2^2-4x_1x_3+3x_3^2=0$

(3) $4x_1^2+4x_1x_2+x_2^2+4x_1x_3+2x_2x_3-48x_3^2=0$

2. 证明在仿射坐标系下

$$(\alpha x+\beta y+\gamma)^2+2(px+qy+r)=0,\quad \begin{vmatrix}\alpha & \beta\\ p & q\end{vmatrix}\neq 0$$

表示一条抛物线.

复习题八

1. 求满足下列条件的二次曲线方程.

(1) 通过五点$(1,0,-1)$,$(1,0,1)$,$(1,2,1)$,$(1,2,-1)$,$(1,3,0)$;

(2) 在点$(0,3,1)$与 $x_2-3x_3=0$ 相切，且通过点$(1,2,1)$,$(1,2,-1)$,$(2,0,1)$

2. 给定二级曲线 $U^2+V^2=17$，求通过点$\left(-\dfrac{1}{17},-\dfrac{4}{17}\right)$的切线.

3. 给定二级曲线上的五条直线，确定其中一条的切点.

4. 设 A,B,C,D 是一个二次曲线上的四个定点，P,Q 是曲线上的动点，PA 与 QC 的交点是 X，PB 与 QD 的交点是 Y，求证 XY 通过一定点.

5. 求点$(2,-1,1)$关于二级曲线 $4u_1^2+2u_3^2+u_2u_3=0$ 的极线.

6. 求证：如果点 P 的极线与二阶曲线交于两点 A,B，则 PA,PB 是二阶曲线的切线.

7. 设 $ABCD$ 是内接于二次曲线的完全四点形，XYZ 是对边三点形，求证：在 A,B,C,D 处的四切线新构成的完全四线形以 XYZ 为对顶三线形.

8. 求射影坐标变换，将二阶曲线

$$x_1^2-6x_1x_2+x_2^2+2x_1x_3+2x_2x_3+x_3^2=0$$

化为标准方程.

9. 求使二次曲线束

$$x^2+xy+y^2+k(x^2+y^2-4x+2y)=0$$

表示双曲线、抛物线或椭圆的 k 的值.

10. 试证有心二次曲线直径两端点的切线互相平行.

11. 求证双曲线的下列性质：

（1）从双曲线上任何一点引直线各平行于渐近线，证明这两直线和渐近线所围成平行四边形的面积一定.

（2）任一直线交双曲线与渐近线成相等的线段.

12. 求二阶曲线 $x^2+xy+y^2=1$ 与 $3x^2-xy+2y^2=1$ 的公共的共轭直径.

参 考 文 献

[1] 吕林根. 解析几何. 北京：高等教育出版社, 2006.

[2] 杨文茂. 空间解析几何(修订版). 武汉. 武汉大学出版社, 2003.

[3] 罗崇善. 高等几何(第2版). 北京:高等教育出版社, 2006.

[4] 周兴和. 高等几何. 北京：科学出版社, 2007.

[5] 梅向明, 刘增贤. 高等几何. 北京：高等教育出版社, 2000.

[6] 梅向明. 高等几何习题集. 北京：高等教育出版社, 1994.

[7] 陈绍菱. 高等几何. 北京：高等教育出版社. 1994.

[8] 叶菲莫夫 H. B. 高等几何学. 裘光明,译. 北京：高等教育出版社. 2008.

[9] C. Zwikker. The advanced geometry of plane curves and their applications. Dover Publications, 2005.

[10] B. A. Dubrovin, A. T. Fomenko, S. P. Novikov. 现代几何学方法和应用, 第3卷. 世界图书出版公司, 1999.

[11] Frederick S. Woods. Higher geometry. Dover Publications, 2005.

[12] Sharelle Byars Moranville Higher Geometry Henry Holt & Company, Incorporat 2006.

[13] Griffiths H. B. and Hilton P. J. A comprehensive textbook of classical mathematics, 1970.

[14] Graustein R. C. Introduction to higher geometry. 1930.

[15] Coxeter H. S. M. Projective geometries. 1964.

反侵权盗版声明